Claudia Rankers
Claudia Lässig (Hg.)

WERTE
Frauen schaffen Zukunft

**Frankfurter
Allgemeine
Buch**

„Was du tust, macht einen Unterschied.
Du musst entscheiden,
welche Art von Unterschied du machen willst."

Jane Goodall

**Frankfurter
Allgemeine
Buch**

© Fazit Communication GmbH
Frankfurter Allgemeine Buch
Pariser Straße 1
60486 Frankfurt am Main

Umschlag & Satz: Nina Hegemann
Druck: CPI Books GmbH, Leck
Printed in Germany

1. Auflage
Frankfurt am Main 2024
ISBN 978-3-96251-196-8

Frankfurter Allgemeine Buch hat sich zu einer nachhaltigen
Buchproduktion verpflichtet und erwirbt gemeinsam mit den
Lieferanten Emissionsminderungszertifikate zur Kompensation
des CO_2-Ausstoßes.

Klimaschutz-Beitrag
First Climate.com
2024
CO_2-Zertifikate

Inhaltsverzeichnis

Die Herausgeberinnen   6

Claudia Lässig und Claudia Rankers   9
EINFÜHRUNG

Julia Becker   11
DER WERT DES JOURNALISMUS

Prof. Dr. Maja Göpel   19
WERT UND SEINE SCHÄTZUNG

Andrea Hartmair   26
WERTE ALS PRIVATE UND BERUFLICHE RICHTUNGSWEISER

Prof. Dr. Nadine Kammerlander   34
WERTE IN FAMILIENUNTERNEHMEN

Melanie Stütz   40
„WERTEGANG": VOM ANSPRUCH ZU ALLEINSTELLUNG

Katarzyna Kompowska   48
4+1 WERTE, DIE BESTAND HABEN

Dr. Julia Freudenberg   56
#HACKTHEWORLDABETTERPLACE –
DIE WERTE DER HACKER SCHOOL UND MEINE WERTE

Claudia Lässig   64
WERTE ALS WEGWEISER

Claudia Rankers   71
MIT FINANZEN WOHLSTAND UND MEHR-WERTE SCHAFFEN

Andrea Martin   79
WERT-VOLLE DIGITALE TRANSFORMATION UND KÜNSTLICHE INTELLIGENZ

Simone Adelsbach   88
ÜBER DIE KRAFT DES WIR

Dr. Irène Kilubi   94
GENERATIONSÜBERGREIFENDE WERTE

Norma Demuro   102
BEDEUTEND FÜR MICH UND ENTSCHEIDEND FÜR MEIN UNTERNEHMEN

Sarah Kasap   110
GESUNDES UNTERNEHMENSWACHSTUM –
DIE BEDEUTUNG VON CORPORATE HEALTH

Susanne Szczesny-Oßing 118
UNSER FAMILIENUNTERNEHMEN –
EINE WERTEGEMEINSCHAFT IM GENERATIONENWECHSEL

Jonna Sternberger 125
PERSPEKTIVWECHSEL – SCHAUT MAL ANDERS!

Sabrina Hofmann 132
DER WERT DER VERBINDUNG

Sandra Zemke 139
DIE KRAFT DER WERTE – FÜR MEINE KARRIERE UND POSITIVEN WANDEL

Clara Sasse 146
EIN LEBEN IN VERANTWORTUNG

Isanthe Heberger-Demel 153
DIE AUSBILDUNG DER ZUKUNFT – DER MENSCH IM FOKUS

Dr. Caroline von Kretschmann 162
WERTE SIND UNSERE KRAFTQUELLEN ODER ÜBER DIE BEDEUTUNG
WERTEORIENTIERTEN HANDELNS ALS RESILIENZFAKTOR

Stefanie Ballof-Hartmann 169
WERTE ALS KOMPASS: WIE PERSÖNLICHE ÜBERZEUGUNGEN
DIE ARBEITSWELT VERÄNDERN

Svenja Lassen 178
VON GERECHTIGKEIT ZU GLEICHBERECHTIGTER TEILHABE

Julia Ledermann 185
„STELL DIR VOR, DIE ZUKUNFT WIRD SUPER UND DU BIST SCHULD" –
EDDING GOES PROFIT-FOR – UNSERE VERANTWORTUNG
ALS UNTERNEHMERFAMILIE

Eva Gengler 192
MACHT TRANSFORMIEREN MIT FEMINISMUS

Kerstin Rücker 201
ZUKUNFTSFÄHIGES WIRTSCHAFTEN BRAUCHT WERTE!

Karin von Bismarck 208
WELCHE WERTE HABEN ERFOLGREICHE FRAUEN?

Susanne Herbold 217
ÜBER DIE KUNST DES EIGENEN WERTES

Sara Kukovec   **225**
VON DER VISION ZUR REALITÄT: UNTERNEHMERTUM IM EINKLANG
MIT PERSÖNLICHEN PRINZIPIEN

Dr. Sarah Maria Nordt   **232**
SEI EIN ADVOKAT FÜR WERTE – MUT ZU IDEALISMUS

Simona Deckers   **239**
ES LOHNT SICH, NACH WERTEN ZU LEBEN!

Sandra Brestrich   **247**
MENSCH GEGEN MASCHINE: VERTRAUENSAUFBAU
IN ZEITEN KÜNSTLICHER INTELLIGENZ

Irini Langensiepen   **254**
ZWISCHEN TRADITION, NEUEM DENKEN UND WEIBLICHER URKRAFT

Fiona Ruff   **263**
ICH KANN NICHTS DAFÜR

Tatsiana Akhrymenka   **271**
FRAUENWERTE IN DER FÜHRUNG – WICHTIGER BEITRAG
ZUM UNTERNEHMENSERFOLG

Melanie Hackler   **280**
CO-KREATION – TRANSFORMATION KULTURÜBERGREIFEND GESTALTEN

Valentina Lauer   **287**
AUF DER SUCHE NACH GRUNDWERTEN FÜR DIE DIGITALGESELLSCHAFT
– EIN PLÄDOYER

Barbara Eichelmann-Klebl   **295**
DIE VEREINBARKEIT VON WERTEN IN VERSCHIEDENEN LEBENSROLLEN:
EINE PERSÖNLICHE REFLEXION

Ellen Uloth   **304**
VISION VON EINEM GUTEN LEBEN FÜR ALLE

Ariane ten Hagen   **313**
EINIGE ÜBERLEGUNGEN ZUR ENTSTEHUNG VON WERTEN

Lena Kronenbürger   **321**
I'LL HAVE WHAT SHE'S HAVING

Kontakt für Fragen und Anregungen   **331**

Die Herausgeberinnen

Claudia Lässig

Für ein Unternehmen zu arbeiten, das Wirtschaftlichkeit, Nachhaltigkeit und Menschlichkeit miteinander verbindet, davon hat Claudia Lässig schon immer geträumt. Ihr Herzenswunsch, einen Ort zu schaffen, an dem alle Mitarbeiter:innen sich wohlfühlen und mit Spaß und Freude zur Arbeit gehen, ist seit 2006 Realität. In diesem Jahr gründete Claudia Lässig, gemeinsam mit ihrem damaligen Mann Stefan, die Lässig GmbH. Bis heute ein liebevoll geführtes Familienunternehmen, das nachhaltige und innovative Produkte für Babys, Kinder und Eltern fertigt.

Die Verwirklichung von Claudia Lässigs Traum beginnt bereits in ihrer Elternzeit, als sie – wie so viele junge Mütter und Väter – vor der Frage steht, wie sich Kinder und Karriere harmonisch miteinander vereinen lassen. Als gut ausgebildete, kreative Frau beschließt sie, die Lösungen für ihre Bedürfnisse selbst zu entwickeln. So entsteht ein Unternehmen mit über 150 Mitarbeiter:innen, in dem die Vereinbarkeit von Beruf und Familie jeden Tag aktiv gelebt wird. Mit Produkten, die den Ansprüchen moderner Eltern gerecht werden. Modisch und stylish, qualitativ und nachhaltig. Erhältlich in über 50 Ländern dieser Erde.

Zwischen Claudia Lässigs Berufsanfängen als Industriefachwirtin und der jetzigen Tätigkeit bei der Lässig GmbH liegen viele Jahre der kontinuierlichen Weiterbildung und des Lernens. Als geschäftsführende Gesellschafterin der Lässig Holding und der Lässig GmbH sowie der Lässig Ltd. in Hongkong sieht sich Claudia Lässig immer wieder mit kleinen und großen Herausforderungen konfrontiert. Herausforderungen, die sie nutzt, um sich und ihre Firma weiterzuentwickeln.

Damit auch andere von ihren Erfahrungen profitieren können, teilt sie ihr Wissen im Rahmen inspirierender Impulsvorträge und Mentoringprogramme. Als geprüfte Mediatorin und zertifizierter Businesscoach des Europäischen Hochschulverbandes ist es ihr ein besonderes Anliegen,

Führungspersönlichkeiten sachkundig und empathisch durch herausfordernde Zeiten zu begleiten. Deshalb ist sie u.a. Mitglied im CeU – dem Club europäischer Unternehmerinnen e.V., dem internationalen und weltoffenen Netzwerk für erfolgreiche und motivierte Unternehmerinnen sowie im Mentoringprogramm der Zeitschrift Emotion.

Zusätzlich setzt sich Claudia Lässig im Senat der Wirtschaft Deutschland für soziale Kompetenz, Fairness und Partnerschaft im deutschen Wirtschaftsleben ein. Für ein menschliches, verantwortungsbewusstes und tragfähiges Miteinander. Sie wurde im Mai 2022 vom Handelsblatt zu einer der 50 besten deutschen Unternehmerinnen gekürt.

Claudia Rankers

Seit dem Jahr 2003 ist Claudia Rankers Inhaberin des Rankers Family Office, einem Multi Family und Unternehmer Office, das sich ganzheitlich um alle finanziellen, betrieblichen und privaten Belange seiner Mandant:innen kümmert. Sie und Kooperationspartner:innen schätzen Claudia Rankers als pragmatische Visionärin mit Einsatz, Kreativität, Know-how und Qualität. Unternehmertum ist ihre Leidenschaft! Claudia Rankers ist Expertin für Vermögensstrukturierung, Kapitalanlagen, Immobilienkäufe und Finanzierungen, Unternehmensgründungen, Kapitalbeschaffung, Wachstumsstrategien sowie die Vorbereitung des Unternehmensverkaufs. Darüber hinaus ist sie European Financial Advisor (EFA), Certified Financial Planner (CFP), Certified Generation Advisor (CGA) und Certified Foundation and Estate Planner (CFEP). Vor der Unternehmensgründung war sie Direktorin und Führungskraft bei der Schweizer Bank UBS und der Deutschen Bank, wo sie zuletzt eine Private-Banking-Einheit leitete, die für Spezialfonds und Anlagen von Unternehmen, Stiftungen und Verbänden verantwortlich war.

Seit 1994 engagiert sich die Diplom-Bankbetriebswirtin ehrenamtlich für die Förderung von Frauen im Beruf und in Unternehmen. Im Jahr 2014 übernahm sie den Vorstandsvorsitz des Landesfrauenrats Rheinland-

Pfalz. Ihr Erfolgsrezept: interdisziplinäre Zusammenarbeit mit Wirtschaft, Wissenschaft, Politik und Gesellschaft. Best Practices und aktives Netzwerken sind weitere Erfolgsfaktoren und liefern konkrete Ergebnisse. 2016 wurde sie in die Gründungsallianz und 2022 in das Startup-Board des Wirtschaftsministeriums Rheinland-Pfalz berufen. Von 2022 bis 2024 war sie zudem Netzwerkpartnerin der Transformationsagentur Rheinland-Pfalz. Als Ehrenvorsitzende des Landesfrauenrats Rheinland-Pfalz kümmert sie sich um die Themen Finanzen, Wirtschaft, Nachhaltigkeit und Impact. In diesem Rahmen hat Claudia Rankers unter anderem ein Unternehmerinnennetzwerk und einen Think Tank gegründet. Sie ist Initiatorin des bundesweiten Preises „Erfolgreiche Frauen im Mittelstand", der 2023 zum dritten Mal in Kooperation mit der WHU – Otto Beisheim School of Management durchgeführt wurde (www.frauen-im-mittelstand. de). Mit den Büchern „Nachhaltigkeit – Frauen schaffen Zukunft" (2021), „Gründen – Frauen schaffen Zukunft" (2022) und „Unternehmensnachfolge – Frauen schaffen Zukunft" (2023) hat sie bereits über 120 engagierte Wissenschaftlerinnen und Unternehmerinnen sichtbar gemacht. 2021 wurde Claudia Rankers für 27 Jahre Ehrenamt mit dem Landesverdienstorden von Rheinland-Pfalz ausgezeichnet.

Claudia Rankers ist Herausgeberin, Autorin, Beirätin, Mentorin, Mitglied verschiedener Jurys und regelmäßig als Referentin und Podiumsteilnehmerin sowie für Podcasts gefragt. Darüber hinaus ist sie Mitglied im Expert:innenbeirat vom CSR-Dialogforum, der Sustainability Academy von e-hoch-3 und Global Advisory Council der G100 als Advisory Member for Sustainable Development Goals (SDG).

Claudia Lässig	**Claudia Rankers**
Gründerin und Geschäftsführende Gesellschafterin der Lässig GmbH	Gründerin und Geschäftsführerin des Rankers Family Office, Ehrenvorsitzende des Landesfrauenrats Rheinland-Pfalz

EINFÜHRUNG

Werte schaffen Orientierung und stärken den Zusammenhalt

Die aktuellen Zeiten sind sehr herausfordernd, nicht nur für Unternehmen, sondern auch für die Politik, die Gesellschaft und jeden Einzelnen. Herausforderungen wie geopolitische Krisen, der demografische Wandel, fehlende Beschäftigte, Lieferketten, Digitalisierung und Künstliche Intelligenz, aber auch Konjunkturschwäche und Nachhaltigkeit müssen gemanagt werden. Das bedeutet für viele Unsicherheit und Druck.

Umso wichtiger sind Werte, die uns leiten. Sie spielen eine zentrale Rolle in der Gesellschaft, in Unternehmen und für jeden Einzelnen:

In der Gesellschaft dienen Werte als moralischer Kompass und Orientierungshilfe. Sie prägen das Zusammenleben und unseren Umgang miteinander. Sie bestimmen, wie offen wir sind und ob wir aufeinander achten. Sie beeinflussen Gesetze und Normen und stärken den Zusammenhalt in der Gesellschaft. Grundwerte wie Freiheit, Gerechtigkeit oder Nachhaltigkeit werden zunehmend als politische Werte mit Grundrechtscharakter diskutiert.

In Unternehmen bilden Werte das Fundament einer starken Unternehmenskultur und Identität. Sie leiten das Verhalten und die Entscheidungen auf allen Ebenen und haben großen Einfluss auf den Unternehmenserfolg. Zentrale Unternehmenswerte wie Integrität, Respekt, Innovation und Kundenorientierung inspirieren Mitarbeitende, fördern den Zusammenhalt und stärken die Kundenbindung. Werte helfen Unternehmen auch, ihre gesellschaftliche Verantwortung wahrzunehmen und einen positiven Beitrag zu leisten.

Der demografische Wandel fordert die Unternehmen enorm. Um neue Mitarbeitende zu gewinnen, sind Purpose und Werte jetzt besonders wichtig. Unternehmen, die ihre Werte klar kommunizieren und authentisch leben, haben bessere Chancen, Mitarbeitende zu gewinnen, langfristig zu binden und deren Zufriedenheit zu steigern.

Für den Einzelnen bieten Werte Orientierung für das eigene Handeln und Entscheiden. Besonders für jüngere Generationen sind sie in unsicheren Zeiten wichtige Leitlinien. Persönliche Werte prägen die eigene Identität und beeinflussen, für welche Unternehmen man arbeiten möchte. Mitarbeitende, die sich mit den Unternehmenswerten identifizieren können, sind zufriedener und engagierter.

Werte stellen ein verbindendes Element zwischen Gesellschaft, Unternehmen und Individuen dar. Gesellschaftliche Werte beeinflussen Unternehmenswerte, die wiederum individuelle Werte prägen und umgekehrt. Sie fördern den Zusammenhalt, geben Orientierung und tragen zu einer positiven Entwicklung auf allen Ebenen bei. Erfolgreiche Unternehmen verstehen sich daher oft als Wertegemeinschaften, in denen gemeinsame Überzeugungen gelebt und nach außen getragen werden.

In diesem Buch legen über 40 Autorinnen ihre inspirierenden Perspektiven auf die Arbeitswelt, das Unternehmensumfeld, die Kultur und Gesellschaft im Kontext von Werten dar und bieten uns damit wertvolle Einblicke und Denkanstöße. Ihre Geschichten und Erkenntnisse eröffnen neue Horizonte und regen uns zum Nachdenken darüber an, wer wir sind, was uns wirklich wichtig ist und wie wir andere unterstützen sowie motivieren können.

Wir laden Sie ein, sich auf die Reise durch dieses Buch zu begeben, die Einsichten der Autorinnen kennen zu lernen und über Ihre eigenen Werte und deren Bedeutung zu reflektieren. Lassen Sie uns gemeinsam daran arbeiten, eine Welt zu schaffen, in der Werte die Grundlage für unsere Entscheidungen und Handlungen bilden – zum Wohle aller. Wir wünschen Ihnen viel Spaß beim Lesen!

Hinweis: beim Erstellen des Textes wurde Perplexity AI und ChatGPT eingesetzt.

JULIA BECKER

*Aufsichtsratsvorsitzende
und Verlegerin der
FUNKE Mediengruppe*

**Welche Prinzipien leiten dich in schwierigen
Entscheidungssituationen?**
Ich versuche stets, die unterschiedlichen Positionen zu verstehen: Das geht nur mit Empathie und Sachverstand. Eine Entscheidung treffe ich immer nach der Maßgabe, was für das Unternehmen richtig ist. Und dann muss die Entscheidung schnell und konsequent umgesetzt werden.

Welche Werte sind für dich in deiner beruflichen Laufbahn entscheidend?
Respekt, Offenheit, Aufrichtigkeit und Mut. Letztlich sind das auch die Werte, die journalistische Arbeit ausmachen – und meine wichtigste Aufgabe als Verlegerin ist, die bestmöglichen Rahmenbedingungen für Journalismus zu schaffen. Journalismus hat immer zum Ziel, der Wahrheit so nah wie irgend möglich zu kommen. Dafür braucht es einen offenen Blick in alle Richtungen. Aufrichtigkeit gegenüber den Quellen ist so wichtig wie Ehrlichkeit gegenüber den Leser:innen und gegenüber sich selbst. Mut ist notwendig, um Widerstände zu überwinden. Respekt im Umgang miteinander und vor der Aufgabe ist die Voraussetzung für alles.

Wie trägt deine Arbeit zu deinen persönlichen Werten bei?
Als Verlegerin kann ich nur erfolgreich sein, wenn meine persönlichen Werte mit denen des Unternehmens übereinstimmen. Nur dann bin ich glaubwürdig, nur dann kann ich FUNKE wirkungsvoll nach außen vertreten und nach innen Vertrauen bilden.

Welche Werte sollten deiner Meinung nach in einem erfolgreichen Team vorhanden sein?
Respekt vor den Kolleg:innen mit ihren unterschiedlichen Herkünften, Sichtweisen und Talenten ist das Allerwichtigste. Wenn dann auch noch Respekt vor der Aufgabe hinzukommt, ist das Team auf einem guten Weg. Denn dann kann sich ein gemeinsames Verständnis von Qualität ausprägen und alle teilen das Ziel, beste Resultate zu erreichen.

Wie können wir sicherstellen, dass unsere Werte in der täglichen Arbeit gelebt werden?
Führung ist der Kompass, der die Richtung vorgibt. Ein wertegemäßes Handeln muss zudem eingefordert werden. Wenn im Team entsprechend gehandelt wird, sollte das belohnt werden. Wenn gegen Werte verstoßen wird, muss das thematisiert und auch negativ sanktioniert werden. Konsequenz ist hier der Key: Alle müssen verstehen, dass Werte nicht die Sahne auf dem Kuchen, sondern die Hefe im Teig sind.

Wie gehst du damit um, wenn deine Werte mit denen eines Kollegen, einer Kollegin oder des Unternehmens in Konflikt geraten?
Wir haben eine Kultur etabliert, in der offen miteinander gesprochen und geklärt wird, wie es zu dem Konflikt gekommen ist.

Wie wichtig ist es, in einem Team oder Unternehmen gemeinsame Werte zu haben?
Nur auf der Grundlage gemeinsamer Werte, die im gesamten Unternehmen erarbeitet und verabschiedet wurden, kann es gelingen, die in einem Team vorhandenen unterschiedlichen Talente zu entfalten und zu nutzen.

Können sich Werte im Laufe der Zeit verändern? Wenn ja, wie?
In ihrem Kern bleiben zentrale Werte konstant. Ihre Bedeutung kann sich aber wandeln. Und natürlich können sich Werte auch in ihren Akzentuierungen verändern. So hat zum Beispiel Respekt in den vergangenen Jahren eine neue, stark an Diversity ausgerichtete Färbung erfahren. Das hat einfach damit zu tun, dass wir erkannt haben, wie wichtig es ist, unterschiedliche Identitäten und Talente zu nutzen, um erfolgreich zu sein.

DER WERT DES JOURNALISMUS

Als Verlegerin habe ich das Glück und die Verantwortung, eine Profession zu ermöglichen und zu stärken, die einen besonderen Wert für unsere Gesellschaft besitzt und die selbst grundlegenden Werten verpflichtet ist: Journalismus. Ihm geht es um nicht weniger als die Suche nach der Wahrheit. Seine Aufgabe ist es, die Realität zu erkennen, abzubilden, zu erklären und einzuordnen. Guter Journalismus trägt aber auch zur Selbstverständigung der Gesellschaft bei, ist, wie der Publizist Heribert Prantl es beschreibt, „Lebenselixier einer freien Gesellschaft." Guter Journalismus führt die Menschen im Gespräch zusammen, regt an und regt auf, motiviert zu Widerspruch oder Zustimmung. Er bringt die Fakten, liefert Analysen und Bewertungen, die man ablehnen oder gut finden kann, in jedem Fall jedoch anregend oder aufregend.

Warum hat Journalismus so einen Wert, dass er ein eigenes Grundrecht, das der Pressefreiheit in Artikel 5 des Grundgesetzes, wirklich verdient? Weil die Demokratie letztlich von der Wahrheit lebt. Lügen und Fake News zerstören nicht nur das Vertrauen der Menschen untereinander, sondern auch das Vertrauen der Bürger:innen in ihre politischen Repräsentant:innen und Institutionen. Genau sie bescheren den großen Digitalplattformen aber riesige Reichweiten und sehr gut zu monetarisierende Datenschätze. Die Algorithmen der sogenannten Sozialen Medien belohnen semantische Manöver, Verdrehungen der Wahrheit, dreiste Lügen – indem sie die besonders reißerisch formulierte Meldung ganz oben listen und besonders weit verbreiten. Lügen werden im Netz durchschnittlich sieben Mal so häufig aufgerufen wie wahre Nachrichten. Die Feinde der Freiheit nutzen genau diese Mechanismen, um in freiheitlichen Gesellschaften Unfrieden, Unzufriedenheit, Hass, ja, Chaos zu stiften. „Sie sind am Chaos interessiert, nicht an Lösungen und Kompromissen", beschreibt der Publizist Nils Minkmar die Interessen der Populisten und Extremisten, „sie lügen nach Herzenslust und verbergen ihre Absichten." Denn je mehr Chaos herrscht, desto größer die Wirkung des patriarchalischen Modells, das die Feinde der Freiheit anstreben.

Deshalb brauchen wir Journalismus, der uns die Augen öffnet für die wahren Zustände, der unabhängig und frei von politischen, wirtschaftlichen oder anderen Interessen ist, auch denen von Verlegerinnen übrigens, recherchiert und die Menschen informiert und aufklärt. Wir Bürger:innen können uns ein klares Urteil nur auf der Grundlage von Fakten bilden. Wir brauchen die Möglichkeit, uns präzise zu informieren, um verantwortungsvolle Entscheidungen treffen zu können – auch bei Wahlen. Das ist mühsam. Es gehört aber zur „Zumutung Demokratie", wie die Politikwissenschaftlerin Sophie Schönberger es nennt. Wenn wir uns dieser Zumutung nicht aussetzen oder wir uns ihr nicht aussetzen können, weil es keine Institution mehr gibt, die die Wahrheit ans Licht bringt, dann ist die Demokratie in ihrer Substanz gefährdet, dann liefern wir uns den Feinden der Freiheit schutzlos aus.

All das legt höchste Ansprüche an das Werte-Set von Journalistinnen und Journalisten: Offen, aufrichtig und mutig sollten sie „ticken", Respekt vor ihrer Aufgabe, den Leser:innen und ihren Quellen haben. Und sie müssen bestimmte handwerkliche Standards beherrschen: grundsätzlich mindestens zwei gut geprüfte Quellen nutzen zum Beispiel, im Vier-Augen-Prinzip arbeiten, nüchtern beschreiben, emotional nur dort, wo die Situation emotional ist, abwägend urteilen, sich in die Situation von Betroffenen einfühlen, ohne sich gemein mit ihnen zu machen, je nach Kontext kaltblütig und warmherzig bleiben, sich selbst im Zaum halten. Und idealerweise verfügen Journalistinnen und Journalisten auch über ein „absolutes Gehör" für Sprache. Denn in ihren Beiträgen, ob Text, Audio oder Video, geht es immer darum, in differenzierter, gleichwohl verständlicher Weise die Realität abzubilden.

Der Kanal, auf dem guter Journalismus zu den Menschen kommt, ist zweitrangig. Gedruckte Zeitungen oder Zeitschriften haben den Vorteil der zufälligen Überraschung. Journalistinnen und Journalisten liefern ein Paket voll Material, in dem sich viele Geschichten finden, die nicht alle interessieren, ob im Lokalen, der Politik, in der Wirtschaft, im Sport oder in den Services. Aber man stößt immer auf etwas, mit dem man nicht gerechnet hat. Und dadurch werden unterschiedliche Sichtweisen, Identitäten und Milieus miteinander verbunden. Das ist im Digitalen anders. Hier wird fast zeitgleich mit dem Ereignis berichtet, aber die Algorithmen entscheiden, welche Geschichten oben gerankt werden. Die Auswahl ist spitzer auf die jeweiligen Interessen der Userinnen und User hin ausgerichtet.

Doch der Wert des Journalismus droht zu verblassen. Die Auflagen von Tageszeitungen und Magazinen bröckeln. Die Erlöse der Digitalabonnements können die Einbrüche (noch) nicht kompensieren. Gleichzeitig erleben wir eine Umschichtung der Werbemärkte hin zu den Digitalgiganten. Es wird immer schwieriger, unabhängigen Journalismus zu finanzieren. Hinzu kommt: In Teilen der Gesellschaft wächst eine Vertrauenskrise. Einzelne Milieus, bis weit in das bürgerliche Lager hinein, vertrauen den etablierten Medien, die sie so pauschal wie unzutreffend als Lügen- oder Systempresse bezeichnen, nicht mehr, informieren sich fast ausschließlich über nicht-journalistische Digitalplattformen. Und es bleibt nicht bei verbalen Drohungen: Zunehmend werden Journalistinnen und Journalisten bedroht und attackiert.

In den USA und Kanada gibt es längst ganze Landstriche, in denen keine Möglichkeit mehr besteht, sich über das lokale Geschehen durch unabhängigen Journalismus zu informieren. Die Konsequenz: In den Nachrichten- und Zeitungswüsten steigt die Korruption und zivilgesellschaftliches Engagement, Vertrauen in die politischen Institutionen und die Wahlbeteiligung sinken. Ja, sogar Kredite für Projekte in diesen Regionen werden teurer.

Wie können wir also den Wert des Journalismus erhalten?

Zunächst gilt es, den Wert, den Journalismus für eine Gesellschaft und das demokratische Miteinander besitzt, deutlich zu machen. Paradoxerweise haben wir als Kommunikationsunternehmen viel zu lange zu wenig kommuniziert, uns zu wenig erklärt, eher das Gespräch mit uns als mit der Öffentlichkeit gesucht. Um in die Offensive zu kommen, benötigen wir Journalismus, der noch offener ist, der nahe bei den Menschen ist, mit dem Publikum auf Augenhöhe spricht, den Dialog sucht, die Spielregeln der eigenen Branche transparent macht. Live-Journalismus ist ein Weg dahin.

In diesen Zusammenhang gehört auch, dass wir den gesellschaftlichen Wert von unabhängigem Journalismus messbar und sichtbar machen. Inzwischen gibt es eine Reihe von Tools, mit denen Redaktionen systematisch die Wirkung journalistischer Inhalte erfassen können: Welche Wirkung möchten wir bei welchen Zielgruppen erzielen? Wie viel Rechercheaufwand haben wir dafür betreiben müssen? Welche Influencer:innen oder welche Entscheider:innen haben sich mit dem jeweiligen Content auseinandergesetzt? Was waren die kurz-, mittel- und langfristigen Wirkungen? Die Antworten auf diese Fragen zeigen den gesellschaftlichen Wert journalistischer Arbeiten plastisch. Solche gesellschaftlichen Wirkungsanalysen sollten in den Verlagen an die Seite wirtschaftlicher Analysen treten. Schließlich geht es um mehr als um Abo-Zahlen und Nutzerloyalität.

Gleichzeitig müssen wir diverser in den Redaktionen werden, wenn wir die Gesellschaft in ihrer Vielfalt erreichen wollen. Nur wenn sich die Realität unserer Gesellschaft in den Redaktionen wiederfindet, werden wir sie auch in unseren Texten, Podcasts und Videos adäquat – also so, dass sich alle Zielgruppen wirklich verstanden fühlen – abbilden können. Frauen sind inzwischen in den Redaktionen erfreulicherweise fast paritätisch vertreten; nur in vielen Führungspositionen gibt es noch Nachholbedarf. Aber nicht nur akademisch gebildete Redakteur:innen sollten berichten, sondern auch Menschen, die vielleicht Erfahrungen in praktischen Berufen gesammelt haben. Wir brauchen zudem deutlich mehr Journalist:innen mit Migrationshintergrund und unterschiedlichsten Identitäten.

Aber wir Verlage werden es nicht allein schaffen: Es ist auch eine politische Aufgabe, den Wert des unabhängigen Journalismus für unser Zusammenleben vor allem in der digitalen Welt zu erkennen und zu fördern. Mit dem Smartphone in der Hand, ist heute jede und jeder zum Sender von Informationen, vor allem von Meinungen geworden. Wir alle sind zwar medienmächtig, aber noch lange nicht medienmündig. Der Medienwissenschaftler Bernhard Pörksen vertritt die Auffassung, „dass wir von der digitalen Gesellschaft der Gegenwart zur redaktionellen Gesellschaft der Zukunft werden müssen, in der die Regeln des guten Journalismus zu einem Element der Allgemeinbildung geworden sind". Das könnten die Regeln sein: Prüfe erst, publiziere später! Analysiere deine Quellen! Höre auch die andere Seite! Mache ein Ereignis nicht größer, als es ist! Kein Zweifel, diese Prinzipien gehen heute alle etwas an. Deshalb sollten sie in der Schule gelehrt werden – und zwar als ein eigenes Schulfach „Medienkompetenz".

Derweil setzen wir Verlage unsere digitale Transformation konsequent fort. Denn wenn wir nahe bei den Menschen sein wollen, dann müssen wir uns genau dort bewegen, wo sie sind. Und das ist immer häufiger im Netz: Plattformen und Messengerdienste spielen dabei genauso eine Rolle wie Soziale Medien. Letztlich geht es doch um eins: dass guter, der Wahrheit verpflichteter Journalismus die Deutungshoheit zurückgewinnt, dass zuverlässige Recherchen und abgewogene Analysen den gesellschaftlichen Diskurs bestimmen. Übermütig formuliert: Um den Wert des Journalismus für unsere Gesellschaft zu erhalten, müssen wir Verlage mit unseren guten Inhalten das Netz fluten!

PROF. DR. MAJA GÖPEL

Gründerin, Mission Wertvoll

Welche Werte sind dir im Leben am wichtigsten?
Ehrlichkeit, Verlässlichkeit, Großzügigkeit, Freundlichkeit, Freiheit

Wie trägt deine Arbeit zu deinen persönlichen Werten bei?
Als Wissenschaftlerin und Public Intellectual habe ich das Privileg, ständig neu dazulernen zu dürfen und vielen Dingen nachzuforschen, die ich herausfinden möchte. Der Anspruch dieser Arbeit ist es, so zutreffend und hilfreich wie möglich Zusammenhänge zu erkennen und zu beschreiben. Das schult mich in sorgfältigem Hinschauen, in einer klaren Formulierung von Zielen und immer auf neue Perspektiven gefasst zu sein.

Können sich Werte im Laufe der Zeit verändern? Wenn ja, wie?
Aus meiner Sicht entwickeln sich grundlegende Werte nur nach Schicksalsmomenten ganz neu, seien sie nun positiv oder negativ. Aber die Wichtigkeit und damit Prioritäten verändern sich durchaus über die

Lebensphasen und in Abgleich mit der aktuellen Situation. Zum Beispiel haben bei mir die Werte Freiheit und Sicherheit mit der Geburt des ersten Kindes die Plätze getauscht.

WERT UND SEINE SCHÄTZUNG

Wenn wir andere Lebewesen, Dinge oder Aktivitäten wertschätzen, erkennen wir sie an. Wir begegnen ihnen, nehmen sie zur Kenntnis. Wertschätzung geht immer mit dem Ausdruck einher, „ist mir oder uns nicht egal." Dieser Ausdruck kann körperlich, sprachlich oder durch Bezifferung passieren, von kindlicher Umarmung oder einem Lächeln, zu lobenden oder interessierten Worten bis hin zu einem Preis, den wir bereit sind, für etwas zu geben. Innerhalb einer Gesellschaft drückt Wertschätzung also Achtung aus und geht häufig mit Empathie einher. Sie ist eine aktiv gelebte Einstellung: „Etwas wertzuschätzen bedeutet, einen Komplex positiver Einstellungen dazu zu haben, die von verschiedenen Normen der Wahrnehmung, Emotion, Überlegung, Verlangen und Verhalten bestimmt werden."[1]

Auf der Gegenseite steht die Nichtbeachtung. Wird etwas übersehen, ignoriert oder entfällt unserer Aufmerksamkeit, dann zollen wir keine Achtung, keinen Respekt. Manchmal passiert das unbewusst, manchmal ist es auch eine Entscheidung, da wir in zunehmend komplexen Gesellschaften nicht alles aufnehmen und berücksichtigen können. Genau deshalb haben wir Institutionen und Instrumente geschaffen, die durch standardisierte Bewertungen, Routinen, Zuständigkeiten für uns eine sortierende und arbeitsteilige Wertschöpfung ermöglichen. Auch hier gilt das gleiche Prinzip: Diejenigen Phänomene oder Subjekte oder Tätigkeiten, die es schaffen, als relevant wahrgenommen zu werden, bekommen dann gesichert Aufmerksamkeit. Deshalb ist die Idee von Wert und seiner Schätzung tief in unsere gesellschaftliche Software eingebaut, transportiert über die Zahlen, Erzählungen, Umgangsnormen und Regeln unserer Zeit. Diese menschgemachten Sortierungen haben einen großen Effekt auf das, was in einer Gesellschaft passiert – und für wen. Die Wertschätzung der Fürsorge oder Care-Arbeit ist beispielsweise nicht in dem Maß angestiegen, wie sie private Tätigkeiten in einem vergüteten Beruf erfahren. Im besten Fall werden wir gelobt, wenn wir auch noch Kinder oder Eltern pflegen, aber in einer dicht getakteten Arbeitswelt gilt diese zusätzliche Verpflichtung eher als Einschränkung der Arbeitskraft und ihrer vollzeitlichen Verfügbarkeit. Und selbst in dem vergüteten Bereich, der offiziell als „produktive" Arbeit bezeichnet wird, stehen Pflege- und Erziehungsberufe dem Lohnniveau in der Industrie einiges nach. Daran hat auch die Coronapandemie nichts geändert, als die Systemrelevanz dieser wertvollen Tätigkeiten plötzlich in aller Munde war und beklatscht wurde. Das war Wertschätzung in dem Moment, aber wo sind die Konsequenzen in den Zahlen und Zahlungen geblieben? Oder wenigstens die Reputation, wenn bundesweit diskutiert wird, welche Facharbeiter:innen das Land braucht und wie bereits hoch dotierte IT-Expert:innen und Ingenieur:innen durch steuerliche Entlastung angelockt werden sollen. Natürlich erwarten sie auch funktionierende Infrastruktur, medizinische Versorgung und Kindertagesstätten, ebenso wie gute Schulen. Dafür sollten sich diejenigen bereit machen, die auch hier als systemrelevant erkannt werden, nur sind sie nicht mehr im Fokus der Wertschätzung, sondern wir diskutieren über ihre Verfügbarkeit, als wären sie Infrastruktur für die wirklich wertschöpfenden Berufe.

Was heißt Wohlstand und welche Werte wollen wir schöpfen?

Krisenzeiten sind immer Warnsignale, dass gewohnte Dinge nicht mehr wie gewohnt funktionieren. Manchmal ist das von externen Schocks getrieben und wir bemühen uns um eine zügige Wiederherstellung der bekannten Lösungen und Muster. Häufig sind Krisen aber das Ergebnis von Unaufmerksamkeit. Uns entgeht zu lange, dass die Übereinstimmung zwischen den Werten, die wir schützen, erhalten oder auch wachsen lassen wollen, und den Zahlen, Routinen, Regeln der Kooperation und Aufmerksamkeitssteuerung auseinandergerutscht sind. Dann steuern und sortieren die von uns geschaffenen Institutionen an den eigentlichen Zielen vorbei.

Drei Beispiele machen das für unsere Situation heute sehr deutlich. Die gemeinsame Frage dahinter ist, welche Aktivitäten in unseren Gesellschaften durch finanzielle Anerkennung eine besondere Aufmerksamkeit bekommen und mit welchem Effekt.

Beginnen wir mit den wertvollsten Unternehmen. Diese werden in der Regel an ihrem Aktienwert gemessen, manchmal am Umsatz.

Am schnellsten steigen heute die Aktienwerte der Firmen, die digitale Zukunftstechnologien oder Finanzprodukte entwickeln, aggressiv Steuern hinterziehen, oder genau dafür ihre eigenen Aktien zurückkaufen. Darüber hinaus wird inzwischen deutlich sichtbar, wie stark die Geschäftsmodelle aller kapitalmarktfinanzierten Unternehmen auf die Wertabschöpfung durch Aktienbesitzer:innen ausgerichtet sind, worunter die unternehmenseigenen Investitionen in zukunftsweisende Produktionsabläufe oder Infrastrukturen leiden. Ausgerechnet die Versorgungskrisen der letzten Jahre wurden genutzt, um Preiserhöhungen für Dinge der Daseinsvorsorge – Medikamente, Nahrungsmittel, Energie, Wohnraum – über die reine Weitergabe der Kosten hinauszutreiben und dafür besonders gute Dividenden zahlen zu können. Produzentengetriebene Inflation wird jedoch als Marktgesetz hingenommen und auch bei öffentlich finanzierten Rettungsmaßnahmen wie dem Kurzarbeitergeld wurde bei schneller Rückkehr der Gewinne nicht als erstes an eine Rückvergütung oder höhere Investitionen in die nachhaltige Modernisierung der Geschäftsmodelle und Arbeitsbedingungen gedacht, sondern der Mehrwert für die Finanzkapitalbesitzer erhöht. Reduzieren wir die Schätzung des Unternehmenswertes nur auf die Finanzkennzahlen, verlieren wir Menschen, Natur und gesellschaftlichen Zusammenhalt aus dem Blick: Mit diesen Messgrößen der Wertschöpfung sind sie nur Input-Faktoren, deren Verfügbarkeit zwar wichtig ist, die durch sie entstehenden Kosten – also die Bezahlungen für ihre Nutzung – jedoch den Gewinn schmälern.

Eine weitere Variante dieses finanziellen Tunnelblickes erleben wir heute bei der Diskussion über unseren Wohlstand. Dieser ist angeblich nur durch noch mehr Produktion und Output zu sichern und das wird mit der Idee gekoppelt, menschliche Arbeitsbedingungen an technisch möglicher Effizienz auszurichten. Hier gilt „Produktivität" als wertender Standard und beziffert wieder einen möglichst geringen Kostenaufwand für eine bestimmte Leistung. Genau das führt dazu, dass in menschennahen Dienstleistungen wir Pflege, Betreuung und Bildung irgendwann die Qualität sinkt. Jenseits der betriebswirtschaftlichen Kalkulation entstehen mangelhafte Routinen für alle, egal auf welcher Seite sie beteiligt sind: Die Taktung und Anzahl der zu betreuenden Menschen pro Kopf werden zu hoch, um dem Wert einer guten Versorgung nachkommen zu können, was weder für die Dienstleistenden noch die Betreuten eine wertvolle Entwicklung ist. Verliert also die Qualität die Aufmerksamkeit aufgrund uns leitender Kennzahlen, dann sprechen wir weiter von Wertschöpfung, obwohl der Wert der Gesundheit und des Wohlergehens nicht mehr ausreichend geschätzt wird. Neben den einzelnen Arbeitsbedingungen gilt das auch für die gesamte Gesellschaft. Warum sollte sie sich als besonders fortschrittlich wahrnehmen, wenn endlich alle Eltern 40 Stunden pro Woche arbeiten, bevor sie direkt im Anschluss in der unbezahlten Pflege, Betreuung und Bildung junger und alter Menschen weitermachen?

Menschliches Wohlergehen hat viel mit Gesundheit und wertvollen Beziehungen zu tun. Für beide ist die zentrale Währung Aufmerksamkeit. Nicht in Geldform, sondern ganz real in Form von Zeit und Energie. Diese dann nur noch in Restbeständen für die uns liebsten Personen vergeben zu können, scheint ein seltsames Wohlstandsversprechen. Und zumindest rechnerisch könnte dieser blinde Fleck sehr schnell korrigiert werden – und damit auch die gesellschaftliche Wertung unserer Lebensverhältnisse neu orientieren. Würden z. B. die unvergüteten Stunden für wertschöpfende Fürsorge, Reparatur, Handwerk analog bezahlter Stunden bilanziert, wären die Volkswirtschaften der OECD Länder in 2011 um 30 bis 50 % des gemessenen Bruttoinlandsproduktes (BIP) angewachsen.[2] Auch für 2021 wurden in Deutschland 1,2 Billionen Euro, also 33 % des BIP für die unbezahlten, aber geleisteten, Pflegearbeiten hochgerechnet.[3]

Ohne, dass wir also immer wieder die Wertekongruenz in den Blick nehmen – die Frage, ob unsere Zahlen, Standards, Routinen noch das abbilden, was wir respektieren wollen –, entstehen ungerechte und manchmal sogar gesellschaftlich riskanten Lücken in unserer Aufmerksamkeit. Das dritte Beispiel findet sich im Umgang mit unseren Ökosystemen, wie zum Beispiel die große Studie des Ökonomen Partha Dasgupta zur Ökonomie der Biodiversität ausführt.[4] Die Untersuchung zeigt, wie stark unsere Gesellschaft von den vielfältigen Verknüpfungen und Rückkopplungsprozessen unserer bio-physischen Netzwerke abhängig ist. Mit dem Wort Ökosystemdienstleistungen werden viele natürliche Prozesse gefasst, die wir entgegen all ihrer Wichtigkeit gern aus den Augen verlieren: Vom Wachstum unserer Lebensmittel durch Nährstoffe im Boden über die Organisation von Wasserkreisläufen und die Reinigung der Luft nehmen wir unzählige Tätigkeiten der natürlichen Mitwelt in Anspruch. Nur durch ihr konsequentes Ausblenden aus unseren Wertmessungen können wir davon sprechen, dass der Umweltschutz zu teuer ist und wir ihn uns nicht „leisten" können. So sind uns Respekt und Achtung vor nicht-menschlichem Leben so abhandenkommen, dass wir nun unser eigenes Überleben riskieren.

In Krisenzeiten steckt also auch immer eine Chance, die oft wenig infrage gestellten Wertungen in unseren menschgemachten Kooperationsmechanismen auf ihre Wirkung hin zu hinterfragen. Nicht selten werden wir dann erkennen, dass die Ursache der Krisen durchaus mit dem Gewohnten zu tun haben könnte, und wie unsere Aufmerksamkeit am Wesentlichen vorbei orientiert. In der Suche nach den besten Wegen in eine lebenswerte Zukunft lohnt es sich also sehr, immer wieder der Wertekongruenz nachzuspüren. Worum geht es eigentlich – und sind die gewählten Zahlen, Routinen und Instrumente (noch) fit for purpose?

[1] Anderson, Elizabeth: Value in Ethics and Economics, Harvard University Press, Cambridge 1993, S. 2.

[2] Society at a Glance, Chapter 1, Cooking and Carin, Building and Repairing: Unpaid Work around the World, OECD 2011, S. 24, https://www.oecd-ilibrary.org/docserver/soc_glance-2011-3-en.pdf?expires=1715772963&id=id&accname=guest&checksum=C0763C8E3A137E080F773B2E1F18C326, Zugriff am 12.07.2024.

[3] Der Unsichtbare Wert von Sorgearbeit, Prognos Institut 2024, https://www.prognos.com/de/meldung/unsichtbarer-wert-sorgearbeit, Zugriff am 12.07.2024.

[4] Dasgupta, Partha: The Economics of Biodiversity: The Dasgupta Review, HM Treasury, London 2021.

ANDREA HARTMAIR

*CEO & Founder
von GOLDSTÜCK*

Welche Werte leiten dich in schwierigen Entscheidungssituationen?

Generell meine Kernwerte, Leidenschaft, Bodenständigkeit und Freiheit. Zusätzlich spielen weitere Werte eine wichtige Rolle. Zum Beispiel Gemeinschaft, denn vertraute und wohlwollende Menschen bieten mir emotionale Rückendeckung, neue Perspektiven oder praktische Unterstützung. Darüber hinaus schätze ich Integrität, Optimismus, Balance und Kompetenz in solchen Momenten.

Integrität bedeutet für mich, ehrlich und ethisch zu handeln und meinen eigenen Prinzipien treu zu bleiben. So finde ich selbst unter Druck Klarheit zum Handeln und treffe leichter Entscheidungen, die ich langfristig vertreten kann.

Optimismus motiviert mich und hilft mir, bei Rückschlägen nicht aufzugeben – er stärkt meine Resilienz. Zudem finde ich optimistisch gestimmt einfacher kreative Lösungen und bleibe offen für Neues.

Balance sorgt für ein gesundes Gleichgewicht diverser Lebensbereiche, sei es Arbeit, Familie oder Selbstfürsorge. In stressigen Zeiten schafft sie innere Ruhe, lässt mich klarer denken und bessere Entscheidungen treffen.

Kompetenz umfasst das Wissen und die Fähigkeiten, die wir für unsere Aufgaben benötigen. Sich im eigenen Kompetenzbereich sicher zu fühlen, gibt Selbstvertrauen, hilft, Probleme effektiv zu analysieren und dann wohldurchdacht zu entscheiden.

Wie wichtig ist es, in einem Team oder Unternehmen gemeinsame Werte zu haben?
Sehr wichtig. Voraussetzung für ein gemeinsames Werte-Set ist eine authentisch gelebte Unternehmenskultur mit Werten, die mehr als nur Worthülsen sind. Für Mitarbeitende ist es wichtig, diese zu verstehen, zu spüren und sich damit zu identifizieren. Das führt zu mehr Motivation und somit zu höherer Produktivität und Mitarbeiterbindung.

Gemeinsame Werte im Team stärken die Zusammenarbeit. Mitarbeitende fühlen sich verbundener und verstehen einander besser, was die Teamarbeit und Effizienz verbessert und die Kommunikation vereinfacht. Die Folge: konstruktivere Konfliktlösung sowie schnelleres und leichteres Treffen von Entscheidungen, da weniger Diskussionen über grundlegende Prinzipien nötig sind.

In Zeiten des Wandels, wie bei einem Generationenwechsel oder einer Transformation, bieten gemeinsame Werte einen stabilen Rahmen. Sie helfen Mitarbeitenden, Veränderungen zu verstehen und zu unterstützen. Werte sind der Kompass, der die Richtung vorgibt, und die Versicherung, sich selbst treu zu bleiben.

Kurzum: Gemeinsame Werte im Team und Unternehmen sind entscheidend für langfristigen Erfolg, die Zufriedenheit der Mitarbeitenden und somit auch der Unternehmen.

Können sich Werte im Laufe der Zeit verändern?

Ja, das geht. Menschen entwickeln sich kontinuierlich weiter und das kann aufgrund bestimmter Lebenserfahrungen, Lebensphasen oder sozialer Interaktionen zu einer Veränderung von Wertvorstellungen führen.

Bestimmte Grundwerte bleiben oft ein Leben lang. Vertrauen beispielsweise. Kennst du das Gefühl des unerschütterlichen Grundvertrauens zu einer Freundin aus der Schule, zu deinen Geschwistern oder Eltern? Das verändert sich meist nicht, sofern es nicht durch ein gravierendes Ereignis beeinträchtig wird. Ebenso gibt es Werte, die sich abhängig vom beruflichen und privaten Umfeld anpassen oder neu ausrichten.

Die Fähigkeit, Werte zu überdenken und gegebenenfalls zu ändern, ist Teil der menschlichen Anpassungsfähigkeit. Voraussetzung ist, die eigenen Werte zu kennen und zu reflektieren.

WERTE ALS PRIVATE UND BERUFLICHE RICHTUNGSWEISER

Es begann vor etwa zehn Jahren, als ich auf ein Buch stieß, das nicht nur mein Denken, sondern auch mein Handeln beeinflussen sollte. „The Big Five for Life" von John Strelecky begleitet mich seitdem nicht nur als Lektüre, sondern war auch Anlass zu tiefgehender Selbstreflexion. In „The Big Five for Life" entfaltet sich die Geschichte um Thomas Derale, einen außergewöhnlich erfolgreichen und beliebten Geschäftsführer, der seine Lebens- und Führungsphilosophie an seinen fünf größten Lebenszielen, den „Big Five for Life", ausrichtet. Thomas verwendet das Bild des „Museums des Lebens", um die Bedeutung dieser Ziele zu illustrieren. Er rät, sich bei der eigenen Lebensgestaltung an der Idee eines persönlichen Museums zu orientieren. Wenn man durch sein persönliches Museum geht, sollte jede Ausstellung – das heißt jedes Lebensereignis – etwas darstellen, das wahrhaftig wichtig und erfüllend ist.

Dieser Gedanke gefiel mir so gut und erschien mir so erstrebenswert, dass ich begann, mich intensiv mit mir, meinen Big Five und damit einhergehend mit meinen persönlichen Werten auseinanderzusetzen. Ich nehme dich mit auf diese Reise zwischen Werten, Cultural Fit und Lebenszielen, die einen entscheidenden Unterschied im Leben machen können.

Persönliche Transformation durch Selbstreflexion

Die intensive Beschäftigung mit Streleckys Buch leitete eine Zeit der Selbstreflexion, in Teilen der Selbstfindung, ein, in der ich ernsthaft überlegte, was mir wirklich wichtig ist. Diese Phase war nicht einfach und erforderte viel Energie, brachte aber eine bemerkenswerte Klarheit mit sich. So erkannte ich beispielsweise, dass meine früheren Entscheidungen teilweise von äußeren Erwartungen anstatt von meinen echten Leidenschaften getrieben waren. Dieses Bewusstsein zu erlangen, war der erste Schritt zu einer authentischeren Lebensweise. Meine Entscheidungen, einige Dinge zu depriorisieren und andere intensiver zu leben, erforderte in Teilen Veränderungen im Alltag bis hin zu einem neuen Verständnis von meinem engsten Umfeld. Mit dieser Klarheit wurde mir bewusst, wie essenziell es ist, sich auf das zu konzentrieren, was wirklich zählt im Leben.

Werte als persönlicher Kompass

Hast du schon mal über die tiefere Bedeutung von Werten nachgedacht? Vielleicht hast du dabei festgestellt, dass beispielsweise Respekt zwar eine Grunddefinition hat, aber die Auslegung je nach Person, Situation oder Zusammenhang sehr breit gefächert ist. Allein die inhaltliche Auseinandersetzung mit der Bedeutung gängiger Werte wie Respekt, Vertrauen oder Innovation sind hochspannend – für sich selbst, aber auch für das Unternehmen. Denn Unternehmenskulturen basieren mitunter auf Werten und die Mitarbeitenden tragen wiederum ihre Wertvorstellungen ins Unternehmen. Die Reflexion darüber, was mich als Person oder mein Unternehmen besonders auszeichnet und antreibt, ist eine wertvolle Basis. Sie gibt Orientierung, motiviert, bietet Sicherheit und hilft uns, in Entscheidungssituationen leichter und reflektierter zu handeln.

Meine persönlichen Werte sind schon lange mein Kompass und dasselbe gilt für meine Boutique-Beratung GOLDSTÜCK. Wir folgen Werten, die uns im Team und in der Zusammenarbeit mit Kund:innen und Partner:innen begleiten und auszeichnen. Dabei merken wir nahezu täglich, wie positiv sich ein Match mit den persönlichen Wertvorstellungen auf die Energie und Ergebnisse in der Zusammenarbeit intern und extern auswirkt. Im Umkehrschluss haben wir uns auch schon von Kunden verabschiedet, weil unterschiedliche Werte zu Energieverlusten führten und die gemeinsamen Erfolge ausbremsten.

Mit diesem Bewusstsein der Kraft von Werten kam ich seinerzeit auf meine drei persönlichen Kernwerte: Leidenschaft, Bodenständigkeit und Freiheit. Weitere Werte, wie Vertrauen, Optimismus und Disziplin folgen für mich unmittelbar, doch der Fokus liegt auf den Kernwerten. Alle Werte gelten für mich privat und beruflich, wenngleich in unterschiedlicher Ausprägung. Die Bedeutung meiner Kernwerte und ihre Auswirkungen beschreibe ich folgendermaßen:

Leidenschaft ist das intensive Gefühl der Begeisterung und Hingabe für etwas, das mir am Herzen liegt. Es ist die treibende Kraft, die mich motiviert, über das Gewöhnliche hinauszuwachsen und in meinen Unternehmungen außergewöhnliche Ergebnisse zu erzielen und Erlebnisse zu erfahren. Leidenschaft sorgt für erhöhte und anhaltende Motivation, auch bei Herausforderungen und Rückschlägen. Ob als CEO, Führungskraft oder Mama inspiriert meine Leidenschaft andere, sich ebenfalls voll einzubringen und gemeinsam Visionen zu verwirklichen. Die Leidenschaft fördert mein kreatives Denken und innovative Lösungen, da ich intrinsisch motiviert tief in die Materie eintauche oder den Augenblick besonders intensiv genieße.

Bodenständigkeit bedeutet, realistisch, zuverlässig und unprätentiös zu sein. Sie spiegelt die Fähigkeit wider, trotz Erfolgen oder Herausforderungen demütig und mit beiden Beinen fest auf dem Boden zu bleiben. Diese Eigenschaft schafft ein starkes Vertrauen bei Kolleg:innen und Kund:innen, da sie wissen, dass Entscheidungen wohlüberlegt und echt sind. Sie basieren außerdem meist auf Nachhaltigkeit und langfristigem Nutzen anstatt auf kurzfristigem Gewinn. Zudem hilft Bodenständigkeit dabei, in schwierigen Zeiten einen kühlen Kopf zu bewahren und durch stürmische Phasen zu navigieren.

Freiheit bezieht sich auf die Möglichkeit, Entscheidungen autonom zu treffen und das Leben nach eigenen Vorstellungen zu gestalten. Sie umfasst die Unabhängigkeit in Gedanken und Handlungen – nicht zu verwechseln mit Egoismus oder Einzelgängen. Freiheit ermutigt zur Exploration neuer Ideen und Ansätze, ohne durch starre Strukturen eingeschränkt zu sein. Sie ermöglicht persönliche Entwicklung und Selbstverwirklichung, indem man seine eigenen Pfade erkunden kann, und erhöht in der Entscheidungsfindung die Flexibilität und Anpassungsfähigkeit an sich verändernde Umstände. Freies Denken, fernab von Vorurteilen und negativen Einflüssen, macht das Leben unbeschwerter und vielfältiger.

Im Alltag, solange alles im Fluss ist, sind Werte meist „nur" Verstärker oder Ausdruck der Persönlichkeit. In schwierigen Zeiten bieten sie in besonderem Maße Orientierung und Stabilität. Sie erlauben es mir, trotz

Druck und Unsicherheiten zu meinen Überzeugungen zu stehen und mein Handeln danach auszurichten.

Mit Blick in die Unternehmenswelt konnte ich mich bereits vor vielen Jahren davon überzeugen, welch wertvollen Unterschied eine Wertekongruenz von Unternehmen und Personen macht. Daher hat der Cultural Fit für mich, aber auch zunehmend für viele Unternehmen, eine hohe Bedeutung.

Cultural Fit und Unternehmenskultur

Als ich zusammen mit einer Kollegin und dem Inhaber meines damaligen Arbeitgebers den Bereich Unternehmenskultur übernahm, wurde mir die Bedeutung des Cultural Fit immer deutlicher. Laut Strelecky ist der Fit zwischen den Werten eines Mitarbeitenden und denen des Unternehmens entscheidend für beiderseitigen Erfolg und Zufriedenheit. Eine kongruente Wertebasis verbessert die Zusammenarbeit, Kommunikation und Entscheidungsfindung im Team und steigert gleichzeitig die Mitarbeitendenbindung und -zufriedenheit.

Hier ein paar starke Argumente für einen Cultural Fit:
- In einer globalen Studie von PwC im Jahr 2001 berichteten 69 % der Führungskräfte, dass eine starke Kultur wesentlich zum Erfolg ihres Unternehmens während der Pandemie beigetragen habe, indem sie wichtige Veränderungsinitiativen und Anpassungen ermöglichte.[1]
- Robert Markey, Partner bei Bain & Company, erklärte im Harvard Business Review bereits 2012, dass loyale, leidenschaftliche Mitarbeitende einem Unternehmen ebenso viel Nutzen bringen wie loyale, leidenschaftliche Kund:innen.[2]
- Eine Studie von Stepstone aus dem Jahr 2020 über Arbeitgeberattraktivität bestätigt, dass eine passende Unternehmenskultur zu den Top-5-Kernkriterien bei der Jobauswahl gehört.[3]

Die Umsetzung einer werteorientierten Unternehmenskultur ist kein Job für nebenbei. Der Aufbau ist das Eine, konstante Aufmerksamkeit, Anpassungen sowie das tägliche Leben und Vorleben erfordern 100 % Commitment, angefangen bei der Unternehmensleitung, gelebt von allen gemeinsam.

Lebensziele als Rahmen für Erfolg und Zufriedenheit

Die zentralen Themen aus Streleckys Buch, wie das Konzept des Zweckelefanten, das uns daran erinnert, dass jeder seine individuelle Bestimmung hat, und die Big Five, die unsere fünf wichtigsten Lebensziele darstellen, halfen mir, meine beruflichen und persönlichen Ziele neu zu justieren. Die Konzepte forderten mich heraus, über den täglichen Horizont hinaus zu denken und wirklich bedeutungsvolle Ziele zu setzen. Sie waren jede Minute, die ich dafür investierte, wert.

Die Idee, dass jeder Mensch seine eigene Definition von Erfolg haben sollte, inspirierte mich, meine eigenen Big Five zu formulieren. Meine persönlichen Lebensziele, die ich festlegte, reichten von der Schaffung eines passionierten, innovativen Unternehmensklimas bis hin zum Erreichen eines ausgewogenen Familienlebens. Jedes Ziel passt zu meinen Werten und ist in den unterschiedlichen Lebensbereichen individuell ausgeprägt und präsent.

Die Auseinandersetzung mit meinen Werten war ein entscheidender Wendepunkt. Sie hat nicht nur meine persönliche Entwicklung beeinflusst, sondern auch meinen beruflichen Weg maßgeblich geformt. Durch die Klarheit, die ich gewann, konnte ich eine Unternehmenskultur fördern, die nicht nur leistungsorientiert ist, sondern grundsätzlich jedem Mitarbeitenden ermöglicht, im Einklang mit seinen eigenen Werten zu arbeiten. Aus meiner Sicht ist das der Schlüssel, um nicht nur als Individuum, sondern auch als Teil eines größeren Ganzen erfolgreich und zufrieden zu sein.

[1] Global Culture Survey 2021, PwC, https://www.pwc.com/gx/en/issues/upskilling/global-culture-survey-2021.html, Zugriff am 30.05.2024.

[2] Markey, Rob: Transform your Employees into Passionate Advocates, Harvard Business Review 2012, https://hbr.org/2012/01/transform-your-employees-into, Zugriff 30.05.2024.

[3] Arbeitgeberattraktivität jetzt wichtiger denn je, Jasmin Berger, stepstone 2024, https://www.stepstone.de/e-recruiting/arbeitgeberattraktivitat/#attraktivitaetsfaktoren, Zugriff 30.05.2024.

PROF. DR. NADINE KAMMERLANDER

Co-Direktorin Institut für Familienunternehmen der WHU

© Julia Berlin

Welche Werte sind dir im Leben am wichtigsten?
Ehrlichkeit, Verlässlichkeit sowie Respekt gegenüber anderen Menschen

Welche Prinzipien leiten dich in schwierigen Entscheidungssituationen?
In solchen Situationen frage ich mich: Kann ich morgen noch in den Spiegel schauen? Und auch: Wie würde ich meinen Kindern in einigen Jahren rückblickend die Entscheidung erklären und würden sie diese gutheißen? Junge Menschen sind ein wunderbarer moralischer Kompass!

Welche Werte sind für dich in deiner beruflichen Laufbahn entscheidend?
Für mich ist Authentizität besonders wichtig. Die Idee, im beruflichen Leben ständig eine Rolle spielen zu müssen, ist meines Erachtens veraltet. Klar unterscheidet sich das Verhalten im Privaten und im Beruflichen. Dennoch dürfen diese nicht im Widerspruch zueinander stehen.

Wie können wir sicherstellen, dass unsere Werte in der täglichen Arbeit gelebt werden?

Das ist nicht selbstverständlich, sondern benötigt kontinuierliche Anstrengungen. Zunächst einmal muss klar sein, welche Werte vorhanden sind und geteilt werden. Dazu braucht es Kommunikation. Anschließend ist offenes und ehrliches Feedback notwendig: Wann und wo wurden die Werte verletzt? Aber auch: Wann und wie klappt die Zusammenarbeit im Team und das Einhalten und Weiterentwickeln der Werte besonders gut? Diese Rückmeldungen sollte man dann wieder in die Teamarbeit einfließen lassen. Wichtig ist: Das ist kein abgeschlossenes Projekt, sondern ein kontinuierlicher Prozess, der nie richtig endet.

WERTE IN FAMILIENUNTERNEHMEN

Wer an Familienunternehmen denkt, denkt häufig auch an Werte.[1] Schon der „ehrbare Kaufmann" (bzw. die ehrbare Kauffrau), also die Urfassung der heutigen Familienunternehmen zeichnet sich durch Werte wie Vertrauen und Verlässlichkeit aus. Werte, die heutzutage üblicherweise mit Familienunternehmen assoziiert werden, umfassen zum Beispiel Qualitätsstreben, Gemeinschaftssinn, Treue, Tradition, Kontinuität, unternehmerische Flexibilität, Verlässlichkeit, Menschlichkeit, Verantwortungsbewusstsein, Nähe zur Belegschaft, langfristige Perspektive und Engagement für die Gesellschaft.

Diese Werte haben einen starken Einfluss auf die Familienunternehmen. Auf der Eigentümer- und Geschäftsführungsebene beeinflussen sie die strategischen Entscheidungen: Wo soll entwickelt und produziert werden? Welche Standards sollen eingehalten werden? Wofür werden Unternehmensgewinne verwendet? Aber auch auf der operativen Ebene, im Alltäglichen, spielen die Werte eine große Rolle: Wie geht man miteinander um – innerhalb der Hierarchien und darüber hinweg? Was sind Tabus und was ist erwünschtes Verhalten im täglichen Betrieb? Wie fühlt sich die Arbeit bei uns an? Was ist sozusagen die Identität des Familienunternehmens?

Wertedivergenz als Treiber von Konflikten

Während insbesondere die ältere Generation mit den Werten des Familienunternehmens viel Positives verbindet, so ist die Einschätzung der neuen Generation oft ambivalent. Auf der einen Seite wird den Familienunternehmen aufgrund ihrer langlebigen Werte ein verstaubtes Image zugeschrieben. Insbesondere bei Universitätsabgängern zählen sie oft (leider) nicht zu den Top-Prioritäten bezüglich Arbeitgeberwahl. Auf der anderen Seite ist es insbesondere die jüngere Generation, die von ihren Arbeitgebern – zurecht – eine Antwort darauf erwartet, was eigentlich der Purpose des Unternehmens ist. Dieser Unternehmenszweck ist aber oft untrennbar mit den Werten des Unternehmens verbunden. Insofern können Familienunternehmen ihre Werte sinnvoll nutzen, um attraktivere Arbeitgeber zu werden, Talente zu rekrutieren und an sich zu binden.

Es ist nicht verwunderlich, dass ein unterschiedliches Verständnis über die Werte zu Konflikten, insbesondere innerhalb der Eigentümerfamilie, führen kann. Dies geschieht, wie oben angedeutet, über Generationen hinweg, kann aber auch innerhalb einer Generation auftreten. Häufig beobachten wir, dass der Familienteil, der in regionaler Nähe zum Familienunternehmen wohnt und gegebenenfalls sogar noch operativ ins Unternehmen eingebunden ist, die Unternehmenswerte stärker betont als diejenigen, die weniger direkte und auch emotionale Verbindung zum Unternehmen besitzen. In diesen eher entfernten Familienteilen sehen wir, dass oft finanzielle Motive in den Vordergrund rücken – mit der Folge, dass Aktivitäten gefordert werden, die bisweilen den Unternehmenswerten widersprechen.

Viele Unternehmerfamilien schreiben ihre Unternehmenswerte in einem Family-Governance-Dokument, beispielsweise einer Familiencharta oder einer Familienverfassung, nieder. In vielen Fällen finden sich die Werte sogar in der Präambel der entsprechenden Dokumente. Das ist ein sehr wichtiger und richtiger Schritt, um die Werte zu betonen und zu erhalten. Im Optimalfall wird dieses Dokument verfasst, bevor es den ersten (Werte-)Konflikt gibt. Dennoch ist es mit dem Niederschreiben nicht getan. Um die Werte auf Dauer am Leben zu erhalten, braucht es in regelmäßigen und unregelmäßigen Abständen eine Diskussion darüber: Sind uns unsere Werte noch immer wichtig? Sind neue hinzugekommen? Wie leben wir diese Werte? Was können wir tun, um sie zu stärken?

Wertebasis für die Transformation

Derzeit befinden sich viele Familienunternehmen in einer grundlegenden Transformation: Die Umwandlung vom analogen Hidden Champion zum erfolgreichen Familienunternehmen des 21. Jahrhunderts mit auch digitalen Geschäftsmodellen ist bei vielen noch nicht vollständig abgeschlossen. Parallel hat ein Teil bereits mit der Transformationen zu einem ökologisch nachhaltigeren Unternehmen begonnen. Und auch die nächste Transformationsanforderung – wie auch immer diese aussehen mag – steht bestimmt schon vor der Tür.

In all diesen Transformationsprozessen können Werte die notwendigen Leitplanken darstellen, die schlussendlich den langfristigen Unternehmenserfolg sichern. Denn Transformationen sind immer von Unsicherheiten begleitet: Besonders langjährige Mitarbeitende und Führungskräfte zweifeln häufig an den neuen Strategien und fragen sich, ob das Unternehmen noch das gleiche ist, wie das, für welches sie die letzten Jahre und Jahrzehnte gerne und gut gearbeitet haben. Zu zeigen, dass sich zwar Produkte und Prozesse ändern, nicht aber die grundlegenden Werte, hilft in diesen schwierigen Situationen, Stabilität zu schaffen. Mein italienischer Kollege Prof. Alfredo de Massis hat mit seinen Kollegen die „Innovation-durch-Tradition"-Strategie herausgearbeitet. Diese besagt, dass besonders erfolgreiche Familienunternehmen sich ihrer (traditionellen) Werte durchaus bewusst sind – und diese als Grundlage für immerwährende Erneuerungsprozesse sehen.

Werte erhalten oder Werte verkünden?

Wie bereits oben erwähnt, werden der Purpose des Unternehmens und damit auch der Impact, den jede und jeder Einzelne durch die Wirkung am Arbeitsplatz entfaltet, immer wichtiger. Daraus ergeben sich für Familienunternehmen die Fragen: Was ist unser Ziel? Wollen wir Werte im Unternehmen erhalten? Oder Werte nach innen und außen verkünden? In der Vergangenheit war Ersteres die Regel: Die „Next Gen" übernahm von ihrer Vorgängergeneration das Familienunternehmen und hatte die Aufgabe, dieses treuhänderisch weiterzuführen und in die nächste Generation zu tragen. Das Zitat „Tradition ist nicht die Anbetung der Asche, sondern die Weitergabe des Feuers" (welches mehreren unterschiedlichen Urhebern zugeschrieben wird) trifft auf diese Familienunternehmen zu. Doch sollten sich wertebewusste Familienunternehmen nun die Frage stellen, ob das genug ist. Die Weitergabe des Feuers ist im traditionellen Verständnis meist auf Mitglieder der Familie beschränkt. In der Vergangenheit schien dies ausreichend und angemessen.

Schaut man sich die gesellschaftlichen Entwicklungen in Deutschland an, so merkt man schnell: Jetzt reicht das leider nicht mehr. Die zunehmende Spaltung der Gesellschaft und die zunehmenden Möglichkeiten, online und offline links- und rechtsextreme Meinungen von sich zu geben, erfordern es, dass Familienunternehmen Haltung zeigen und damit ihre Werte auch öffentlich kundtun. Ein Beispiel hierfür ist der Familienunternehmer Würth, welcher sich im März 2024 in einem Brief an die über 25.000 Mitarbeitenden des Unternehmens wendete mit einem Statement gegen Rechtsextremismus, das auch über das Unternehmen hinaus mediale Aufmerksamkeit erregte.

Im besten Falle bleibt es nämlich nicht verborgen, wenn Familienunternehmen ihre Werte nicht nur respektieren, sondern auch öffentlich zeigen. Wenn sich Familienunternehmerinnen beispielsweise für eine Vereinbarkeit von Beruf/Karriere und Familie (für Männer und Frauen!) einsetzen, wie die Preisträgerinnen unseres „Erfolgreiche-Frauen-im-Mittelstand"-Wettbewerbs, so hat das Vorbildwirkung für andere Unternehmen. Wenn Familienunternehmerinnen vorangehen, um Innovation und ökologische Nachhaltigkeit im eigenen Unternehmen zu vereinbaren, wie beispielsweise Antje Dewitz von Vaude, dann beeinflusst das im besten Fall auch die Verbraucherinnen und Verbraucher. Und auch die Politik hört möglicherweise genauer hin, wenn immer mehr Familienunternehmen gemeinsam und lautstark ihre Werte kommunizieren. Insofern lautet mein Appell: Liebe Familienunternehmerinnen und Familienunternehmer – bitte belasst es nicht dabei, eure überlieferten Werte niederzuschreiben. Sondern überlegt kreativ, wie ihr diesen auch über die Unternehmerfamilie hinaus, im und außerhalb des Familienunternehmens einen Nährboden schaffen könnt!

[1]Das Verständnis von „Werten" in Unternehmen ist sehr heterogen. Während die Allgemeinheit laut dem deutschsprachigen Wikipedia unter Werten „als erstrebenswert oder moralisch gut betrachtete Eigenschaften bzw. Qualitäten, die Objekten, Ideen, praktischen bzw. sittlichen Idealen, Sachverhalten, Handlungsmustern, Charaktereigenschaften oder auch Gütern beigemessen werden" versteht, würde ein Investor die „Werte" von Familienunternehmen rein finanziell, aufgeteilt in materielle Werte (Produktionsanlagen; Inventar;...) und immaterielle Werte (Reputation; Wissen; ...), verstehen. Dieser Textbeitrag bezieht sich ausschließlich auf die erstere Definition.

MELANIE STÜTZ

CEO von IDEASCANNER,
Top 50 Thought Leaders
in AI & Botschafterin
des EU-Klimapakts

Welche Werte sind dir im Leben am wichtigsten?

Freiheit und Gerechtigkeit sind für mich die wichtigsten Werte im Leben. Das liegt an meinem „Wertegang" vom Flüchtlingskind zur Pilotin und Unternehmerin. Als Flüchtlingskind aus einer Diktatur entwickelte ich einen starken Sinn für Gerechtigkeit und träumte von grenzenloser Freiheit. Viele Menschen verbinden den Traum vom Fliegen mit Freiheit. Als Pilotin des 1. Weltflugs mit einem „Flugauto" merkte ich, dass diese Freiheit auch ihre Grenzen hat. Später stellte ich fest, dass es viele Parallelen zwischen einer Pilotin und einer Unternehmerin gibt. Für mich ist Unternehmertum die größte Form von Freiheit. In dieser Aufgabe können wir selbstbestimmt handeln, einen Mehrwert liefern und für Gerechtigkeit sorgen. Als CEO von IDEASCANNER demokratisiere ich das Hoheitswissen erfolgreicher Wagniskapitalgeber:innen mit Künstlicher Intelligenz (KI). So befähigen wir Unternehmer:innen selbst auch grüne Geschäftsideen zu skalieren, den Unternehmenswert zu steigern und smarter zu denken mit KI.

Welche Prinzipien leiten dich in schwierigen Entscheidungs-situationen?

In schwierigen Entscheidungssituationen leiten mich Klarheit, Datenlage und Messbarkeit als Prinzipien. Ich reflektiere zunächst und frage mich, was wirklich wichtig ist, welche Fakten vorliegen und welche Prioritäten zu setzen sind. Eine klare Werteorientierung hilft, das Ziel nicht aus den Augen zu verlieren und Wege zur Zielerreichung zu finden. Ich bevorzuge Entscheidungen auf Basis von Daten, die eine ganzheitliche Betrachtung aus verschiedenen Blickwinkeln ermöglichen. Dabei müssen innere (Emotionen, Intuition) und äußere Faktoren (Fakten, Rahmenbedingungen) berücksichtigt werden. Dies spiegelt sich ebenfalls in unseren Auftragsanalysen zur Steigerung des Unternehmenswerts mit KI wider. Situationen quantitativ messbar machen hilft, um fundierte Ja-Nein-Entscheidungen zu treffen. Dabei hat sich auch die Benjamin-Franklin-Methode bewährt, bei der ich Argumenten Gewichtungsfaktoren zuweise, um sie direkt vergleichen zu können.

Können sich Werte im Laufe der Zeit verändern? Wenn ja, wie?

Meine Eltern zeigten mir, wie wichtig es ist, sich selbst und seinen Werten treu zu bleiben. Sie flohen aus einem Land, dessen politisches Wertesystem sie nicht akzeptieren konnten. Durch ihren Mut und auch den Mut derer, die dablieben und dagegen demonstrierten, konnte sogar ein politischer Umsturz erreicht werden. Die Mauer zwischen Ost- und Westberlin fiel kurz darauf und veränderte das politische Wertesystem eines ganzen Landes. Wir sind jedoch unseren Weg weitergegangen und starteten im äußersten Westen Deutschlands ein neues Leben. Das war nicht immer einfach. Doch ich lernte, dass wir manchmal mehr erreichen können, auch oder gerade, wenn wir komplett neu anfangen müssen.

Nicht nur politische Wertesysteme eines Landes können sich ändern, ebenso können sich Unternehmenswerte ändern, besonders bei Unternehmensnachfolgen. Entscheidend ist hier, welcher Weg wann eingeschlagen werden muss, um nicht nur den Fortbestand des Unternehmens zu sichern, sondern auch messbare Zukunftsperspektiven zu schaffen.

„WERTEGANG": VOM ANSPRUCH ZU ALLEINSTELLUNG

„Der Preis ist, was du bezahlst, der Wert ist, was du bekommst"
Warren Buffett[1]

Meine Eltern und ich zahlten einen hohen Preis mit unserer Flucht von der DDR in die BRD. Am 3. Oktober 1989 flohen wir über die Prager Botschaft und ließen alles zurück. Diese existenzielle Erfahrung als Flüchtlingskind prägte mich, insbesondere bezüglich meiner persönlichen Werte, wie Freiheit und Gerechtigkeit. Meine Eltern und ich empfanden es als ungerecht, dass in der DDR nur 10 % eines Jahrgangs Abitur machen konnten – abhängig von der politischen Einstellung. Da meine Eltern nicht der Partei angehörten, war klar, dass mir dieser Weg verwehrt bleiben würde. Meine Eltern hatten nicht nur den Anspruch, dass ich Abitur mache. Sie wollten ebenso, dass ich die Freiheit habe, die ganze Welt zu bereisen und meine Träume zu verwirklichen. Ihr Traum war es, selbstständig im eigenen Unternehmen zu arbeiten. Mit ihrer Flucht gaben sie ihr altes, vermeintlich gesichertes Leben und Arbeiten in einer Diktatur auf und fingen wieder bei null an. Damit ebneten sie unserer sowie vielen anderen Familien den Weg in ein Leben in Freiheit. Am Ende gewannen sie beides, indem sie sich eine eigene unternehmerische Existenz aufbauten: Freiheit und eine neue Sicherheit.

Ich bin meinen Eltern bis heute unendlich dankbar für alles, was sie auf sich genommen haben. Ich ziehe meinen Hut vor ihrem Mut und ihrer Treue zu ihren Werten. Der Wert, den wir alle dadurch erhielten, ist unbezahlbar. Dass wir heute den 3. Oktober, das Datum unserer Flucht, als Tag der Deutschen Einheit feiern, hätte damals kaum jemand zu träumen gewagt.

(Kindheits-)Werte als Kompass

20 Jahre nach meiner Flucht folgte das nächste große Abenteuer, auf den Spuren von Kindheitsträumen. Diese können als erste eigene Werte einen Kompass im Leben geben. Im Lauf des Lebens stellt sich die Frage, wie weit man sich von diesen Werten entfernt hat: Wie viele Kindheits-

werte existieren in uns noch als Erwachsene? Als Kind träumte ich vom grenzenlosen Reisen, am besten gleich als Kosmonautin. Der Kindheitstraum von meinem Mann, Andreas, war es mit einem „Flugauto" Abenteuer zu erleben, wie in seiner Lieblings-TV-Kinderserie „Robbi, Tobbi und das Fliewatüüt". In „James Bond 007 – Man lebt nur zweimal" flog James Bond mit so einem ähnlichen Vehikel, einem Mini-Hubschrauber, dem Tragschrauber. Der Bond-Titelsong besagt, dass man zwei Leben hat – eines für sich und eines für seine Träume. Das inspirierte uns zur Realisierung unseres gemeinsamen Kindheitstraums.

Andreas hat bereits mehrere Firmen aufgebaut und gewann unter anderem den Startup Award, der ihm von Angela Merkel überreicht wurde und heute im TV als Deutscher Gründerpreis gefeiert wird. Ich bin in einer unternehmerischen Familie aufgewachsen. So machten wir als Unternehmer und Unternehmerin aus unserem gemeinsamen Kindheitstraum ein internationales Medienprojekt: Weltflug.tv – Die erste Weltreise mit Tragschrauber. Dafür gelang es uns, eine Koproduktion mit dem TV-Sender zu vereinbaren, der sowohl Andreas frühere Lieblingsserie ausstrahlte als auch über meine Flucht in den Nachrichten berichtete.

Viele dachten, dass dieser Weltflug nicht möglich sei. Wir konnten zuvor weder fliegen noch Filme machen oder Bücher schreiben. Aber wir lernten alles, was wir dafür brauchten. In Kooperation mit der Kinderhilfe terre des hommes interviewten wir überdies Kinder weltweit zu ihren

Erfolgreicher Abschluss der 1. Weltreise mit „Flugauto" in Rio de Janeiro.

Träumen. Wir vermittelten ihnen die Botschaft, dass man alles erlernen kann, um seine Träume zu verwirklichen. Ein Teil der Erlöse aus dem Buch[2], der Weltflug.tv-Serie und dem Film floss zurück an Bildungsprojekte, die wir vor Ort besucht haben. Denn Bildung ist die Basis für Gerechtigkeit und der Schlüssel für ein Leben in Freiheit.

Prinzipien in schwierigen Entscheidungssituationen

Nach unserem Weltflug realisierten wir, dass Pilot:innen und Unternehmer:innen vieles gemeinsam haben. Beide starten mit Vollgas. Doch nur während unserer Ausbildung für das Fliegen lernten wir, wie entscheidend hierfür eine gründliche Vorbereitung mit einem Vorflug-Check ist. Es reicht nicht, nur kurz den Reifendruck zu prüfen. Nein, alles muss vor dem Abflug überprüft werden, vom Cockpit bis zum Rotor. Nur so bist du startklar.

Beide, Pilot:innen und Unternehmer:innen, müssen nicht nur Klarheit für einen erfolgreichen Start haben, sondern auch vorsorgen, dass es nicht zu vermeidbaren Bruchlandungen kommt. Wie wäre es, wenn es für Unternehmer:innen, ähnlich wie beim Fliegen, einen Vorab-Check gäbe, eine Methode, um neue Geschäftsideen zu prüfen, bevor man Zeit und Geld investiert? Oder ein „TÜV" für bestehende Geschäftsmodelle, um Verbesserungspotenziale zu identifizieren? Das wäre zum Beispiel im Rahmen einer Unternehmensnachfolge eine gute Leitlinie für den oder die Nachfolger:in.

Aus persönlicher Erfahrung weiß ich, wie wichtig es ist, die Nachfolge im Detail zu regeln. Hier spielen Freiheit und Gerechtigkeit ebenfalls eine entscheidende Rolle. Ist die Nachfolge innerhalb der Familie gerecht geregelt? Meine Eltern haben mir die Freiheit gelassen, selbst zu entscheiden, ob ich die Firma übernehme oder nicht. Beim externen Unternehmensverkauf ist zudem der monetäre Unternehmenswert entscheidend. Die klassischen Unternehmensbewertungen unterliegen meist einer ex-post Betrachtung, basierend auf Finanzdaten des bisherigen Geschäfts. Oft spiegelt dies jedoch nicht den Wert des zukünftigen Potenzials wider.

In solchen schwierigen Entscheidungssituationen gibt es grundsätzlich drei Möglichkeiten: 1. Gehen, 2. Akzeptieren oder 3. Verändern. Das Gehen wäre hierbei einer Schließung des Unternehmens gleichzusetzen. Alternativ kann man beispielsweise einen niedrigen Kaufpreis akzeptieren, auch wenn dieser nicht zufriedenstellend ist. Oder man ändert die Situation, indem man aktiv das Geschäftsmodell verbessert, um den Unternehmenswert zu steigern. Dies schafft ebenso Perspektiven für nachfolgende Generationen.

Mein Partner, Andreas G. Stütz, hat bereits mehrere Unternehmen erfolgreich aufgebaut und verkauft. Ihn beschäftigte seither die Frage, warum manche Firmen erfolgreicher sind als andere. Bevor wir unser nächstes gemeinsames Unternehmen gründen würden, wollten wir es daher genauer wissen: Gibt es wiederkehrende, messbare Muster, die den Unternehmenswert signifikant steigern? Diese Frage führte uns zu einem Forschungsprojekt, das Erfolgsfaktoren von Unternehmen untersucht, um Geschäftsideen und -positionierungen mithilfe von Künstlicher Intelligenz erstmals messbar zu machen. Inzwischen sind wir mit IDEASCANNER Europas größtes privat finanziertes Forschungsprojekt mit einem einzigartigen, proprietären Datensatz von entscheidenden Faktoren für unternehmerischen Erfolg. Wir befähigen unsere Mandant:innen, mit Hilfe von KI smarter Entscheidungen zu treffen und geben somit einen „Vorflug-Check für Unternehmer:innen" an die Hand mit dem Ziel einer Unternehmenswertsteigerung.

(Frauen-)Werte im Wandel

Seit meiner Kindheit bin ich von sehr starken Frauen umgeben, die stets arbeiteten und auch ganze Unternehmen leiteten. Meine Uroma, Oma und „Mum" waren und sind für mich menschlich sowie unternehmerisch wahre Vorbilder. Sie standen stets „ihre Frau", meist in sehr herausfordernden Zeiten von Kriegs- über Nachkriegs- bis Nachwendezeit. Frauen können heute mehr denn je ihre Werte einbringen, um die Welt zu verbessern. Und heute, in einer sich schnell verändernden Welt, sind Werte besonders wichtig.

Vielen Gründerinnen und Unternehmerinnen wird häufig nachgesagt, dass sie aufgrund ihrer Wertvorstellungen eher nachhaltige, soziale und grüne Geschäftsideen verfolgen. Tatsächlich weisen laut Green Startup Monitor 2024 grüne Start-ups mit 24 % nach wie vor einen höheren Gründerinnenanteil auf als nicht-grüne Start-ups mit nur 17 %.[3] Für Venture Capitalists (VCs) scheinen diese Ideen jedoch häufig nicht skalierfähig und damit nicht investmentfähig genug. Dies spiegelt sich ebenfalls im Green Startup Monitor wider. Der stellte fest, dass die Finanzierung für 52 % der grünen Start-ups ein echtes Problem darstellt.[4] Unsere Künstliche Intelligenz IDEASCANNER zeigt auf, wie neben nicht-grünen auch grüne Geschäftsideen erfolgreich am Markt skaliert werden können. Damit werden sie auch für VCs interessant. Denn es kann nicht sein, dass nur 1,6 % des gesamten Kapitals, das in Europa in VC-finanzierte Start-ups investiert wird, an Unternehmen geht, die ausschließlich von Frauen gegründet wurden.[5]

Der Klimawandel ist eine große Herausforderung. Er bietet aber auch die Chance für ein neues Wertesystem und Wirtschaftsmodell. Bis 2050 wollen wir in Europa klimaneutral werden. Dafür müssen wir unsere Wirtschaft und Gesellschaft transformieren.[6] Das bietet neue Möglichkeiten für Innovationen, Investitionen und die Schaffung grüner Arbeitsplätze. Die Zukunft beginnt jetzt und liegt in der Transformation hin zu grünen Geschäftsmodellen, die auch nachhaltig wirtschaftlich erfolgreich sind. Wenn wir das aktuelle Geschäftsmodell von Unternehmen auf den Prüfstand stellen, ist unser Anspruch stets, diesen Unternehmen durch nachhaltige Innovationen eine klare Alleinstellung am Markt zu verschaffen. Wir zeigen auch auf, wie die eigene Nachhaltigkeit verbessert werden kann und leben dies ebenfalls vor, zum Beispiel mit unserer eigenen restriktiven Reisepolitik. Während wir früher viel gereist sind, arbeiten wir heute remote first und sind als Teil von Leaders for Climate Action primär digital unterwegs. Damit reduzieren wir nicht nur unsere CO_2-Emissionen, sondern sparen ebenso Geld und Zeit für unsere Kund:innen und Partner:innen. Selbst bei Anfragen für Keynotes, denken wir in Netzwerken. Das heißt, anstatt von München nach Hamburg zu reisen, schaue ich erst einmal, wen ich in meinem LinkedIn-Netzwerk vor Ort hierfür empfehlen kann.

Ich bin in einigen Frauennetzwerken aktiv und bringe als Beirätin meine Expertise in den Bereichen KI, Geschäftsmodelle und Digitalisierung ein, um Unternehmen zukunftsfähig zu machen. Wie wäre es, wenn die nächste grüne Deep-Tech-Innovation in Europa von einem Team voller starker Frauen mit einer Milliardenbewertung gestartet wird? Als Botschafterin für den Europäischen Klimapakt setze ich mich genau dafür mit IDEASCANNER ein, damit wir auch mittels nachhaltiger wirtschaftlicher Kraft der erste klimaneutrale Kontinent werden.

Mein „Wertegang" zeigt, dass 1. es sich lohnen kann, seinen Werten treu zu bleiben, auch, wenn das einen kompletten Neustart bedeutet, 2. sich Datenklarheit und Mut zu Veränderung auszahlen und 3. grünes Wachstum kein Widerspruch, sondern die Zukunft ist. Lasst uns gemeinsam ein neues Werteverständnis schaffen mit dem Anspruch an nachhaltigen und wirtschaftlichen Mehrwert – für noch mehr Frauen, die Zukunft schaffen.

[1] Price is what you pay. Value is what you get. R. Pöhner. Handelszeitung, Ringier AG, Ringier Medien Schweiz. https://www.handelszeitung.ch/geld/price-what-you-pay-value-what-you-get, Zugriff am 29.05.2024.

[2] Stütz, A. G.: WELTFLUG: Zwei Überflieger auf fünf Kontinenten, Delius Klasing, Bielefeld 2011. https://weltflug.tv, Zugriff am 29.05.2024.

[3] Fichter, Klaus et al.: Green Startup Monitor 2024, Bundesverband Deutsche Startups e. V. und Borderstep Institut für Innovation und Nachhaltigkeit gGmbH, S. 6, 15. https://startupverband.de/fileadmin/startupverband/mediaarchiv/research/green_startup_monitor/Green_Startup_Monitor_2024.pdf, Zugriff am 29.05.2024.

[4] Ebd.

[5] Women in VC. European VC female founders dashboard. Pitchbook. https://pitchbook.com/news/articles/the-european-vc-female-founders-dashboard, Zugriff am 30.06.2024.

[6] Delivering the European Green Deal. Europäische Union. https://commission.europa.eu/strategy-and-policy/priorities-2019-2024/european-green-deal_de, Zugriff am 29.05.2024.

KATARZYNA KOMPOWSKA

CEO Nordeuropa bei Coface

Welche Werte sind dir im Leben am wichtigsten?

Da ist zum einen Zuverlässigkeit. Sowohl privat als auch beruflich lege ich Wert darauf, dass ich mich auf andere verlassen kann. Im Gegenzug möchte ich auch als zuverlässige und vertrauensvolle Person wahrgenommen werden. Darüber hinaus versuche ich stets tolerant und offen zu sein. Offen für fremde Kulturen, für konträre Meinungen oder andere Mindsets. Wer Unterschiede akzeptiert, kann viel lernen und sein Leben sowohl im Beruf als auch privat bereichern. Zu guter Letzt Disziplin und Durchhaltevermögen. Wenn ich mich zu etwas verpflichte, dann bringe ich es auch zu Ende. Das gilt gerade für scheinbar unlösbare Aufgaben oder Probleme. Ich suche nach Lösungen und hinterfrage Dinge immer wieder. Geht nicht, gibt's nicht!

Welche Prinzipien leiten dich in schwierigen Entscheidungssituationen?

Geschäftsentscheidungen sind meistens komplex. Deswegen versuche ich, die Umstände bestmöglich zu verstehen, um Risiken abzuwägen und mögliche Konsequenzen zu kennen. Dazu gehört auch, ergebnisoffen zu bleiben und in Szenarien zu denken. Das mache ich gemeinsam mit den Expertinnen und Experten aus meinem Team in einer offenen und konstruktiven Diskussion. Auch wenn das Ergebnis nicht vorhersehbar ist, übernehme ich die Verantwortung und treffe letztendlich eine Entscheidung.

Welche Werte sind bzw. waren für dich in deiner beruflichen Laufbahn entscheidend?
Mut und Verantwortung sind zwei Werte, die mich meine gesamte Karriere begleiten. Als ich in jungen Jahren meine erste Führungsposition übernahm, brauchte ich den Mut, Verantwortung zu übernehmen und einen neuen Firmenstandort von Grund auf aufzubauen. Prinzipiell ist Mut erforderlich, um neue Wege zu gehen und Veränderungen voranzutreiben. Mein persönlicher Weg führte von Polen über Österreich nach Deutschland und ich möchte heute auch andere ermutigen, neue Herausforderungen als Chancen zu begreifen. Ich sehe mich als „Enabler" und möchte, dass andere von meiner Erfahrung profitieren, um erfolgreich zu sein. Zwei weitere Konstanten sind Engagement und Tatkraft: „Besser. Einfach. Machen." ist das Motto, an dem ich mich orientiere.

Wie wichtig ist es, in einem Team oder Unternehmen gemeinsame Werte zu haben?
Gemeinsame Werte geben Orientierung. Sie bilden das Gerüst einer Firmenkultur und genau das ist es, was Unternehmen und Teams erfolgreich und stark macht und von anderen differenziert. Du kannst Geschäftsmodelle kopieren, du kannst Produkte kopieren – aber es ist die Kultur, die den Unterschied macht. Das funktioniert jedoch nur, wenn diese Werte und das tatsächliche Handeln auch im Einklang miteinander stehen.

Können sich Werte im Laufe der Zeit verändern? Wenn ja, wie?
Ich glaube, manche Werte sind stabiler als andere. Zum Beispiel Integrität oder Loyalität. Aber ich denke auch, dass sich Werte im Laufe des Lebens verstärken oder abschwächen können. Wenn man eine schwere Krankheit überwunden hat, spielen Gesundheit und Dankbarkeit möglicherweise

eine größere Rolle als davor. Oder Freiheit und Sicherheit: Beides haben wir Europäer viele Jahrzehnte als selbstverständlich hingenommen. Heute, da wir in einigen Ländern populistische, anti-demokratische Tendenzen sehen und Zeugen eines Krieges in Europa sind, haben beide Werte auch für mich persönlich wieder an Bedeutung gewonnen.

4+1 WERTE, DIE BESTAND HABEN

Werte – ein Wort mit fünf Buchstaben, das unscheinbar daherkommt. Und doch steckt so viel Bedeutung darin, dass es ganze Bücherregale füllen könnte. Die Betrachtung von Werten findet auf mehreren Ebenen statt: Da sind zum einen persönliche Werte – die eigenen Überzeugungen und Prinzipien, die als Leitplanken für mein Verhalten dienen, die Halt geben und darüber mitentscheiden, mit welchen Menschen ich mich umgebe. Auf der anderen Seite sind Werte wichtiger Bestandteil der Unternehmenskultur und prägen die Zusammenarbeit im Kollegium und mit Kunden und Partnern. In beiden Fällen beeinflussen Werte unser Handeln. Sie sind also keine theoretischen Entwürfe, sondern finden Anwendung in der Praxis und definieren, was als richtig und wichtig angesehen wird.

In einer Welt, die durch wirtschaftliche, geopolitische, soziale und klimatische Unsicherheiten und eine hohe (technologische) Veränderungsdynamik geprägt ist, gewinnen Werte für Firmen und deren Mitarbeitende an Bedeutung. Die Coronapandemie, der Ukrainekrieg und zuletzt die Eskalation des Nahostkonflikts zählen zu den prägendsten Krisen der 2020er-Jahre, deren Auswirkungen uns noch über Jahre beschäftigen werden. Wenn äußere Umstände unvorhersehbar und volatil sind, bietet ein stabiles Wertegerüst Orientierung und Sicherheit. Bei Coface orientieren wir uns an vier Werten: das sind 1. Kundenfokus, 2. Kompetenz, 3. Teamwork sowie 4. Mut und Verantwortung. Über diesen vier Werten steht die Integrität – gegenüber uns, unseren Kunden und unseren Partnern. Aber wie füllen wir diese Werte mit Leben?

Kundenfokus – Schlüssel zu Loyalität und Wachstum

In einer Geschäftswelt, in der – überspitzt formuliert – an jeder Ecke das vermeintlich bessere oder günstigere Angebot wartet, ist der Fokus auf Kundenbedürfnisse unabdingbar. Kunden, das sind im Fall eines internationalen Kreditversicherers wie Coface Unternehmen jeder Größenordnung, die ihre B2B-Forderungen gegen Zahlungsausfälle im Exportgeschäft bzw. im Inland absichern. Kundenfokus beginnt bei ausgezeichnetem Service. Aufgrund der hohen Komplexität unserer Produkte setzen wir im First-Level-Support, der ersten Anlaufstelle für Kundenanfragen, auf erfahrene Expertinnen und Experten. Ein Großteil verfügt über langjährige Erfahrung, hat verschiedene Abteilungen durchlaufen und kennt den Markt und unsere Produkte bis ins kleinste Detail. Das führt dazu, dass wir über 93 Prozent der telefonischen Anfragen bereits an dieser Stelle beantworten können. Dabei verstehen wir Kundenservice nicht als eine Insel: Um abteilungsübergreifend auf das Thema aufmerksam zu machen, veranstalten wir einmal jährlich „Client weeks". Dort zeigen die Mitarbeitenden aus dem Kundenservice in verschiedenen Formaten, wo bei unseren Kunden der Schuh drückt und an welchen Stellschrauben wir noch drehen können.

Ein weiterer zentraler Baustein: Wir fragen die Zufriedenheit unserer Kunden und Partner regelmäßig ab und werten die Ergebnisse aus. Dieser Prozess ist zwar aufwendig, aber er trägt entscheidend dazu bei, Bedarfe zu erkennen und unseren Service zu verbessern. Beispielsweise haben wir in den vergangenen Jahren, getrieben durch die globalen Multikrisen, ein gesteigertes Interesse an Wirtschaftsauskünften wahrgenommen. Sprich: Unsere Kunden signalisierten einen erhöhten Bedarf an Informationen über deren Kunden und Lieferanten. Als Konsequenz haben wir massiv in den Ausbau dieses Services investiert und geben heute Auskunft über die wirtschaftliche Situation von 200 Millionen Unternehmen weltweit.

Kompetenz – der X-Faktor

Im Versicherungsgeschäft geht es um Vertrauen. Kunden vertrauen uns ihr finanzielles Risiko an und bauen dabei auf unsere Kompetenz als Risikoexperten. Erst ein hohes Maß an Expertise, (regulatorischer) Marktkenntnis und Erfahrung ermöglicht es, maßgeschneiderte Lösungen zu entwickeln. Diese Expertise kommt nicht von heute auf morgen, sie entwickelt sich über Jahre und Jahrzehnte. Mit Coface in Deutschland haben wir 2023 unseren 100. Geburtstag gefeiert. Wir können also auf ein Jahrhundert Erfahrung im Risikomanagement zurückgreifen. Diese Kompetenz ist unser Faustpfand und wird durch Mentoringprogramme, darunter auch Reverse Mentoring, bei dem Ältere von Jüngeren lernen, unterstützt. Zudem haben wir mit „Learn together" eine Fortbildungsreihe entwickelt, bei der sich monatlich ein Fachbereich vorstellt und seine Themen sowie aktuelle Projekte präsentiert, um Wissen zu teilen.

Kompetenz aufzubauen ist das eine, sie im Unternehmen zu bewahren das andere. Wir möchten unsere Mitarbeitenden möglichst lange bei Coface halten. Deswegen sind wir bestrebt, offene Stellen und Führungspositionen mit eigenen Talenten zu besetzen. Dieses Vorgehen wird goutiert: In Deutschland bleiben Mitarbeitende im Schnitt über 17 Jahre bei Coface.

Teamwork – makes the dream work

Es gibt nichts Stärkeres und Wirkungsvolleres als ein Team. Um das Gemeinschaftsgefühl zu stärken und einem Silodenken entgegenzuwirken, haben wir 2021 sprichwörtlich Wände eingerissen und uns für ein offenes Bürokonzept entschieden. Das bedeutet: Keine festen Arbeitsplätze und Einzelbüros mehr, stattdessen bereichsübergreifende Büroflächen und Rückzugsorte für den Bedarfsfall. Teamwork beinhaltet auch das Verständnis für die Aufgaben und Abläufe meiner Kolleginnen und Kollegen. Die „Learn together"-Initiative trägt auch hier einen Teil dazu bei, die Zusammenarbeit zu fördern. Ein weiteres Format zur Stärkung des Gemeinschaftssinns sind die „Friday Good News". Eine Kollegin aus der Geschäftsführung berichtet alle zwei Wochen über die großen und kleinen Erfolge, die im Alltag oft untergehen – von positiven Kundenfeedbacks über TV-Auftritte und Teamevents bis hin zu neuen Geschäftsabschlüssen.

Ein persönliches Anliegen ist mir eine heterogene Zusammenstellung von Teams. Denn die Interaktion mit Menschen unterschiedlicher Hintergründe, Erfahrungen und Denkweisen führt zu einer breiteren Palette an Ideen und Herangehensweisen und fördert eine kontinuierliche Lernkultur. In der Kreditversicherung, wo komplexe Risikobewertungen und Entscheidungsprozesse erforderlich sind, profitieren wir von dieser Vielfalt.

Mut und Verantwortung – zwei Seiten derselben Medaille

In der Welt der Kreditversicherung ist Mut entscheidend, um Risiken zu identifizieren, zu bewerten und angemessen zu reagieren. Für unsere Führungskräfte bedeutet das: Wir lassen Mitarbeitenden den Handlungsspielraum, den sie benötigen, um verantwortungsvolle Entscheidungen zu treffen. Ziel ist eine Vertrauenskultur, in der alle unternehmerisch denken und zugleich den Mut haben, selbst- und verantwortungsbewusst zu handeln. Nur so können wir Risiken couragiert begegnen und gleichzeitig die Fähigkeit entwickeln, diese strategisch zu managen. Darüber hinaus erfordert Mut die Bereitschaft, auch unerwartete Risiken zu übernehmen und flexibel auf Marktveränderungen (beispielsweise Coronapandemie, Ukrainekrieg) zu reagieren.

Unter Verantwortung verstehen wir, die Verpflichtungen gegenüber unseren Kunden, Geschäftspartnern und der Gesellschaft ernst zu nehmen. Dazu zählt neben der Verpflichtung, unsere Kunden vor finanziellen Verlusten zu schützen und einen stabilen Versicherungsmarkt aufrechtzuerhalten, auch das Engagement im Bereich der (ökologischen) Nachhaltigkeit. Gruppenweit will Coface bis 2050 emissionsneutral sein. Neben der schrittweisen Umstellung unserer Dienstwagenflotte auf emissionsfreie Autos haben wir das Konzept der „Green weeks" eingeführt, das über das bereits vorhandene hybride Arbeitsmodell hinausgeht. Insgesamt vier Wochen im Jahr bitten wir unsere Mitarbeitenden, wenn möglich von zu Hause zu arbeiten, um den Pendelverkehr zu reduzieren und Emissionen einzusparen. Darüber hinaus arbeiten wir an sogenannten „Mobility packs", die ein breites Angebot an öffentlichen Verkehrsmitteln beinhalten.

Mut und Verantwortung sind zwei Seiten derselben Medaille. Mut ermöglicht es, Chancen zu ergreifen und zu wachsen, während Verantwortung sicherstellt, dass diese Chancen auf nachhaltige und ethische Weise genutzt werden.

+1: Integrität

Integrität bedeutet, dass wir in allen Bereichen ehrlich, aufrichtig und transparent agieren – egal, ob bei Coface in Brasilien, Marokko oder Neuseeland. „We act for trade" lautet unser Leitspruch und genau das ist es, was wir Tag für Tag tun. Wir setzen uns für einen sicheren und nachhaltigen Handel über Grenzen hinweg ein, sichern Risiken für unsere Kunden ab und engagieren uns als verantwortungsbewusster Arbeitgeber. Das hat auch einen positiven Effekt auf die Mitarbeiterrekrutierung und -bindung. Apropos Mitarbeitende: In den vergangenen Monaten habe ich die Diskussionen um die kommenden Generationen – Gen Y und Gen Z – interessiert verfolgt. Und natürlich habe ich auch die Kritik in diesem Zusammenhang vernommen. Von hohem Anspruchsdenken, geringer Loyalität und mangelnder Arbeitsmoral ist oftmals die Rede. Als CEO und als Mutter von zwei Töchtern dieser Generationen habe ich eine andere Wahrnehmung. Ich sehe junge Menschen, die viel Wert auf ihre berufliche und persönliche Entwicklung legen und über eine ausgeprägte Technologiekompetenz sowie klare Wertevorstellungen verfügen. Ich bin überzeugt, dass bei den Young Professionals künftig Unternehmen punkten werden, die integer handeln, klare Karrieremöglichkeiten aufzeigen und eine kollaborative Arbeitsumgebung fördern.

Die beschriebenen 4+1 Werte sind unsere gemeinsame Sprache und der Kitt, der uns als internationale Organisation zusammenhält. Um diese Leitplanken immer wieder ins Gedächtnis zu rufen, vergeben wir „Wertezertifikate" an Mitarbeitende, die sich in besonderer Art und Weise um einen unserer Werte verdient gemacht haben. Diese Form der Wertschätzung hat einen hohen Stellenwert und es bereitet mir jedes Mal große Freude, die Auszeichnungen persönlich zu übergeben.

Ob diese Werte auch in 20 oder 30 Jahren noch zeitgemäß und „en vogue" sind? Das lässt sich nicht mit Gewissheit sagen. Aber ich bin zuversichtlich!

DR. JULIA FREUDENBERG

CEO Hacker School gGmbH

Welche Werte sind dir im Leben am wichtigsten?

In jungen Jahren sagte mir ein kluger Mensch, dass mein Leben insbesondere durch einen Wert getrieben werde – Fairness. Mir hat das damals gut gefallen, das war einfach und unkompliziert. Heute differenziere ich diesen einen Wert weiter aus, erkenne die Grundidee aber immer noch überall. Faire Chancen in der (digitalen) Bildung, niedrigschwellige Zugänge auch für bildungsfernere junge Menschen, das einzufordernde Engagement von Menschen, die privilegiert geboren wurden – Fairness ist überall und ein großer Treiber in meinem Leben.

Welche Werte sind für dich in deiner beruflichen Laufbahn entscheidend?

Als CEO der Hacker School gGmbH bin ich in der glücklichen Situation, Werte zu leben und zu fördern, die nicht nur meine eigene Überzeugung widerspiegeln, sondern auch die Mission und die Ziele der Organisation stärken. Die Hacker School hat als gemeinnützige Organisation das

Ziel, Jugendliche für IT und Programmierung zu begeistern und ihnen einen bedeutenden Teil der Zukunft zu zeigen. Diese Werte helfen nicht nur bei komplexen Entscheidungsprozessen, sondern auch dabei, das Vertrauen meines Teams und aller unserer Partner:innen zu gewinnen und zu erhalten. Lassen sich diese Werte alle unter Fairness im weitesten Sinne verorten? Die für mich wichtigsten Werte-Untergruppen sind visionäres Denken, Integrität, Empathie und Inklusion, Verantwortungsbewusstsein, Resilienz, Lernbereitschaft und Führungsstärke. Für mich passt das alles gut zusammen. Ich möchte dieses Werte-Set noch durch eine wichtige Eigenschaft ergänzen, welche die Grundlage für die Verwirklichung dieser Werte bildet: Mut. Mein Lieblingszitat aus einem Film, in dem ich nie diesen Tiefgang erwartet hätte, nämlich „Plötzlich Prinzessin" (2001) lautet: „Mut ist nicht die Abwesenheit von Angst, sondern die Erkenntnis, dass etwas anderes wichtiger ist als die Angst. Die Tapferen leben vielleicht nicht ewig, aber die Vorsichtigen leben überhaupt nicht." #isso. Mit unserer Arbeit möchten wir dazu beitragen, dass sich mehr junge Menschen für Zukunftsberufe begeistern.

Wie trägt deine Arbeit zu deinen persönlichen Werten bei?
Meine tägliche Arbeit wird intensiv von meinen persönlichen Werten geprägt, in weiten Teilen ist sie damit identisch. Mir ist das Privileg, als CEO das eigene Unternehmen maßgeblich als Raum der aktiven Wertegestaltung zu öffnen, sehr wohl bewusst. Ich möchte durch wertgetriebenes Arbeiten zusammen mit meinem Team ein angenehmes Arbeitsumfeld schaffen. Und daraus speisen sich auch wieder die eigenen Werte – nicht nur aus dem Wissen, meine Ziele aktiv zu verfolgen, sondern auch aus der andauernden Begeisterung, diese durch die eigenen Werte jeden Tag neu gestalten zu können – das ist für mich schon ein genialer Zyklus.

Wie können wir sicherstellen, dass unsere Werte in der täglichen Arbeit gelebt werden?
Durch Wertschätzung, Offenheit und Transparenz. Bei uns funktioniert es immer besser durch rollen- und spannungsbasiertes Arbeiten. Wenn wir beispielsweise sehen, dass ein Prozess nicht rundläuft oder

irgendwo Spannungen auftreten, werden die beteiligten Rollen analysiert, angepasst und geprüft, ob sich damit die Spannung lösen lässt. Damit kommen schnell Herausforderungen auf den Tisch und können auf Augenhöhe bearbeitet werden.

#HACKTHEWORLDABETTERPLACE – DIE WERTE DER HACKER SCHOOL UND MEINE WERTE

Wie ist es, als CEO ein Social Start-up zu bauen? Zu leiten? Was sind die Beweggründe? Um es vorwegzunehmen: Geld ist es nicht. Wir leben in einem Land, in dem wir die Versorgung von Geld deutlich besser bezahlen als die Versorgung von Menschen. Allein im Bereich der Bildung stehen wir vor großen Herausforderungen, ausreichend Lehrkräfte für unsere Kinder zu finden. Aktive Gehirnzellen gehören zu den wenigen Rohstoffen, die in Deutschland zuverlässig nachwachsen. Wir sollten sie besser behandeln. Außerschulische Lernorte können Kindern die Möglichkeit bieten, neue Dinge auszuprobieren und neue Fähigkeiten zu erlernen. Bildung, insbesondere digitale Bildung, muss integrativ und inklusiv gedacht werden. Jedes Kind sollte unabhängig von Geschlecht, Hintergrund und Herkunft dieselben Chancen haben. Und dazu brauchen wir Werte.

Die Werte und die Haltung der Hacker School

Unter Einbezug des gesamten Teams haben wir die Haltung und die Werte der Hacker School erarbeitet, da es uns sehr wichtig war, dass sich jeder und jede im Unternehmen damit identifizieren kann. In unserer Teamvereinbarung haben wir dazu für alle verbindlich festgehalten, dass wir uns zur Vision der Hacker School und den demokratischen Grundwerten bekennen. Wir wertschätzen die Stärken und Expertisen unseres Gegenübers, vertrauen einander und nehmen Bedürfnisse gegenseitig wahr, um lösungsorientiert zu arbeiten. Unsere Werte benennen explizit Teamspirit, Begeisterung, Neugierde, Eigenverantwortung, Transparenz und Lösungsorientierung – gemeinsam haben wir die einzelnen Punkte ausdefiniert und klar vereinbart, wie wir diese Werte im alltäglichen Miteinander leben wollen.

Meine Haltung und meine Werte

Wir schreiben mit der Hacker School eine Erfolgsgeschichte und es ist eine große Ehre, diese begeisternde Organisation leiten zu dürfen – aber machen wir uns nichts vor: Es ist weder ein Selbstläufer noch ein Spaziergang. Die Hacker School gehört 24/7 zu meinem täglichen Leben. Auch wenn ich meinen Job liebe, dürfte das Gedankenkarussell nachts gerne auch mal ein paar Stunden länger still stehen. Ich sage oft liebevoll, wir sind ein Entenprojekt: gleiten elegant übers Wasser, strampeln aber unter der Oberfläche wie verrückt. Natürlich sehe ich insbesondere die Punkte und Bereiche, in denen wir besser werden können und müssen. Ich sehe, wo uns Kompetenzen oder Ressourcen fehlen und bei mir laufen die Fäden zusammen, wenn die ganzen toll erdachten Konzepte eben doch immer mal wieder von menschlichen Faktoren herausgefordert werden. In diesen Momenten ist dann so eine Teamvereinbarung leicht abstrakt, da brauche ich mehr Halt, um weiterhin groß zu denken. Dazu habe ich die Werte, die mich tragen, als Zielbild zusammengefasst. Schaffe ich es immer, sie zu leben? Wohl kaum – aber ich versuche es jeden Tag aufs Neue.

Visionäres Denken: auch in der Zukunft leben, nicht nur im Jetzt

Als CEO der Hacker School verpflichte ich mich zu visionärem Denken. Ich blicke über den Tellerrand hinaus, um innovative Wege in der digitalen Bildung zu erkunden. Mein Ziel ist es, Trends und Möglichkeiten nicht nur zu erkennen, sondern sie aktiv zu gestalten und für unsere Mission zu nutzen. Ich strebe danach, zu einer Zukunft beizutragen, in der Technologie allen jungen Menschen zugänglich ist und sie befähigt, ihre Träume zu verwirklichen. Indem ich eine Vision für das, was möglich ist, vorlebe und verfolge, möchte ich nicht nur inspirieren, sondern auch konkrete Veränderungen herbeiführen, die einen langfristigen positiven Einfluss auf die Gesellschaft haben. Die Fähigkeit und der Mut, große Ziele zu setzen und Innovation zu fördern, ist unerlässlich.

Integrität: Ehrlichkeit und Transparenz in allen Handlungen und Entscheidungen

Ich verstehe unter Integrität, in all meinen Handlungen Ehrlichkeit, Transparenz und ethische Grundsätze zu wahren. Ich bemühe mich, stets im besten Interesse unserer Schüler:innen, Mitarbeitenden und Partner zu handeln und dabei die höchsten Standards ethischen Verhaltens anzulegen. Mein Ziel ist es, eine Kultur des Vertrauens zu fördern, in der jede und jeder ermutigt wird, offen und aufrichtig zu kommunizieren. Ich sehe es als meine Verantwortung, ein Vorbild zu sein, indem ich die Werte der Hacker School, wie Integrität und Respekt, mit Freude vorlebe.

Empathie und Inklusion: ein inklusives und empathisches Umfeld schaffen, in dem Vielfalt geschätzt wird und jeder sich gehört fühlt

Für mich sind Empathie und Inklusion eine bewusste Entscheidung, wie ich mein Leben gestalten möchte. Ich strebe danach, mich in die vielfältigen Perspektiven und Erfahrungen unserer Stakeholder einzufühlen, um eine Umgebung zu schaffen, in der sich alle wertgeschätzt, verstanden und einbezogen fühlen. Ich bin fest davon überzeugt, dass unsere Stärke in unserer Diversität liegt, und es ist mein Ziel, Barrieren abzubauen, die Zugang und Teilhabe einschränken. Durch aktives Zuhören und offenen Dialog fördere ich eine Kultur, in der Unterschiede gefeiert werden und alle die gleichen Chancen erhalten, ihr jeweiliges volles Potenzial zu entfalten.

Verantwortungsbewusstsein: nachhaltiges Engagement für soziale Verantwortung mit langfristigem Nutzen für die Gesellschaft

Ich fühle eine tiefe Verantwortung, nicht nur gegenüber der Organisation und ihren Zielen, sondern auch gegenüber der Gesellschaft und zukünftigen Generationen. Ich bin mir der Auswirkungen unserer Arbeit auf die digitale Bildung junger Menschen bewusst und setze mich für nachhaltige, zukunftsorientierte Lösungen ein. Es ist mein Anspruch, eine Kultur der Verantwortung zu fördern, in der wir die Ressourcen sorgsam nutzen und stets danach streben, einen positiven Beitrag zu leisten. Wir haben in Deutschland nur sehr selten ein Erkenntnisproblem – lediglich mit der Umsetzung hapert es oft und gern. Auch wenn es anstrengend ist: Es macht mir große Freude, diese Verantwortung seitens unserer Partner einzufordern – denn die leuchtenden Kinderaugen kommen nicht von selbst. Verantwortungsvolles Engagement lohnt sich immer. Für alle.

Resilienz: Ausdauer, Anpassungsfähigkeit und die Bereitschaft, aus Rückschlägen zu lernen, um sie zu überwinden

Resilienz sehe ich als Schlüssel zum Erfolg in unserer sich schnell wandelnden Welt. Ich bin entschlossen, Herausforderungen nicht als Rückschläge, sondern als Gelegenheiten zum Lernen und Wachstum zu betrachten. Ich arbeite jeden Tag an meiner Fähigkeit, in schwierigen Zeiten standhaft zu bleiben, um Entschlossenheit und Flexibilität zu zeigen. Ich arbeite aktiv daran, immer eine positive Einstellung zu bewahren und kreative Lösungen zu finden, um Hindernisse zu überwinden. Indem ich Widerstandsfähigkeit vorlebe, möchte ich ein Umfeld schaffen, in dem wir alle gemeinsam stärker werden und uns kontinuierlich weiterentwickeln. Und Fehler machen ist bei uns sehr willkommen – meistens zumindest, wir arbeiten noch dran.

Lernbereitschaft: ein lebenslanges Lernverständnis nicht nur für sich selbst, sondern auch als Kultur innerhalb der Organisation fördern

Ich lebe stetige Lernbereitschaft – zumindest versuche ich es. Ich erkenne an, dass die Welt der Technologie und Bildung sich unaufhörlich weiterentwickelt, und sehe es als meine persönliche Verantwortung, am Puls der Zeit zu bleiben. Dies bedeutet für mich, offen für neue Ideen zu sein, Feedback aktiv zu suchen und zu nutzen sowie mich kontinuierlich weiterzubilden. Ich weiß, dass mein eigenes Wachstum direkt zur Entwicklung unserer Organisation beiträgt. Indem ich eine Kultur der Neugier und des lebenslangen Lernens vorlebe, möchte ich inspirieren und sicherstellen, dass wir als Team innovativ bleiben und die bestmöglichen Bildungsangebote schaffen.

Führungsstärke: andere inspirieren, gemeinsame Ziele zu erreichen und Verantwortung dafür zu übernehmen

Ich habe einige Jahre gebraucht, um für mich ein klares Verständnis von Leadership zu entwickeln. Das Konzept des Conscious Leadership kommt meinem Führungsideal am nächsten: Menschen mit Achtsamkeit so zu entwickeln, dass sie auch beruflich in ihren Stärken arbeiten können. Für mich heißt das, mit Vision, Entschlossenheit und Empathie voranzugehen, aber dabei immer eine hohe Achtsamkeit für alle Menschen im Team sicherzustellen. Ich bin mir bewusst, dass wirkungsvolle Führung mehr erfordert als Entscheidungen zu treffen; es geht darum, ein Umfeld des Vertrauens und der Inspiration zu schaffen, in dem jedes Teammitglied motiviert wird, sein Bestes zu geben. Ich engagiere mich für klare Kommunikation, setze herausfordernde, aber hoffnungsfroh immer noch realistische Ziele und stehe unterstützend zur Seite, um gemeinsam Hindernisse zu überwinden. Meine Rolle sehe ich nicht nur darin, Richtungen vorzugeben, sondern auch darin, zuzuhören, zu lernen und mich stetig weiterzuentwickeln, um als Vorbild für integre und adaptive Führung zu dienen.

CLAUDIA LÄSSIG

*Gründerin und Geschäfts-
führende Gesellschafterin
der Lässig GmbH*

**Wie trägt deine Arbeit zu deinen persön-
lichen Werten bei?**

Als ich mein Unternehmen im Alter von
30 Jahren gegründet habe, hatte ich
bereits eine sehr konkrete Vorstellung davon, wie ich meine persönliche Werteordnung mit erfolgreichem Wirtschaften in Einklang bringen
kann. Es war mir schon immer ein besonderes Anliegen, meine Vorstellungen von Respekt, Ehrlichkeit, Toleranz und Verantwortungsbewusstsein zum Grundpfeiler eines erfolgreichen, aber eben auch sozial und
nachhaltig agierenden Wirtschaftsunternehmens zu machen. Dementsprechend hoffe ich, dass mir dies bis heute ein Stück weit geglückt
ist. Dennoch werden meine Werteordnung und meine Persönlichkeit
geprägt durch meine alltäglichen Berufserfahrungen. Das gilt hauptsächlich für die Begegnungen mit den Mitarbeiterinnen und Mitarbeitern
meines Unternehmens, aber auch für die Kontakte zu vielen anderen
Menschen, die ich im Umfeld meiner beruflichen Tätigkeit kennenlernen
durfte. Da beispielsweise unsere Lieferanten aus dem asiatischen Raum
von mir persönlich und vor Ort angeworben wurden – und sich hieraus

mittlerweile jahrzehntelange Freundschaften entwickelt haben – bin ich schon immer auch anderen Werteordnungen ausgesetzt gewesen. Das ist nicht immer einfach, bereichert mich aber ungemein.

Welche Werte sollten deiner Meinung nach in einem erfolgreichen Team vorhanden sein?

Wichtig ist mir vor allem, dass die persönlichen Werteordnungen der Mitglieder eines Teams zueinander passen. Dabei geht es grundsätzlich weniger darum, welche Werte dies im Einzelnen sind. Unabdingbar ist aber, dass man „an einem Strang zieht". Das ist natürlich in einem Team von drei Personen einfacher zu gewährleisten als in einem Unternehmen, das mittlerweile auf 150 Mitarbeitende angewachsen ist. Dabei hat der Konsens unter den Mitarbeiterinnen und Mitarbeitern, der „Spirit", der alle antreibt, natürlich nicht zuletzt mit dem Produkt zu tun, das man herstellt. Da haben wir es mit Baby- und Kinderkleidung zugegebenermaßen einfacher, weil diese Branche grundsätzlich positiv besetzt ist. Letztlich stellen wir nur her, was uns selbst gefällt, und verkaufen es auch an Dritte.

Wie gehst du damit um, wenn deine Werte mit denen eines Kollegen, einer Kollegin oder des Unternehmens in Konflikt geraten?

Das kommt darauf an. Grundsätzlich hinterfrage ich zunächst die betreffende Entscheidung oder versuche zunächst einmal, den in Rede stehenden Sachverhalt vollständig aufzuklären. Wenn es nötig wird, suche ich dann das Gespräch mit der betreffenden Person. Wenn ich zu dem Schluss komme, dass die Werte einer Mitarbeiterin oder eines Mitarbeiters mit der in meinem Unternehmen implementierten Werteordnung in Konflikt stehen, versuche ich in einem konstruktiven Austausch, die Gründe dafür zu erfahren. Sollte sich herausstellen, dass es sich tatsächlich um einen andauernden Wertekonflikt handelt, so müsste ich der Person nahelegen, das Unternehmen zu verlassen. Vorgekommen ist dies in all den Jahren aber noch nicht. Denn es ist heute ja so, dass Bewerberinnen und Bewerber sich sehr genau über den Wertekanon eines Unternehmens informieren, weil auch sie wollen, dass das Unternehmen zu ihnen passt. Und deshalb passt es dann meist für beide Seiten.

WERTE ALS WEGWEISER

I. Meine Werteordnung ist mein Fundament

Mein Wertesystem ist, so hoffe ich, die Grundlage all meiner Entscheidungen. Das gilt in privater, aber auch in beruflicher Hinsicht. Die für mich und mein persönliches Umfeld „richtige" Entscheidung zu treffen, ist dabei mein Anspruch, dem ich naturgemäß nicht immer gerecht werde. Aber auch dann, wenn ich vielleicht einmal die falsche Entscheidung getroffen habe, versuche ich mich an meiner Werteordnung aus- und aufzurichten, um die Entscheidung zu korrigieren.

Für mich sind Werte meine grundlegenden Überzeugungen und Prinzipien, die mein Verhalten und meine Entscheidungen beeinflussen. Sie stehen für das, was ich im sozialen Miteinander – privat und beruflich – als fundamental wichtig, erstrebenswert oder moralisch richtig betrachte. Werte sind meine Leitprinzipien; handele ich bewusst oder unbewusst entgegen meiner persönlichen „Idee vom Guten", geht es mir schlecht.

II. Der Ursprung meiner Werte

Meine Werteordnung begleitet mich fast schon mein gesamtes Leben lang. In jungen Jahren unsicher und manchem Sturm ausgesetzt, haben sich im Laufe der Jahrzehnte Grundüberzeugungen herausgebildet, die heute fest in mir verankert sind. Aber ich weiß: Eigene Lebenserfahrungen, persönliche Reifeprozesse, veränderte Lebensumstände, erlebte Ungerechtigkeiten und Krankheit können dazu führen, dass man seine Werte überdenkt, neu bewertet, relativiert und gegebenenfalls anpasst.

Ich bin in einer sehr liebevollen Umgebung aufgewachsen und hatte sogar das Glück, in einem Mehrgenerationenhaus groß werden zu können. Als Jugendliche habe ich das vermeintlich als „Überfürsorge" wahrgenommen. Tatsächlich bin ich als Teil einer Gemeinschaft in einem Umfeld der wohlwollenden Förderung und Unterstützung, des Respekts und der Toleranz sowie auch der Verantwortung für das persönliche Handeln und der auf Liebe und Zuneigung gestützten Leistungsbereitschaft aufgewachsen. Der Familien- und Gemeinschaftsgedanke, das füreinander da sein, wurde bei uns großgeschrieben. Emotionalität, aber auch Ausdauer, Stärke und Ehrlichkeit waren in unserer Familie fest verankert.

III. Elemente meines Wertesystems

Die wichtigsten Werte, die meine Werteordnung ausmachen, sind – ohne Anspruch auf Ordnung und Vollständigkeit – Respekt, Ehrlichkeit, Toleranz, Verantwortungsbewusstsein, Freiheit, Mitgefühl, Dankbarkeit, Freundlichkeit, Gerechtigkeit und – Liebe. In meinem privaten Alltag versuche ich, diese Werte mit Leben zu erfüllen. Und wenn ich – wieder einmal – an meinen eigenen Ansprüchen gescheitert bin, so hilft mir mein Wertesystem, dieses Scheitern zu erkennen, aus ihm zu lernen und werteorientierter zu agieren.

IV. Meine Werteordnung im Unternehmen

1. Werte als Leitprinzipien unternehmerischen Handelns

Mein Wertesystem prägt mich, manchmal so sehr, dass ich mir selbst im Weg stehe. Dann suche ich Rat bei Personen, die mir nahestehen. Das ist privat nicht anders als im Beruf.

Als Unternehmerin habe ich jeden Tag eine Vielzahl von Entscheidungen zu treffen. Manche müssen sehr schnell und ohne Gelegenheit zur reiflichen Überlegung getroffen werden. Sehr oft gibt es hier kein klares Ja oder Nein. Natürlich wägt man alle Kriterien ab und versucht so auf rationale Art zu einer möglichst „guten" Entscheidung zu kommen. Das gelingt manchmal nur bedingt. Dennoch versuche ich, Entscheidungen im Einklang mit meinen Werten zu treffen. Meine Werteordnung dient dabei eben nicht nur als Kompass durch das Labyrinth des Alltags, sondern auch als Wegweiser durch die hektischen Entscheidungsprozesse eines mittelständischen Unternehmens. Wenn ich diese Werte meinen Mitarbeiterinnen und Mitarbeitern vermitteln kann, aber auch, wenn Dritte sie anerkennen – z. B. bei Preisverleihungen für besonders nachhaltige Produkte –, dann habe ich das Gefühl, dass man mit seinen gelebten Werten die Welt vielleicht doch ein kleines bisschen besser machen kann.

Im Laufe meiner unternehmerischen Karriere habe ich nicht selten auch Entscheidungen treffen müssen, die meinem Wertesystem nicht entsprochen haben. Manchmal muss man realistisch bleiben und beispielsweise die finanzielle Sicherheit über die eigenen ethischen oder sozialen Überzeugungen stellen. In solchen Situationen ist es für mich wichtig, trotzdem ich selbst zu bleiben. Wenn also gewisse Grenzen überschritten werden, ist es geboten, dies zu reflektieren. Das kann dazu führen, dass eine etwa aus ökonomischen Gründen getroffene Entscheidung zu revidieren ist. So hatte ich vor einigen Jahren entschieden, Lagerware in nicht geringem Wert zu vernichten, weil ein externer Test – im Widerspruch zu sämtlichen Resultaten unserer intensiven und wochenlangen internen Testreihen – ein geringes Verbraucherrisiko ergab. Das tat weh, aber am Ende des Tages konnte ich besser schlafen.

Es ist mir wichtig, meine Werteordnung auch in meinem Unternehmen zu leben. Dabei versuche ich nicht nur, mich bei allen geschäftlichen Entscheidungen an dieser auszurichten. Genauso wichtig ist mir die Implementation der Werte in der Unternehmensstruktur: Ohne Mitarbeitende, die von diesen Werten überzeugt sind und sich bei ihrer Arbeit im Unternehmen an ihnen orientieren, ist für mich wirtschaftlicher Erfolg undenkbar. Das fängt an bei der Gestaltung der Produkte und des Produktsortiments, bestimmt die Auswahl der Lieferanten im (häufig asiatischen) Ausland, prägt aber auch die Zusammenarbeit sowohl intern als auch mit allen Stakeholdern.

Für mich dienen Unternehmenswerte also als Leitprinzipien, nach denen das Unternehmen handelt und Entscheidungen trifft. Sie definieren, was das Unternehmen als wichtig erachtet und wie es sich gegenüber seinen Mitarbeitenden, der Kundschaft, den Lieferanten und der Gesellschaft verhalten möchte. Unternehmenswerte fördern eine gemeinsame Unternehmenskultur, schaffen Vertrauen und können dazu beitragen, das Engagement aller zu stärken. Wer eine solche Unternehmenskultur als Feigenblatt begreift, wird damit heutzutage keinen Erfolg haben.

Mein Glück ist, dass ich als Gründerin ein Unternehmen nach meinen Vorstellungen gestalten konnte. Daher ist die grundlegende Ausrichtung unserer Unternehmenswerte im Einklang mit meinen persönlichen Werten entstanden. Von der Vielzahl meiner Grundüberzeugungen, von denen ich oben einige genannt habe, habe ich in Abstimmung mit dem gesamten Team die für uns wichtigsten festgelegt, mit denen wir auch im Außenverhältnis unser Unternehmensverständnis mitteilen wollen. Es ist eine überstrapazierte Wahrheit, dass Unternehmenswerte gelebt werden müssen, um überzeugend nach außen kommuniziert werden zu können. Aber sie ist eben doch wahr.

Je größer ein Unternehmen wird, umso wichtiger und auch aufwendiger wird diese „Werteverankerung". Aber: es lohnt sich. Denn (nur) so entsteht ein Unternehmen mit Seele, eine Marke mit Aussagekraft und Langlebigkeit. Das macht heutzutage den Unterschied, und zwar in doppelter Hinsicht. Zum einen hilft es bei der Abgrenzung eines Unternehmens oder einer Marke gegenüber der Konkurrenz. Zum anderen sind es – heute mehr denn je – die Grundwerte eines Wirtschaftsunternehmens, die Menschen Lust machen, mit Motivation und Leidenschaft an dem Erfolg eines Unternehmens mitzuarbeiten. In meinem Unternehmen möchte eben auch ich selbst gerne Arbeitnehmerin sein.

2. Gelebte Werte im Unternehmen

Einer unserer vier Grundwerte im Unternehmen ist Verantwortungsbewusstsein. Was ich mit der Umsetzung dieses Grundprinzips meiner persönlichen Werteordnung in die Unternehmenskultur meine, kann ich vielleicht an einem aktuellen Beispiel deutlich machen. Im April 2023 wurde bei mir Brustkrebs diagnostiziert. Nach dem ersten Schock und der langsam wachsenden Aussicht auf eine gute Prognose habe ich intensiv darüber nachgedacht, wie ich meine Erkrankung im Unternehmen kommunizieren kann. Es war klar, dass ich wochenlang ausfalle und niemandem etwas vormachen wollte. Also habe ich über die verschiedenen Stadien des Behandlungsverlaufs Videos gedreht und diese in das Unternehmensintranet eingestellt. Die Reaktionen waren überwältigend. Zum einen haben sich meine Mitarbeiterinnen und Mitarbeiter von ihrer Chefin nicht allein gelassen gefühlt. Zusätzlich schwappte mir eine Woge der Zuneigung und Unterstützung entgegen, die ich niemals erfahren hätte, wenn ich meine Krankheit verheimlicht hätte. Außerdem wurde mir klar, welchen Missstand es in meinem Unternehmen in dieser Hinsicht aufzuarbeiten galt. Jährlich erkranken allein in Deutschland über 70.000 Frauen an Brustkrebs; im Laufe ihres Lebens erkrankt eine von acht Frauen an dieser Krebsart. Trotzdem war mir aus meinem Unternehmen, in dem etwa 75 % der Angestellten weiblich sind (das waren damals etwa 100 Personen), keine einzige an Brustkrebs erkrankte Mitarbeiterin bekannt. Ganz offensichtlich war dies auch in unserem Unternehmen ein Tabu, was es auch heute noch in der gesamten Gesellschaft ist. Mittlerweile haben wir eine Anlaufstelle für (nicht nur brustkrebs-)kranke Mitarbeitende eingerichtet, an die sich jede bzw. jeder Betroffene wenden kann. Dort soll Hilfe in jeglicher Hinsicht vermittelt, aber insbesondere auch gewährleistet werden, dass niemand aus der Furcht heraus, den Arbeitsplatz zu verlieren, die eigene Krankheit verheimlichen muss. Auch das ist wirtschaftlich nicht immer „vernünftig", aber es ist gelebtes soziales Verantwortungsbewusstsein – auch im Unternehmen.

CLAUDIA RANKERS

*Geschäftsführerin
Rankers Family Office,
Ehrenvorsitzende
Landesfrauenrat RLP*

© Sven Serkis

Welche Werte sind dir im Leben am wichtigsten?

Die wichtigsten Werte sind für mich: Selbstwertgefühl/Selbstbewusstsein, Fairness, Leidenschaft, Teamfähigkeit und Empathie, Respekt und Kreativität.

Welche Werte sind für dich in deiner beruflichen Laufbahn entscheidend?

An oberster Stelle steht für mich Integrität, gefolgt von Professionalität, Vertrauen meiner Mandant:innen und deren Zufriedenheit, Einsatzfreude und Zuverlässigkeit, Qualität, Innovationskraft, Hilfsbereitschaft und Unterstützung sowie nutzenorientiertes Arbeiten – durch meine Arbeit müssen Mehrwerte entstehen. Für die Arbeit mit meinem Family und Unternehmer Office ist die Unabhängigkeit ein Mehr-WERT.

Wie können wir sicherstellen, dass unsere Werte in der täglichen Arbeit gelebt werden?

Durch Vorleben! Nach meiner Beobachtung ist es hilfreich, die Werte gemeinsam zu erarbeiten, immer wieder zu thematisieren und weiterzuentwickeln und vor allem nach außen zu kommunizieren. Beschäftigte, Kunden und Geschäftspartner:innen können sie abgleichen. Bei gleichen Werten wird die Zusammenarbeit gefestigt und alle Stakeholder sind motiviert, sich für das Unternehmen einzusetzen. Sicherlich hilft es auch, auf das Mindset der Kandidat:innen bei der Einstellung zu achten und frühzeitig zu reagieren, wenn sich das Verhalten anders entwickelt. Es kann hilfreich sein, positives Verhalten zu fördern und bei deutlichen Abweichungen von den Unternehmenswerten in den Dialog zu gehen und gegebenenfalls Maßnahmen zu ergreifen, um eine Übereinstimmung mit den Werten sicherzustellen. Leitlinien für eine gute Führungs- und Unternehmenskultur runden das Thema ab.

Welche Werte sollten deiner Meinung nach in einem erfolgreichen Team vorhanden sein?
Teamfähigkeit, Respekt, Vertrauen, Integrität, Professionalität, Offenheit und Diversität, Vereinbarungen einhalten – Zuverlässigkeit, Zuhören können und sich gemeinsam über Erfolge freuen.

Wie trägt deine Arbeit zu deinen persönlichen Werten bei?
Aktivitäten und Werte befruchten sich gegenseitig. Ich habe immer die gleichen Werte – sie haben im jeweiligen Kontext nur eine unterschiedliche Relevanz, Priorität und Sichtbarkeit. Werte im Sinne von Vermögen zu schaffen ist mein Auftrag, aber meine Motivation ist es, jeden Tag das Beste für meine Mandant:innen zu geben. Als authentische Person ist es mein Anliegen, sowohl meinen Auftrag im Sinne meiner Werte zu erfüllen als auch meiner Motivation gerecht zu werden. Werte schaffen und das Vermögen meiner Mandant:innen zu schützen und zu mehren ist eine wunderbare und sehr vielseitige Aufgabe. Es freut mich, wenn ich die Ziele meiner Mandant:innen mit Know-how, Kreativität und einem fantastischen Netzwerk von Spezialisten und Produzenten unterstützen kann.

Können sich Werte im Laufe der Zeit verändern? Wenn ja, wie?
Ja, für mich ist das eine Frage des Kontexts – Arbeit oder Privatleben, der Rolle – Familie oder Führungskraft eines Teams, der Aufgaben – Produktion oder Beratung sowie der Erfahrungen, der Menschen, mit denen man zusammenarbeitet (Kulturkreis, Bildung, Lebensweg). Es können Werte in den Hintergrund treten und neue dazu kommen.

MIT FINANZEN WOHLSTAND UND MEHR-WERTE SCHAFFEN

Ohne Geld und Finanzen könnten wir nicht wirtschaften, leben und Gutes tun. Sie nehmen eine Schlüsselrolle in unserer Wirtschaft und Gesellschaft ein. Unternehmensfinanzen, private und öffentliche Finanzen bilden unseren Rahmen. Werden sie effizient und nachhaltig eingesetzt, Risiken gemanagt und Erträge optimiert, können wir damit viel gestalten, Herausforderungen meistern, Innovationen entwickeln und Wohlstand für alle generieren.

Wohlstand zu generieren sollte kein Selbstzweck sein

„Das Maß eines Menschen ist, was er mit seinem Wohlstand tut." wusste schon Ralph Waldo Emerson (1803–1882).

Materieller Wohlstand ist die Basis für die Finanzierung der gesellschaftlichen Aufgaben wie Bildung und Infrastruktur. Er erlaubt Investitionen mit Impact und sorgt für ein friedliches Miteinander, da die wesentlichen Bedürfnisse finanziert werden können. Für zahlreiche Menschen bedeutet er Sicherheit, ausreichende Liquidität und Lebensqualität. Viele spüren auch die Verantwortung, damit das Richtige zu tun und wollen das Vermögen für die kommenden Generationen sichern und entwickeln.

Viele Werte spielen beim Wohlstand gemäß der Values Academy[1] eine Rolle, exemplarisch seien hier genannt: Erfolg, Freiheit, Frieden, Gesundheit, Glück, Nachhaltigkeit, Sicherheit und Zufriedenheit. Viele Menschen verbinden mit Wohlstand positive Zuschreibungen wie Prosperität, Reichtum, Vermögen, Überfluss und Schätze. Auf der negativen Seite sind es zum Beispiel Verschwendung, Übermaß, Ausbeutung und Hochmut – Haltungen, die wir vermeiden wollen.

Um Wohlstand zu entwickeln, braucht es Visionen und Ideen, aber auch Kompetenzen und Lebenslanges Lernen, Innovationen, offene und mitmenschliche Unternehmenskulturen, Engagement, Erfolg – und Glück. Und es erfordert klare Ziele, gute Produkte und Anbieter sowie integere kompetente Beratende, die das Beste für ihre Mandant:innen tun. Ferner ist hilfreich, wenn die Investor:innen einen Impact – eine positive Veränderung – mit ihrem Vermögen erzielen wollen. Sozusagen eine wertebezogene Zusatzrendite zur Performance.

Was sind Werte bzw. Mehr-WERTE?

Gemäß der Values Academy gibt es 132 Wertbegriffe und die folgenden 20 Wertsysteme: Benehmen, Demokratie, Erfolg, Familie, Freundschaft, Glaube, Glück, Heimat, Kommunikation, Kompetenz, Lernbereitschaft, Liebe, Menschlichkeit, Selbstbewusstsein, Spiritualität, Verbundenheit, Wertschätzung, Wohlstand, Work-Life-Balance und Zufriedenheit, denen man die einzelnen Werte zuordnen kann.[2]

Ein Mehr-WERT bezeichnet einen zusätzlichen Nutzen oder Vorteil, der über den normalen Wert oder die Erwartungen hinausgeht. Er ist Treiber für engagierte Unternehmer:innen und Beschäftigte, täglich ihr Bestes zu geben. Auch unser Ehrenamt würde nicht funktionieren, wenn sich die Akteur:innen nicht zum Nutzen aller einsetzen würden.

Wie kann ein Unternehmen Mehr-WERTE generieren?

Hier gibt es vielfältige Möglichkeiten. Zum einen, indem das Unternehmen innovativ und ein Technologieführer ist, mit seinen Produkten und Dienstleistungen Verbraucher:innen begeistert, sich durch seinen USP und seine Marktstellung von Wettbewerbern absetzt und so seine Preise rechtfertigen und über die Wertschöpfung Gewinne erzielen kann.

Zum anderen dadurch, dass die Unternehmer und Unternehmerinnen Lösungen für eine erfolgreiche Transformation entwickeln, beispielsweise Antworten darauf finden, wie man mit Kreislaufwirtschaft den Ressourcenverbrauch reduzieren, CO_2 einsparen und binden oder effizient Wasser nutzen kann.

Ein weiterer Aspekt ist, wie man alle Talente für das Unternehmen gewinnen und richtig einsetzen kann, wie man sie fördert und fair vergütet und die Vergütung der Geschäftsleitung an den Erfolgen bei diesen Fragen gemessen wird. Auch Nachhaltigkeit sorgt für Mehr-WERTE, denn nachhaltige Unternehmen sind resilienter. Sie können durch ihre Aktivitäten soziale und ökologische Veränderungen anstoßen und ihr Umfeld positiv gestalten.

Die Kehrseite ist, dass Unternehmen, die nicht transformieren, das heißt sich nicht nachhaltig, ökologisch, sozial und unternehmerisch aufstellen, befürchten müssen, dass sie keine Finanzierungsmittel oder Eigenkapital erhalten. Sie sind nicht mehr finanzierbar und es wird nicht mehr in sie investiert.

Eine positive offene Unternehmenskultur fördert die Innovationskraft und Einsatzfreude der Beschäftigten. Sie führt auch zur Identifikation mit dem Unternehmen und einer hohen Mitarbeiterbindung – einem großen Mehr-WERT in Zeiten des demografischen Wandels. Dabei spielen die Unternehmenswerte wie Sinn und Purpose, Integrität, Innovation, Talentmanagement, Respekt und Anerkennung, Teamgeist, Bildung, Kundenorientierung und gute Work-Life-Balance eine große Rolle. Eine Forderung, die insbesondere junge Menschen an ihre Arbeit haben.

Vorteilhaft ist, wenn die Werte gemeinsam mit den Beschäftigten entwickelt, laufend kommuniziert und vor allem auch gelebt werden. Das wirkt sich positiv auf die Erwartungshaltung von Kunden und Beschäftigten aus. Im Unternehmen mit Menschen zusammenzuarbeiten, die die Werte nicht teilen, kann in letzter Konsequenz geschäftsschädigend sein und dem Mehr-WERT entgegenstehen. Als Unternehmer:in muss man daher auch manchmal unschöne Entscheidungen treffen, um Schaden für den Kunden oder Energieverluste im Team zu verhindern.

Ich begleite Unternehmer und Unternehmerinnen bei Investitions- und Wachstumsstrategien. Es ist meiner Meinung nach ein Mehr-WERT, wenn die Unternehmenswerte dabei so groß werden, dass zur Regelung der Vermögensnachfolge eine gemeinnützige Stiftung eingesetzt wird. Denn Stiftungen unterstützen das Gemeinwohl, indem sie Projekte und Initiativen fördern, neue Impulse setzen und vor allem auf Dauer angelegt sind. Es werden beispielhaft Probleme im Bereich Bildung, Lebenslanges Lernen, Gesundheitswesen, Tierschutz, Wissenschaft und Forschung sowie Gleichberechtigung gelöst. Das sind Mehr-WERTE für unsere Gesellschaft.

Ein Unternehmen schafft Arbeitsplätze – auch das ist ein Mehr-WERT. Durch Unternehmensgewinne werden Steuereinnahmen generiert, die für die Gesellschaft eingesetzt werden können.

Unternehmen sind die Basis für Einkommen und Vermögen; Potenzial, mit dem die Unternehmer:innen in positive Wirkung, den sogenannten Impact, investieren können.

Wie kann man mit Vermögen Impact und Mehr-WERTE generieren?

Impact bedeutet hier Einfluss und positive Auswirkungen. Viele Investor:innen wollen heute nachhaltig und mit Impact investieren. Sie wollen damit neben der Performance eine über den finanziellen Gewinn hinausgehende Rendite erzielen. Sie wollen eine soziale Wirkung erzielen, wie beispielsweise den Aufbau von Schulen und die Umsetzung von Bildungskonzepten, oder sie beziehen ESG-Kriterien ein und integrieren damit Umwelt-, Sozial- und Unternehmensführungskriterien (siehe Beileger). Teilweise werden konkrete Projekte finanziert, wie den Zugang zu sauberem Wasser in Afrika. Das verändert Unternehmen und Gesellschaft.

Investorer:innen sind unter anderem institutionelle Anlegende wie Banken, Vermögensverwalter, spezialisierte Impact-Fonds, Versicherungen und Pensionskassen. Es sind aber auch private Investoren, Stiftungen und Family Offices.

Family Offices kommt hier eine hohe Bedeutung zu, wie Clemens Behr am 21.03.2023 im private-banking-magazin schreibt. Was sind die Gründe? „Erstens haben sie im Vergleich zu vielen anderen institutionellen Anlegern keine strikten Anlagebegrenzungen. Zweitens sind sie in der Regel trotzdem mit dem notwendigen Kapital ausgestattet, um auch an den Privatmärkten zu agieren. Drittens drängt oftmals die jüngere Familiengeneration darauf, finanzielle Ziele mit sozialen und ökologischen zu vereinen."[3]

Investor:innen nehmen Einfluss durch „Engagement", d.h. sie sprechen mit Unternehmen und vereinbaren Ziele für die Transformation – etwa bezüglich der Reduktion von Treibhausgasen –, schließen sich dafür mit anderen Investor:innen oder Nichtregierungsorganisationen (NGOs) zusammen, üben die Stimmrechte und Rederechte bei Hauptversammlungen aus und trennen sich schlimmstenfalls von Unternehmensanteilen.

Wie kann man Impact messen?

Als Kriterien für die Messung des Impacts empfehlen sich außer den ESG-Kriterien die UN Sustainable Development Goals. Darüber hinaus gibt es weitere Bewertungsmethoden, von denen unten zwei empfehlenswerte abgebildet sind.

IMPACT
MANAGEMENT
PROJECT

| The 17 UN Sustainable Development Goals (SDGs) and their 169 targets https://sdgs.un.org/goals | The Impact Management Project (IMP) framework and matrix of impact classes https://impactmanagem entplatform.org/invest ment-classifications/ | The IRIS 5.1 catalog of nearly 600 impact measurement indicators and standards, managed by the Global Impact Investing Network (GIIN) https://iris.thegiin.org/ |

How to measure Impact, Kristin Siegel, Toniic, Dr. Bryan Scheler, BMW Foundation[4]

Beim Impact Management Project wird bewertet, welches Ergebnis erreicht wurde, wer davon profitiert, wo es Diskrepanzen bei den Stakeholdern gibt, wie groß der Erfolg in Zahlen ist und ob diese Veränderung auch sonst stattgefunden hätte. Außerdem wird bewertet, wie groß das Risiko für Mensch und Planet ist, dass die Auswirkungen nicht wie erwartet eintreten.

Der IRIS 5.1 Katalog misst den Erfolg von Impact-Investitionen durch eine Vielzahl von Indikatoren, die in sieben Hauptkategorien unterteilt sind: Einkommen und Vermögen, Gesundheit, Bildung, soziale Inklusion, Umwelt, Governance und Recht sowie Wirtschaftsentwicklung. Bei Einkommen und Vermögen werden Indikatoren wie Einkommenssteigerung, Vermögenszuwachs und Zugang zu Finanzdienstleistungen gemessen.

Schaffen wir mit unserem Einkommen und Vermögen Mehr-WERTE!

Wir alle haben großen Einfluss mit unserem Einkommen und Vermögen und können Mehr-WERTE generieren, als Unternehmer:in, Lieferant:in, als Beschäftigte, als Konsument:in und Investor:in. Alle Rollen sind miteinander verbunden. Aktivitäten und Werte beeinflussen sich gegenseitig. Das gibt uns große Gestaltungsspielräume.

Lassen Sie uns gemeinsam Mehr-WERTE schaffen!

[1] Werte-Lexikon. Wertesysteme, Values Academy, https://www.values-academy.de/werte-lexikon/wertesysteme, Zugriff am 19.07.2024.

[2] Ebd.

[3] Wirkung im Blick: Wie Family Offices Impact Investing integrieren, Clemens Behr, https://www.private-banking-magazin.de/family-office-impact-investing-messung-4l-focam-primepulse/?viewall, Zugriff am 19.07.2024.

[4] Siegel, Kristin/Scheler, Bryan: How to measure Impact? BMW Foundation Herbert Quandt 2021, S. 21–24, https://a.storyblok.com/f/254844/x/64a26cf8ed/2020_bmw-foundation_impact-investing-report.pdf, Zugriff am 19.07.2024.

ANDREA MARTIN

*CTO Ecosystem &
Associations IBM DACH,
IBM Distinguished
Engineer*

Welche Werte sind dir im Leben am wichtigsten?
Gesundheit ist neben meiner Familie mein höchstes Gut – sozusagen mein „Nordstern" –, insbesondere weil ich im Laufe meines Lebens schon ernste gesundheitliche Herausforderungen zu meistern hatte und auch gegenwärtig bewältige. Daneben leiten mich die persönlichen Werte Authentizität, Integrität und Achtsamkeit.

Authentisch sein heißt für mich, „echt" zu sein und mich nicht zu verbiegen bzw. verbiegen zu müssen. Allerdings bedeutet es nicht, immer alle Empfindungen nach außen zu tragen. Authentisch sein heißt für mich auch, ehrlich zu sagen, wenn man bestimmte Dinge nicht offenlegen möchte.

Integrität ist für mich sehr einfach erklärt: „Walk the talk", das heißt, wenn ich etwas sage, dann handle ich auch entsprechend. Und ich erwarte kein anderes Verhalten von Menschen, als ich nicht selbst zeigen könnte.

Achtsamkeit hat ebenfalls zwei Facetten: Zum einen die Achtsamkeit mir selbst gegenüber, d. h. zu erkennen, was gerade passiert, ob und wie gut es mir tut und „wann genug ist". Zum anderen bedeutet dieser Wert für mich auch, achtsam gegenüber anderen zu sein.

Generell gelten diese Werte nicht nur für mich als Privatperson, sondern auch im Beruf. Dort zeige ich zwar gegebenenfalls andere Facetten meiner Persönlichkeit und mit unterschiedlicher Priorität als im Privatleben, aber ich bleibe dennoch die gleiche Person – ganz getreu meines Wertes „Authentizität".

Wie wichtig ist es, in einem Team oder Unternehmen gemeinsame Werte zu haben?
Für ein Unternehmen ist es aus meiner Sicht wichtig, gemeinsame Werte zu haben. Idealerweise werden diese gemeinsam von allen identifiziert und definiert. Denn durch die Einbindung aller Mitarbeitenden bei der Werte-Definition ergibt sich fast automatisch – zumindest für einen Großteil der Belegschaft – eine Akzeptanz und damit auch ein „Leben" der Werte.

Zusätzlich gibt es noch die jeweils persönlichen Werte der Mitarbeitenden. Diese sind oftmals anderer Natur als die Unternehmenswerte, sollten aber nicht im Widerspruch zueinanderstehen. Wäre das der Fall, würden die Mitarbeitenden die Unternehmenswerte nicht ausreichend unterstützen und das Unternehmen wäre höchstwahrscheinlich auch nicht der richtige Arbeitgeber für sie.

Persönlich bin ich in der glücklichen Situation, dass meine persönlichen Werte und die Werte meines Arbeitgebers gut zusammenpassen.

Können sich Werte im Laufe der Zeit verändern? Wenn ja, wie?
Grundlegende persönliche Werte ändern sich wahrscheinlich wenig im Laufe der Zeit, aber die Priorisierung kann sich verschieben. Während in unserer Jugend die Werte aus meiner Sicht im Wesentlichen von unseren Eltern und unserem Umfeld geprägt werden, kommen später Einflüsse von Partner:innen und Freund:innen, aus dem beruflichen

Umfeld und gegebenenfalls auch aus den Medien zum Tragen. Auch einschneidende Erlebnisse, beispielsweise eine schwere Krankheit, ein folgenreicher Unfall oder eine uns direkt betreffende Naturkatastrophe können die Wertepriorisierung verschieben. Aber an eine grundlegende Werteänderung glaube ich nicht. Sie kommt meiner Meinung nach nur in Ausnahmefällen vor.

WERT-VOLLE DIGITALE TRANSFORMATION UND KÜNSTLICHE INTELLIGENZ

Werte gibt es viele, seien es persönliche Werte, Unternehmenswerte oder gesellschaftliche Werte. Wer sich auf seine Werte besinnt, kann Entscheidungen schneller und fundierter treffen.

Dies kann ich aus eigener Erfahrung bestätigen. Meine persönlichen Werte Authentizität, Integrität und Achtsamkeit haben mir in vielen Situationen geholfen, nicht die Orientierung zu verlieren und meinem „Nordstern" Gesundheit treu zu bleiben. Ein Beispiel: Zurzeit gehe ich durch eine gesundheitlich herausfordernde Zeit. Während sich andere in meiner Lage vielleicht hätten krankschreiben lassen, habe ich mich entschieden, weiterzuarbeiten und meine verfügbare Kraft sowohl für meine Gesundheit als auch für vertraute Alltagsaktivitäten einzusetzen. Meine Firma hat für meine Situation glücklicherweise volles Verständnis. Der Wert Authentizität leitet mich dabei, meinen Kollegen und Kolleginnen meine Situation zu schildern. So können sie sich in der Zusammenarbeit mit mir darauf einstellen.

Auch in Unternehmen ist ein solides Wertefundament nützlich, da strategische Entscheidungen, die Auswahl des Produktportfolios und Aspekte der Mitarbeiterführung stets auf die gemeinsamen Werte zurückgeführt werden können. Wenn zum Beispiel der Erfolg der Kunden im Fokus steht, dann wird das Produktportfolio nicht nur am potenziellen kommerziellen Erfolg ausgerichtet, sondern auch daran, ob es dem Kunden einen langfristigen Nutzen bringt und damit die Kundenbindung stärkt. Oder wenn Verantwortung gegenüber der Gesellschaft ein zentraler Unternehmenswert ist, dann werden im Zweifelsfall auch umsatzstarke Produkte aus dem Portfolio genommen, falls sie zur Diskriminierung von Bevölkerungsgruppen führen können.

Darum ist es wichtig, sich auch im Rahmen der digitalen Transformation und insbesondere bei der Einführung von Lösungen, die Künstliche Intelligenz (KI) nutzen, von Werten leiten zu lassen.

Aus der Vielzahl der möglichen Werte habe ich neun ausgewählt, die aus meiner Sicht essenziell sind für Unternehmen beim Umgang mit Technologie und digitalen Lösungen. Je nach generellem Wertefundament, Geschäftsmodell, Produktpalette und Kundensegment sind alle oder nur einzelne Werte wichtig. Auch die Priorisierung der Werte kann unterschiedlich ausfallen. Und natürlich können auch weitere Werte relevant sein.

Verantwortung

Verantwortung ist ein genereller Wert, den Unternehmen aus meiner Sicht für sich annehmen sollten, deshalb ist er hier auch als erstes aufgeführt: Verantwortung gegenüber Kunden, Mitarbeitenden, Eigentümern des Unternehmens, der Gesellschaft. Fehlt dieser Wert beziehungsweise die Erkenntnis seiner Bedeutung, werden auch die Lösungen und Produkte des Unternehmens höchstens zufällig verantwortungsbewusst mit Ressourcen und Daten umgehen. Auch hohe Qualität und eine bedenkenlose Nutzbarkeit werden eher zufällig entstehen. Insofern ist Verantwortung ein zentraler Wert im unternehmerischen Handeln – nicht nur, aber auch in Bezug auf digitale oder KI-Lösungen.

Innovationsbereitschaft

Das Bestreben, mit etwas Neuem oder sogar Nie-Dagewesenem einen Nutzen zu generieren, sehe ich als weiteren wichtigen Wert im unternehmerischen Handeln an. Neuerungen und die damit einhergehenden Transformationen sind wesentliche Faktoren für wirtschaftlichen und gesellschaftlichen Erfolg. Gerade in der Digitalisierung wird kein Fortschritt erreicht werden, wenn das Postulat der Innovation nicht gelebt wird.

Vertrauen

Wer möchte nicht, dass ihm oder ihr vertraut wird? Vertrauen spielt eine große Rolle dabei, ob Lösungen oder Produkte von Kunden und

Konsument:innen akzeptiert werden: Vertrauen in die Funktionalität, Vertrauen in einen verantwortungsvollen Herstellungsprozess und – gerade bei Digitalisierung – Vertrauen in die verantwortungsvolle Handhabung von (persönlichen) Daten. Langfristiger Erfolg und ein guter Ruf lassen sich nur durch den klar definierten Unternehmenswert Vertrauen realisieren.

Eine Randbemerkung zu Vertrauen, speziell im Bereich KI: Aus meiner Sicht spielt auch die Weltanschauung eine große Rolle. Prof. Dr. Thilo Stadelmann, Leiter des Centre for Artificial Intelligence (CAI) der Zürcher Hochschule für Angewandte Wissenschaften, sagte bei einer Konferenz im Jahr 2023 sinngemäß,[1] dass Misstrauen bzw. sogar Angst vor KI durch eine Weltanschauung unterstützt wird, die von folgendem ausgeht: Wenn etwas intelligenter ist als wir, dann wird das Intelligentere das weniger Intelligente – also uns – ausrotten. Aber ist das eine tragbare Weltanschauung? Aus meiner Sicht nicht. Und dementsprechend können wir auch, sofern vertrauensbildende Maßnahmen ergriffen werden, einer digitalen oder KI-Lösung (ver)trauen.

Transparenz

Vertrauen kann unter anderem auch durch Transparenz befördert werden. Wenn man sich zu Transparenz als Wert bekennt, dann gehört es im Bereich Digitalisierung und KI dazu, zuallererst darzulegen, ob eine Lösung KI-Funktionalität beinhaltet. Ich möchte beispielsweise wissen, wann ich mit einem Chatbot und wann mit einer Person interagiere. Zu Transparenz gehört aber auch, welchem Zweck eine Lösung dient, welcher Nutzen erwartet wird, welche Daten zum Training einer KI-Lösung herangezogen werden, welche Personengruppen beim Training involviert waren und so weiter.

Fairness

Was ist eigentlich fair? Bei der Diskussion um Fairness sollte man sich diese Frage immer zuerst stellen – denn sie ist kontextabhängig. Erst dann kann ich mich darum kümmern, auf Fairness und Diskriminierungsfreiheit in den zu implementierenden digitalen oder KI-Lösungen zu achten. Fairness hat viele Facetten: Geschlechtergerechtigkeit, Vermeidung von Altersdiskriminierung, Neutralität bzgl. Herkunft, Religion oder sexueller Orientierung, und so weiter. Fairness ist insofern ein Wert, der nicht nur moralisch geboten, sondern auch gesetzlich vorgeschrieben ist. Deshalb ist es umso wichtiger, Metriken einzusetzen, die bei den Daten, die einer Lösung zugrunde liegen, aber auch bei den verwendeten Algorithmen potenzielle Diskriminierungen erkennen, sowie technische bzw. prozessuale Lösungen, die Diskriminierungen so gut es geht ausschalten.

Verlässlichkeit

Eine digitale oder KI-Lösung sollte in der Qualität ihrer Ergebnisse zumindest im Zusammenspiel mit dem Menschen gleich gut oder idealerweise besser sein als der Mensch allein. Daher sollten Zuverlässigkeit und Präzision im Hinblick auf die Ergebnisqualität wichtige Werte sein – es sei denn, man zielt nur auf Produktivitätsgewinne ab.

Sicherheit

Sicherheit ist ein Wert, der nicht erst durch den breiten Einsatz von digitalen Tools oder KI-Lösungen relevant geworden ist. Seit IT-Systeme im Einsatz sind, ist Sicherheit ein wichtiges Thema. Fragen zu Zugriffsrechten, Abwehr von Angriffen von außen und innen, Diebstahl von intellektuellem Eigentum sind nicht neu. Durch den Einsatz von KI und den zum Training verwendeten Daten sind aber Fragen hinzugekommen, wie zum Beispiel „Wie kann ich die Manipulation von Daten verhindern – sowohl vor dem Training als auch in Bezug auf die Ergebnisse?".

Und wenn man den Begriff Sicherheit weiter fasst, geht es auch darum, wie ein Unternehmen mit dem Schutz persönlicher Daten umgeht – ein wesentlicher Wert, wenn man das Vertrauen der Kunden bzw. Konsument:innen behalten beziehungsweise gewinnen möchte.

Nachhaltigkeit

Nicht nur in Bezug auf den Klimawandel, die Kreislaufwirtschaft und den generell schonenden Umgang mit Ressourcen ist Nachhaltigkeit ein wichtiger Wert. Betrachtet man den Energiebedarf von digitalen und vor allem KI-Lösungen, gebietet sich zwangsläufig die Berücksichtigung von Nachhaltigkeit. Welche Lösungen und zugrunde liegende Infrastruktur man einsetzt, macht einen erheblichen Unterschied beim Energiebedarf. Deshalb ist eine gründliche Evaluierung der Technologie-Hersteller, mit denen man zusammenarbeitet, hinsichtlich Nachhaltigkeit in meinen Augen unerlässlich.

Anpassungsfähigkeit

Gerade im Digitalisierungsumfeld ist es wichtig, flexibel auf neue Anforderungen und (technische) Entwicklungen reagieren zu können. Deshalb ist es für Unternehmen unumgänglich, anpassungsfähig in der Ausrichtung des Portfolios, der Prozesse und der Organisation zu bleiben sowie das Thema „Lebenslanges Lernen" in der Belegschaft zu verankern. Insofern ist der Wert Anpassungsfähigkeit, der für mich auch Lernbereitschaft enthält, ein wichtiger Garant für unternehmerischen Erfolg.

Ein Sprichwort sagt: Papier ist geduldig. Abgewandelt könnte man auch sagen: Werte sind geduldig. Denn sich bei der Einführung von digitalen oder KI-Lösungen nur auf Werte zu verständigen wird nicht zum Ziel führen. Es ist auch essenziell, gemäß der Werte zu handeln. Das klassische Dreieck „Prozesse-Menschen-Werkzeuge" muss berücksichtigt werden. Dies bedeutet, dass entsprechende Governance- oder Organisationsstrukturen eingeführt werden, die die Werte berücksichtigen und umsetzen. Zusätzlich sollten Methoden und Prozesse verwendet werden, die während Design, Entwicklung und Betrieb von digitalen oder KI-Lösungen die Einhaltung der Werte sicherstellen. Zuletzt müssen auch technische Werkzeuge ausgewählt und implementiert werden, mit denen die Einhaltung der Werte gewährleistet und überwacht werden kann.

Daneben können Partnerschaften oder der Diskurs über Werte mit anderen Unternehmen hilfreich sein, um unterschiedliche Blickwinkel einzunehmen – über Disziplinen und Branchen hinweg: Eine Juristin wird beispielsweise einen anderen Blick auf das Thema Verantwortung haben als ein Soziologe; ein Betriebswirtschaftler wird andere Werte priorisieren als eine Technologie-Expertin. Aber nur der umfassende Blick auf Werte wird letztlich zu einem Ergebnis führen, das alle in einem Unternehmen – und in der Gesellschaft – mittragen können.

Dass an der digitalen Transformation kein Weg vorbeiführt, ist in der Zwischenzeit klar. Nun geht es darum, sie so zu gestalten, dass sie für uns alle – Menschen, Unternehmen, Politik – einen Nutzen bringt und die Risiken möglichst minimiert. Und das liegt allein an uns und den Werten, die wir vertreten und leben!

Dieser Text wurde ohne Zuhilfenahme von generativer KI erstellt.

[1]Welche Macht hat Künstliche Intelligenz?, Thilo Stadelmann, KCF Berlin, https://www.youtube.com/watch?v=0Sk_mX0dSCQ, Zugriff am 15.07.2024.

**SIMONE
ADELSBACH**

*Geschäftsführerin der
yeswecan!cer gGmbH*

**Welche Werte sind für dich in deiner
beruflichen Laufbahn entscheidend?**

Einer meiner ersten Chefs hat mal zu mir
gesagt: „Simone, du bist wirklich sehr
belastbar". Ich fand das damals nicht sehr schmeichelhaft und hätte
mir andere Worte der Anerkennung gewünscht. Heute weiß ich, dass
es durchaus als Lob und Auszeichnung gemeint war. Für mein berufli-
ches Fortkommen war es auch von entscheidender Bedeutung, mich
durchbeißen und unter Zeit- und Leistungsdruck abliefern zu können.
Ohne Rücksicht auf das Privatleben oder auch das eigene Ego. Ich bin
in einem Unternehmerhaushalt großgeworden, dort kannte ich das nicht
anders. Der Betrieb stand immer an erster Stelle.

Welche Werte sind dir im Berufsleben am wichtigsten?

Loyalität. In meinem Berufsleben gibt es nicht viele Stationen. 20 Jahre
beim ersten Arbeitgeber, zehn Jahre beim zweiten. Und nun auch schon
wieder sechs Jahre bei yeswecan!cer. Ich würde mich wirklich als „treuen
Schlappen" bezeichnen. Der Karriere ist das nicht unbedingt zuträglich,
da der Prophet bekanntermaßen im eigenen Lande nicht viel gilt. Aber

mir gibt es Zugehörigkeit und damit Sicherheit. Und ich bin mir sicher, dass Kontinuität der Qualität zuträglich ist.

Wie trägt deine Arbeit zu deinen persönlichen Werten bei?
In meinem Job als Geschäftsführerin von yeswecan!cer komme ich – genauso wie früher als TV Producerin – mit unfassbar vielen Menschen in Kontakt und tauche in Lebensgeschichten ein. Zwangsläufig setzt man diese mit seiner eigenen Biografie und seinem eigenen Erleben in Vergleich. Diese Auseinandersetzung erdet und bereichert mich. Sehr oft eröffnen sich völlig neue Perspektiven und Ansichten.

Wie wichtig ist es, in einem Team oder Unternehmen gemeinsame Werte zu haben?
Das ist der Kitt, der die ganze Sache zusammenhält und der immer schwerer herzustellen ist. Ich denke, es ist eine Generationenfrage – ohne in den Chor der Gen Z-Kritiker einstimmen zu wollen. Meine Arbeits-, Werte- und Lebenswelt mit Ende 50 unterscheidet sich oftmals deutlich von der junger Kolleg:innen. Und das ist wahrscheinlich auch gut so. Schließlich müssen sie als nächste Generation eigene Wege finden und Fußspuren setzen.

ÜBER DIE KRAFT DES WIR

„Du bist nicht allein. WIR schaffen das!" Als mein Mann Jörg A. Hoppe im Jahr 2017 kurz davor war, sich dem Krebs zu ergeben, waren es diese Worte, die ihn dazu bewegten, den Kampf gegen die Leukämie noch einmal aufzunehmen. Unsere Familie, Freundinnen und Freunde, natürlich ich – wir alle haben ihm täglich, ja stündlich gezeigt, dass diese Herausforderung jetzt unsere gemeinsame Sache ist. Jörg hatte großes Glück: Viele Menschen sind in schweren Lebenssituationen wie dieser völlig auf sich allein gestellt. Weil sie Single sind oder das soziale Netz fehlt. Oder weil die Menschen, auf die sie in gesunden Zeiten gezählt haben, plötzlich auf Distanz gehen. Manchmal aber auch, weil sie sich selbst zurückziehen. Weil sie sich womöglich schämen oder es nicht wagen, das, was gerade mit und in ihnen geschieht, in Worte zu fassen – oder gar um Hilfe zu bitten.

Mein Mann hat es geschafft. Gemeinsam konnten wir den Krebs besiegen. Das haben wir auch dem Zufall zu verdanken: Jörg war vor seiner Erkrankung TV-Produzent der José-Carreras-Gala und hatte somit den direkten Draht zur gleichnamigen Stiftung, die sich der Behandlung und Bekämpfung von Leukämie widmet.

Wenn wir heute auf diese Zeit in unserem Leben zurückblicken, fragen wir uns: Wie schaffen es andere? Woher schöpfen sie ihre Kraft? Wie finden sie ihren Weg durch die überbordende Bürokratie in unserem Gesundheitswesen, wie navigieren sie durch das Informationsdickicht und den Termin-Dschungel? Und wer hilft ihnen bei Entscheidungen, die Leben oder Tod bedeuten können?

Wenn das eigene Umfeld keinen oder wenig Halt gibt, dann muss man den Kreis weiter ziehen. Besonders Menschen, die sich in einer ähnlichen Lage befinden oder ähnliche Erfahrungen (durch-)gemacht haben, können zu echten Stützpfeilern werden. Selbsthilfegruppen und Patientenorganisationen sind wertvolle Adressen. Doch nicht immer findet man hier alle Informationen und die richtigen Wegbegleiter. Deshalb haben wir die YES!APP entwickelt, die den niederschwelligen und kostenlosen Austausch zwischen Betroffenen und Expert:innen ermöglicht.

In meiner Arbeit für die yeswecan!cer gGmbH erlebe ich jeden Tag, wie viel Kraft in der Gemeinschaft von Gleichbetroffenen liegt. Der in den letzten Jahren oft zitierte Satz „Gemeinsam sind wir mehr" ist daher für mich nicht bloß ein hohler Slogan. Er ist Fakt. Denn die Gemeinschaft kann nicht nur den so unverzichtbaren emotionalen Beistand leisten. Sie ist auch ein Quell von – manchmal lebensrettendem – Wissen.

In einem Gesundheitssystem, das für die meisten Betroffenen eine Blackbox ist und in dem sich Ärztinnen und Ärzte im Schnitt nur sieben Minuten Zeit für ein Patientengespräch nehmen können, kann der Austausch von Erfahrungen unter Betroffenen richtungsweisend sein und Orientierung geben. Insbesondere, was die unzähligen Kollateralschäden durch die schweren Therapien – wie Chemo, Bestrahlung, Transplantation – und vor allem den mentalen Umgang mit dem Krebs betrifft. „Weisheit der Vielen" oder Schwarmintelligenz könnte man das nennen. Ich nenne es: Solidargemeinschaft. Und die ist im Kampf gegen eine lebensbedrohliche Erkrankung unverzichtbar.

Daten sind die beste Medizin

Insbesondere in der Behandlung von Krebs hat die Forschung in den letzten Jahren Quantensprünge gemacht. Wir sprechen von einem Paradigmenwechsel, der die Medizin der Zukunft durch Datennutzung und -versorgung und mittels neuer Technologien wie KI und Innovationen für Krebsprävention, -behandlung und -versorgung revolutioniert. Ein Kernelement dieser sogenannten Präzisions- oder Personalisierten Medizin ist die Erstellung des jeweiligen individuellen genetischen Tumorprofils. Denn anders als in der herkömmlichen Onkologie geht man jetzt davon aus, dass jeder Tumor individuell ist – unabhängig davon, wo er auftritt. So ist Lungenkrebs nicht gleich Lungenkrebs und Brustkrebs nicht gleich Brustkrebs. Diese neue Art der Diagnostik kann uns eine flächendeckende Spitzenmedizin in der Onkologie ermöglichen durch adäquate Zuordnung spezifischer Therapien oder Zuführung zu einer korrespondierenden klinischen Studie.

Aber was heißt das eigentlich für mich als einzelner Mensch und als Patientin? Ich sollte mich zum einen darum kümmern, Herrin meiner Daten zu werden, sozusagen datensouverän. Indem ich mich über meine Rechte als Patientin informiere, meine Befunde sammle, Arztbriefe digitalisiere und die elektronische Patientenakte im Opt-Out-Verfahren nutze, die ab Januar 2025 verfügbar ist. Zum anderen heißt es, dass ich meine Daten solidarisch mit anderen teile. Aus meiner Sicht herrscht hierzulande ein dramatisches Ungleichgewicht, wenn es um Gesundheitsdaten geht. Ganz oben auf der Liste der Prioritäten steht bei den meisten das Recht auf Privatsphäre und Datenschutz. Was dabei oft vergessen wird: Wenn wir als Gemeinschaft unsere – selbstredend anonymisierten – Gesundheitsdaten teilen würden, könnten wir so viel mehr erreichen! Für ALLE!

Daten teilen hilft, zu heilen

Echte Datensolidarität würde zum Beispiel bedeuten, dass wir als Einzelpersonen, die an Krebs erkrankt sind, unsere Daten der Forschung zugänglich machen können, etwa in einer zentralen, unabhängigen Datenbank. Konkret würde so eine „Datenspende" etwa Informationen umfassen wie Alter, Tumorart und Krankheitsverlauf, bisher erhaltene Therapien und Medikamente, aber auch Vorerkrankungen und Unverträglichkeiten.

Diese Informationen zu teilen, tut mir nicht weh. Sie könnte aber mir und anderen Heilung bringen. Zum Beispiel, indem Forschende in diesem Datensatz gezielt nach Teilnehmenden für ihre klinischen Studien suchen können. Oder aber, indem sie ihn als Quelle für Vergleichswerte heranziehen, um herauszufinden, welche Behandlungsmethode bei einer bestimmten Gruppe von Menschen am besten geholfen hat. So könnte der medizinische Fortschritt deutlich beschleunigt werden und viel mehr Menschen könnten von maßgeschneiderten, datenbasierten Therapien, die passgenau auf das genetische Profil eines Tumors abzielen, profitieren. Tausende von Leben könnten verlängert oder sogar gerettet werden! Und ist es nicht das, was wir als Patient:innen in einem der teuersten Gesundheitssysteme der Welt erwarten können? Dass wir die modernste und auf uns individuell abgestimmte Therapie erhalten? Und zwar völlig unabhängig davon, wie gebildet wir sind und ob wir medizinischen Fachjargon verstehen, welche persönlichen Kontakte wir in Kliniken haben oder ob wir auf dem Land oder in einer Großstadt wohnen?

Bisher ist das alles leider noch eine Vision, für die wir uns gemeinsam einsetzen müssen. Die Realität sieht anders aus: Derzeit rangiert Deutschland im europäischen Vergleich auf dem vorletzten Platz, was die digitale Versorgung in der Medizin angeht. Und leider auch in Sachen Lebenserwartung, sowohl bei den Männern als auch bei den Frauen. Datensouveränität und -solidarität haben ein riesiges Potenzial! Das Potenzial, allen Menschen den gleichen Zugang zu modernster Präzisionsmedizin zu ermöglichen. So kann Solidarität zu Gerechtigkeit führen, sicherlich auch ein medizin-ethisches Thema.

Ein Safe Space für alle

Solidarität als Wert hatte lange einen etwas altmodischen Ruf. In den letzten Jahren haben uns die Coronapandemie, die Kriege und Konflikte in nächster Nähe und in der Ferne, aber auch die Klimakrise klar vor Augen geführt: Ohne Solidarität ist alles nichts. Sie ist der Wert, der unsere Gesellschaft zusammenhält und die Basis unseres Sozialsystems. Sie ermöglicht eine Freiheit, die nicht auf Kosten von anderen geht. Wir können sie in kleinen Gesten oder mit großen Taten verwirklichen. Sie kann laut sein, aber auch ganz leise. Sie hat die Kraft, unsere Gesellschaft in einen einzigen großen „Safe Space" zu verwandeln. In dem sich alle als wertvoller Teil eines Ganzen fühlen. In dem wir vorankommen, ohne andere zurückzulassen. Kurzum: In dem wir alle gewinnen.

DR. IRÈNE KILUBI

*Gründerin und
GF brandPreneurs &
brandFluencers, Initiatorin
JOINT Generations,
Multi-Beirätin,
Hochschuldozentin*

Welche Werte sind dir im Leben am wichtigsten?

Solidarität: In Zeiten vielfacher Krisen ist Solidarität meiner Meinung nach von entscheidender Bedeutung. Gemeinsam können wir mehr erreichen und uns gegenseitig unterstützen.

Impact: Die Auswirkungen unserer Handlungen sind von großer Bedeutung. Ich strebe danach, einen positiven Einfluss auf andere und die Gesellschaft zu haben.

Zuverlässigkeit: Verlässlichkeit ist ein Wert, den ich schätze. Es geht darum, Versprechen zu halten und für andere da zu sein. Andere können sich auf mich verlassen, genauso möchte ich mich auch auf andere verlassen können.

Wie trägt deine Arbeit zu deinen persönlichen Werten bei?

Durch meine Arbeit mit meiner Social-Impact-Initiative JOINT GENERATIONS und in meiner Marketingagentur brandPreneurs und brandFluencers kann ich dazu beitragen, unterrepräsentierte, aber gesellschafts-relevante Themen sichtbar zu machen. Dafür arbeiten wir mit Kunden wie der Springer Nature Group, Berlin University Alliance und der Charité Berlin zusammen. Hierbei setzen wir uns beispielsweise für Open Science oder nahbare Wissenschaftskommunikation ein und möchten damit verbundene Forschung ins Rampenlicht rücken. Außerdem ist es mein Ziel, mit JOINT GENERATIONS Generationen miteinander zu verbinden, was für mich eine hervorragende Möglichkeit ist, die Werte Solidarität und Impact zu verwirklichen. Zum Beispiel bieten wir Reverse-Mentoring-Programme an, die sogar durch eine eigens entwickelte App begleitet und unterstützt werden.

Können sich Werte im Laufe der Zeit verändern? Wenn ja, wie?

Ja, Werte können sich im Laufe der Zeit verändern. Ein Beispiel, das ich selbst erleben durfte, ist der Wechsel von Anerkennung zu Selbstachtung. Ersteres hängt stark von der Außenwelt ab, wird also davon beeinflusst, wie andere mich sehen und bewerten, während das zweite von einem selbst kommt – von innen heraus. Es ist die Wertschätzung für sich selbst, für das, was man schon erreicht und auf die Beine gestellt hat. Das hängt nicht davon ab, ob ich nur positives Feedback bekomme, sondern es ist eine innere Einstellung, die mir niemand nehmen kann. Unsere Erfahrungen und Erkenntnisse beeinflussen also auch, wie wir Werte wahrnehmen und schätzen. Es ist ein natürlicher Prozess der persönlichen Entwicklung.

GENERATIONSÜBERGREIFENDE WERTE

Gemeinsame Überzeugungen, individuelle Ausprägungen

Stell dir einen großen, uralten Baum in einem kleinen, gemütlichen Dorf vor. Seine Äste erstrecken sich in alle Himmelsrichtungen und hoch in den Himmel. Seine Wurzeln reichen bis tief unter die Erde. Jeder Dorfbewohner kennt diesen Baum.

Dieser Baum ist Zeuge vieler Genrationen geworden, angefangen von den kleinen Kindern, die in seinem Schatten spielten, bis hin zu den Greisen, die sich an seinen Stamm lehnen, um sich auszuruhen. Könnte dieser Baum reden, welche Weisheit würde er weitergeben?

Ich bin überzeugt, der Baum würde uns sagen wollen, dass die Werte, die uns alle verbinden, so wie seine Jahresringe sind. Sie wachsen mit der Zeit und hinterlassen Spuren. Ehrlichkeit, Liebe und Respekt, das sind Werte, die sich alle Generationen teilen. Sie sind tief verankert, so wie die Wurzeln dieses Baumes. Aber die Zweige, sie wachsen in alle Richtungen, so wie auch wir Menschen unterschiedlich sind – verschiedene Kulturen, verschiedene Erfahrungen, verschiedene Perspektiven, verschiedene Alter –, aber trotzdem alle gemeinsam verwurzelt in dem Boden der Menschlichkeit.

Gleiche Werte – Unterschiedliche Wertekonstrukte

„Die Jugend von heute hat keine Werte mehr!" Diese Aussage hört man immer wieder von der älteren Generation. Aber ich bin der festen Überzeugung, dass Generationenkonflikte nicht entstanden wären, wenn die Generationen sich bewusst gemacht hätten, dass es gemeinsame Werte gibt, die alle teilen und die sie miteinander verbinden.

Im November 2022 führte Ipsos im Auftrag der Konrad-Adenauer-Stiftung eine Fokusgruppenstudie durch, die die Einstellungen und Werte verschiedener Generationen in Deutschland zu bestimmten kontroversen Themen untersuchte.[1] Das Ergebnis war, dass das Alter zwar durchaus eine Rolle spielt, dabei wie über gewisse Themenfelder, bei- spielsweise Klimaschutz oder Rente, gedacht und diskutiert wird, aber, dass die Werte, die dahinterstehen, nicht mit der Zugehörigkeit zu einer Generation oder Altersgruppe zusammenhängen. Im Gegenteil, das Alter spielte nur eine untergeordnete Rolle bei der Frage, wie die einzel- nen Generationen bestimmte Themenfelder beurteilten.

Ein Beispiel: Für alle Generationen ist Respekt und Ehrlichkeit sehr wich- tig. Es sind dieselben Werte, dieselben Prinzipien, dass jeder Mensch anerkannt und wertgeschätzt werden sollte. Die Ausgestaltung (oder das Ausleben), das heißt, wie man diesen Wert in den Alltag integriert, unterscheidet sich aber in den verschiedenen Generationen. Während ältere Generationen eher traditionelle Formen des Respekts hervorhe- ben, wie Höflichkeit, Anstand und Respekt vor Autoritäten, setzen jün- gere Generationen eher auf Offenheit, Toleranz und Empathie für jeden – Diversität eben.[2]

Verschiedenste kulturelle, politische, wirtschaftliche und gesellschaftli- che Einflüsse führen dazu, dass zwar die Werte – also allgemein aner- kannte Prinzipien – alle Generationen miteinander verbinden, die indivi- duelle Interpretation, sozusagen das persönliche Wertekonstrukt, aber Konfliktpotenzial in sich trägt. Ein Wertekonstrukt bezieht sich dabei auf die vielfältigen Zusammenhänge und Varianten, in denen die Werte mit- einander in Beziehung stehen. Es umfasst persönliche Überzeugungen, kulturelle Normen und individuelle Wertesysteme.

Trotz der vorhandenen Unterschiede – eine gemeinsame Basis schaffen

Auch wenn die verschiedenen Wertekonstrukte zu Unterschieden zwi- schen den Generationen führen, muss das noch lange nicht heißen, dass es nur Streit, Missverständnisse und hitzige Debatten gibt. Im Gegenteil – die gemeinsamen Werte schaffen eine hervorragende Basis, auf der ein weiteres Miteinander, eine Zukunft gebaut werden kann. Wir soll- ten den Blick weg von den Unterschieden hin zu den Gemeinsamkei- ten wenden, die uns alle miteinander verbinden, egal welche Zahl in unserem Ausweis steht. Denn Respekt, Gerechtigkeit und Frieden sind Werte und Themen, die sowohl Jung als auch Alt beschäftigen. In einem Werte-Ranking stellt man meist ziemlich schnell fest, dass es in der Tat eine gemeinsame Grundlage, ein gemeinsames Fundament gibt. Alle Generationen sehnen sich nach familiärer Sicherheit, nach Gerechtigkeit, nach Gleichberechtigung. Alle möchten Wertschätzung erfahren. Gehört und gesehen werden.

Angesichts aktueller politischer Ereignisse, die die gesamte Gesellschaft betreffen, werden in heutigen Zeiten wohl alle damit einverstanden sein, Werte wie Frieden und Gerechtigkeit zu priorisieren. Hört man von Kriegen und politischen Unruhen, von Ungerechtigkeit und Unterdrückung, dann sehnen sich sowohl Jung als auch Alt nach Sicherheit und Solidarität. Schafft dieser Wunsch nicht eine hervorragende Basis, um gemeinsam in die Zukunft zu investieren, um gemeinsam für eine nachhaltige und lebenswerte Zukunft zu sorgen?

Gemeinsam können wir so viel erreichen. Miteinander statt Gegeneinander

Wir können auf den gemeinsamen Werten aufbauen. Jedoch nur, wenn man die Gemeinsamkeiten anerkennt und schätzt. Dafür müssen wir auf unsere Mitmenschen achten, denn gewisse Dynamiken, wie beispielsweise das vorschnelle Urteilen, haben leider auch das Potenzial, zu unterdrücken statt zu unterstützen. Jeder von uns hat die freie Wahl, Generationskonflikte und Mikroaggressionen zu erkennen, zu bekämpfen und sich davon loszulösen oder sie fortzuführen. Entweder füreinander da zu sein und miteinander die Zukunft zu gestalten oder andere Generationen nicht zu achten, sondern über diese zu urteilen und somit das Gegeneinander Überhand nehmen zu lassen. Aktiv Empathie aufbauen oder passiv zerstören. Du entscheidest selbst:

Passiv und still, wenn junge Menschen von älteren beschimpft werden, weil sie nicht so viel am Handy sein sollen und ohnehin faul sind und nichts erreichen werden. Passiv und still, wenn der Enkelsohn seinen

Großvater im Park anschnauzt, weil er mal wieder eine Erklärung zur Bedienung des Smartphones möchte.

Oder aktiv werden, beherzt eingreifen und sich mit guten Argumenten für den beschimpften jungen Menschen einsetzen. Aktiv werden und dem wissbegierigen älteren Menschen mit Geduld und Verständnis die neuste Technik erklären.

Erfolgsfaktor: Offene und wertschätzende Kommunikation

Eine indianische Weisheit besagt: „Beurteile nie einen Menschen, bevor du nicht mindestens einen halben Mond lang seine Mokassins getragen hast."[3] Darin steckt eine Wahrheit, die wir auch im Kampf gegen Generationskonflikte einsetzen können: Verständnis und Empathie füreinander zu entwickeln. Dafür benötigt es einen Austausch, es braucht Ehrlichkeit, Verständnis und Toleranz. Und es muss gegenseitige Unterstützung und Wertschätzung geben.

Verschiedene Generationen hatten mit unterschiedlichen Herausforderungen zu kämpfen und ihr Wertekonstrukt ist Resultat dessen. Die Babyboomer beispielsweise wurden in eine Welt hineingeboren, die von den Folgen des Zweiten Weltkriegs sehr geprägt war. Ihre Eltern haben den Krieg noch miterlebt und sie wissen, wie vergänglich Stabilität und Sicherheit in ihrem Leben sein können. Häufig wirkt sich das auf das Verhältnis ihrer Kinder, also der Generation der Babyboomer, zur Arbeit aus. Sie bevorzugen traditionelle Karrierewege, sind ihren Arbeitgebern gegenüber loyal, wünschen sich langfristige Anstellungen und arbeiten länger.[4] Der Generation Z dagegen sind andere Werte wichtiger, wie zum Beispiel die Nachhaltigkeit oder inklusive Unternehmen. Deswegen sind sie eher bereit, ihren Arbeitsplatz häufiger zu wechseln und nicht von Arbeitsbeginn bis zur Rente bei ein und demselben Arbeitgeber zu bleiben.[5]

Es ist enorm wichtig, dass jeder Einzelne, egal aus welcher Generation, sich darüber klar wird, dass es eine gemeinsame Wertebasis gibt.

Es gilt Brücken zu bauen, sodass unterschiedliche Generationen miteinander in den Dialog treten und kooperieren, damit sie voneinander lernen können.

Miteinander statt übereinander reden lautet die Devise.
Zum „Brücken bauen" empfehle ich die nachfolgenden Ansätze:

Generationscafés

Damit die verschiedenen Altersgruppen in einer ungezwungenen und angenehmen Atmosphäre ins Gespräch und einen offenen Austausch kommen können, eignen sich solche Cafés als Begegnungsstätten hervorragend. Intergenerationaler Austausch ist nämlich das A und O, um das Gegeneinander zu überwinden.

Mystery Lunch

Hier werden zufällig ausgewählte Personen aus verschiedenen (Alters-)-Gruppen zusammengebracht, die sich dann zu einem gemeinsamen Mittagessen verabreden. Dazu kann man sich freiwillig online anmelden, um beim gemeinsamen Essen den Austausch zwischen den Generationen fördern. Eine hervorragende Möglichkeit, um Netzwerke aufzubauen, ohne dass es zu formell wird.

Reverse Mentoring

Häufig geraten unterschiedliche Generationen auf dem Arbeitsplatz aneinander. Aussagen wie: „Ihr Jungen seid doch eh zu faul zum Arbeiten geworden" und „Ihr Alten, ihr versteht sowieso nichts von Technik" sind keine Seltenheit. Wie wertvoll wäre es, wenn gerade in Unternehmen darauf aufmerksam gemacht wird, dass die unterschiedlichen Generationen voneinander lernen können. Beispielsweise mit dem Reverse Mentoring, wo der generationsübergreifende Wissensaustausch und Perspektivwechsel zu neuen Ideen führen können. Normalerweise lernen jüngere Kollegen von älteren. Es kann aber auch umgekehrt sein, denn auch ältere Kollegen können von jüngeren lernen, beispielsweise im digitalen Bereich.

Generationen in Werten vereint

Es geht also nicht um Jung oder Alt, sondern die „Zukunft ist Jung und Alt" – ganz getreu dem Motto von JOINT GENERATIONS, unserer Social-Impact-Initiative, welche den Dialog und die Zusammenarbeit zwischen verschiedenen Generationen fördert. Wir haben die gleichen Werte und können uns wunderbar miteinander ergänzen, indem wir das Verbindende in den Vordergrund stellen.

Schaut nicht auf die Unterschiede, die uns trennen, sondern auf die Werte, die uns vereinen. Und davon gibt es mehr als genug. Plus Passion, Persönlichkeit und Potenzial – egal von welchem Alter.

[1]Werkmann, Caroline und Frieß, Hans-Jürgen: Generationen über Generationen – Ergebnisse aus qualitativen Gruppendiskussionen, Monitor Wahl- und Sozialforschung, Konrad-Adenauer-Stiftung, 25. März 2024, https://www.kas.de/de/monitor-wahl-und-sozialforschung/detail/-/content/generationen-ueber-generationen-ergebnisse-aus-qualitativen-gruppendiskussionen-1, Zugriff am 11.05.2024.

[2]Andrione, Ludwig: Eigenschaften, Einstellungen und Werte von Generationen: Stand und Aussicht der Forschung, Gruppe. Interaktion. Organisation, Vol. 49, 2018, S. 415–419.

[3]Ebd.

[4] Bundesinstitut für Berufsbildung. Begutachtete Artikel in Fachzeitschriften: The Extension of Late Working Life in Germany: Trends, unequalities, an the East-West divide 2023, https://www.bib.bund.de/Publikation/2023/The-extension-of-late-working-life-in-Germany.html?nn=1219342, Zugriff am 01.08.2024.

[5]Lobell Ora, Kylie: Encouraging Generation Z and Baby Boomers to Work Together, https://archive.hshsl.umaryland.edu/handle/10713/21590, Zugriff am 11.05.2024.

NORMA DEMURO

Geschäftsführerin
keeunit GmbH

Welche Werte sind dir im Leben am wichtigsten?

Zuverlässigkeit, Vertrauen, Selbstbestimmung und Authentizität sind mir im Leben besonders wichtig. Diese Werte bilden das Fundament für zwischenmenschliche Beziehungen und persönliche Entwicklung.

Welche Prinzipien leiten dich in schwierigen Entscheidungssituationen?

In schwierigen Entscheidungssituationen leiten mich die Prinzipien der Fairness, der Offenheit für kontinuierliches Lernen und der Förderung von Kompetenz, Zugehörigkeit und Einfluss. Ich bemühe mich, Entscheidungen zu treffen, die diese Aspekte berücksichtigen und gleichzeitig meinen Werten von Zuverlässigkeit und Vertrauen treu bleiben.

Welche Werte sind für dich in deiner beruflichen Laufbahn entscheidend?

In meiner beruflichen Laufbahn sind lebenslanges Lernen, die Förderung von Wissenstransfer und die Schaffung eines positiven Lernumfelds entscheidend. Diese Werte unterstützen die Entwicklung eines Teams, in dem Vertrauen, Kompetenz und Zusammengehörigkeit zentral sind.

Welche Werte sollten deiner Meinung nach in einem erfolgreichen Team vorhanden sein?

In einem erfolgreichen Team sollten Werte wie Vertrauen, Zuverlässigkeit, gegenseitige Unterstützung, Offenheit für Lernen und kontinuierliche Verbesserung vorhanden sein. Diese fördern ein Umfeld, in dem Teammitglieder sich wohlfühlen, zu wachsen und zu innovieren.

Wie können wir sicherstellen, dass unsere Werte in der täglichen Arbeit gelebt werden?

Um sicherzustellen, dass unsere Werte täglich gelebt werden, ist es wichtig, klare Erwartungen zu setzen, regelmäßiges Feedback zu geben und Raum für Reflexion zu schaffen. Es sollten Strukturen implementiert werden, die Lernen und den Austausch von Wissen fördern, sowie Maßnahmen, die die persönliche und berufliche Entwicklung unterstützen.

Wie gehst du damit um, wenn deine Werte mit denen eines Kollegen oder des Unternehmens in Konflikt geraten?

Bei Wertekonflikten strebe ich offene Gespräche an, um gegenseitiges Verständnis und Kompromisse zu finden. Es ist mir wichtig, Lösungen zu suchen, die den Respekt vor unterschiedlichen Perspektiven wahren, ohne meine Kernwerte zu kompromittieren.

Wie wichtig ist es, in einem Team oder Unternehmen gemeinsame Werte zu haben?

Gemeinsame Werte sind von entscheidender Bedeutung, da sie ein gemeinsames Verständnis schaffen, das die Zusammenarbeit,

Kommunikation und Zielorientierung fördert. Sie tragen dazu bei, ein kohärentes und motivierendes Arbeitsumfeld zu schaffen.

Können sich Werte im Laufe der Zeit verändern? Wenn ja, wie?
Ja, Werte können sich im Laufe der Zeit verändern, oft als Ergebnis von Erfahrungen, Lernprozessen und der Entwicklung persönlicher und beruflicher Ziele. Unternehmen und Individuen sollten flexibel bleiben und regelmäßige Selbstreflexion praktizieren, um sich weiterzuentwickeln und anzupassen.

BEDEUTEND FÜR MICH UND ENTSCHEIDEND FÜR MEIN UNTERNEHMEN

„Norma, das ist ganz dringend, umgehend bearbeiten, das hier bis Ende der Woche und dieses Projekt noch asap. Alles klar?!" Ich habe es selbst erlebt: die autoritäre Führung. Ich wollte es anders machen. Und ich mache es anders.

Ich bin Gründerin und Geschäftsführerin von keelearning, einer E-Learning-Plattform, die sich auf die Qualifizierung von Mitarbeitenden fokussiert. Ich glaube sehr fest an Werte, an persönliche und auch an Unternehmenswerte. Und eben nicht an vermeintlich „starke", autoritäre Führung.

Vor der Gründung meines eigenen Unternehmens arbeitete ich in unterschiedlichen Organisationen. In einer Sparkasse, in verschiedenen Verlagen beziehungsweise Medienunternehmen. Die Hochschulwelt lernte ich durch mein Studium des Medien- und Kommunikationsmanagements kennen. Was mir bei diesen verschiedenen Stationen auffiel: Alle Organisationen waren eher konservativ-traditionell geprägt. Wie Unternehmen organisatorisch aufgestellt sind, sehen Sie sehr gut in dieser Übersicht:

---

1) TRIBAL — **Impulsiv**
Befehlsautorität, Arbeitsteilung, Macht, Furcht. *Analogie: Wolfsrudel, Straßengang, Mafia*

2) TRADITIONELL — **Konformistisch**
Formale Rollen, Prozesse, stabiles Organigramm. *Analogie: Militär, traditionelle Kirchen, Regierungen*

3) MODERN — **Leistungsprinzip**
Innovation, Leistungsprinzip, Verlässlichkeit. *Analogie: Konzerne, Universitäten*

4) POSTMODERN — **Pluralistisch**
Empowerment, werteorientierte Kultur, Integration. *Analogie: Familien*

5) INTEGRAL — **Evolutionär**
Selbstführung, Ganzheitlichkeit, Evolutionärer Sinn. *Analogie: lebende Organismen*

Übersicht Organisationsstufen, angelehnt an „Reinventing Organisations" von Frederic Laloux[1]

Meine Berufserfahrungen basierten überwiegend auf den Bereichen 1 (Tribal) und 2 (Traditionell). Das dritte Organisationsmodell (Modern) war eher gering ausgeprägt. Mit meinem eigenen Unternehmen – keelearning – sehe ich mich in Stufe 4 (Postmodern). Empowerment: Ich ermutige und befähige meine Mitarbeitenden, selbst Verantwortung zu übernehmen. Werteorientierte Kultur: Wir haben Unternehmenswerte definiert, die meinem Team und mir sehr wichtig sind. Und die auch von uns gelebt werden. Integration: Alle sollen sich zugehörig fühlen. Keelearning vertritt einen pluralistisch-integrativen Ansatz, das heißt, unser Unternehmen sieht sich als verlässliche „Familie".

Damit keelearning als postmoderne Organisation funktionieren kann, ist das Beherzigen von Werten ganz entscheidend. Warum? Weil Werte Orientierung bieten. Weil Werte Vertrauen schaffen. Weil Werte dafür sorgen, die Vision des Unternehmens im Auge zu behalten. Als Werte verstehe ich persönliche Überzeugungen und Einstellungen, die ich als positiv, erstrebenswert und moralisch-ethisch richtig ansehe.

Meine vier persönlichen Werte, die auch bei keelearning gelebt werden, sind Zuverlässigkeit, Vertrauen, Selbstbestimmung und Authentizität.

Zuverlässigkeit: Als Unternehmenschefin ist mir wichtig, mit gutem Beispiel voranzugehen. Ich halte mich an Absprachen und erwarte dies auch von meinen Mitarbeitenden. Verlässlichkeit ist ein bedeutender Wert für mich. Am Anfang meiner Firmengründung gestaltete sich die Zusammenarbeit mit dem damaligen Entwickler als sehr anstrengend. Ich musste sein Commitment zum Projekt immer wieder einholen. Nach dieser Erfahrung achte ich in der Zusammenarbeit mit Partnern oder Mitarbeitenden darauf, dass das Commitment stimmt.

Vertrauen: Ich traue meinen Mitarbeitenden Aufgaben zu. Und meine Mitarbeitenden können sich auf meine Unterstützung – falls notwendig oder gewünscht – verlassen. Ich vermeide möglichst zu starke Kontrolle oder Überwachung; Mikromanagement liegt mir fern. Meine Unternehmensvision: Ich sichere das Wissen von Unternehmen und ermögliche Menschen aller Branchen – ob am Schreibtisch, in der Produktionshalle oder im Außendienst – kontinuierliche Weiterbildung. Das schaffe ich nur mit einem starken Team, mit talentierten und engagierten Mitarbeitenden, die meine Vision teilen und zum Erfolg des Unternehmens beitragen. Und ein starkes Team wiederum, das ist jedenfalls meine Überzeugung, basiert auf Vertrauen. Alle sollen sich wohlfühlen, als Menschen anerkannt werden und ihre Leistung soll wertgeschätzt werden. Ich sorge für klare Kommunikation, eine positive Unternehmenskultur und regelmäßige Weiterentwicklung meines Teams.

Selbstbestimmung: Für mich ein weiterer zentraler Wert. Ich kann (weitestgehend) selbst darüber bestimmen, was, wann, wie und warum ich etwas unternehme. Ich bin also nicht fremdgesteuert. Dieser Wert Selbstbestimmung ist auch sehr eng mit meinem Unternehmen verknüpft. Keelearning demokratisiert das Lernen und macht es für alle zugänglich. Wir möchten eine Welt schaffen, in der Bildung keine Grenzen kennt und jeder die Möglichkeit hat, seine Fähigkeiten und sein Wissen zu erweitern. So können alle durch personalisiertes und interaktives Lernen selbstbestimmt zu ihrem persönlichen Wachstum und ihrer beruflichen Entwicklung beitragen.

Authentizität: Ich möchte mich nicht verstellen oder verbiegen. Ich möchte Geschäftspartnern oder Mitarbeitenden nicht irgendetwas „vorgaukeln", was ich nicht bin oder fühle. Authentisch sein heißt für mich, bei mir sein und mich somit wohlfühlen. Mit Authentizität verbinde ich auch eine gesunde Fehlerkultur. Ein Beispiel: Fehler beim Recruiting. In der Gründungsphase war ich mir noch nicht richtig über meine Werte im Klaren. Daher habe ich bei Mitarbeitenden eher auf das Skillset geschaut. Weniger darauf, ob wir auch menschlich zusammenpassen beziehungsweise ob Bewerber auch gut in das bestehende Team passen. Sich Fehler einzugestehen und daraus zu lernen, ist sehr wichtig. Das lebe ich meinem Team vor und erinnere es immer wieder: Geht mutig voran! Dabei passieren Fehler, doch die Learnings aus Fehlern benötigt man für Wachstum.

Aufbauend und resultierend aus meinen eigenen Werten habe ich in meinem Unternehmen keelearning sieben entscheidende Unternehmensregeln etabliert: Respekt, Mut, Fokus, Offenheit/Transparenz, Commitment/Verpflichtung, Kundenorientierung, Begeisterung.

Ich versuche, das Arbeiten im Unternehmen nach bestimmten Prinzipien zu formen. Dabei ist der Grundgedanke, dass Menschen grundlegend von drei Kernmotiven geleitet sind: dem Bedürfnis nach Zugehörigkeit, dem Streben nach Einfluss und dem Wunsch nach Kompetenz (gemäß der Theorie der gelernten Bedürfnisse von David McClelland). Das Bedürfnis nach Zugehörigkeit reflektiert das tiefe menschliche Verlangen, Teil einer Gemeinschaft zu sein und zwischenmenschliche Beziehungen zu pflegen. Das Streben nach Einfluss manifestiert sich in dem Wunsch, die eigene Umgebung zu gestalten und Entscheidungen zu beeinflussen. Der Wunsch nach Kompetenz hingegen drückt das Bestreben aus, Fähigkeiten zu entwickeln und Herausforderungen zu meistern. Zusammen formen diese Motive die Grundlage menschlichen Verhaltens und bestimmen, wie Individuen interagieren, lernen und sich in der Welt orientieren. Gerade hier sind meine individuellen und die keelearning-Unternehmenswerte ausschlaggebend.

Wie sehe ich die Zukunft meines Unternehmens? Wohin möchte ich es entwickeln? Wir bewegen uns momentan schon vom postmodernen Unternehmen hin zum integral-evolutionären Unternehmen, also von der vierten zur fünften Stufe (siehe Abb. Organisationsmodelle). Integral-evolutionäre Unternehmen zeichnen sich durch Folgendes aus: Sie passen sich ständig an und streben danach, sich weiterzuentwickeln. Ich ermutige mein Team, sich immer wieder die Frage zu stellen, was unser Unternehmen wirklich sein will und was unser Ziel ist. Meiner Meinung nach hat eine evolutionäre Organisation drei Vorteile: Der erste Vorteil ist der menschliche Faktor. Wenn man den Menschen in den Mittelpunkt des Unternehmens stellt, sind die Mitarbeitenden engagiert und fühlen sich motiviert. Der zweite Vorteil ist das Lernen. Evolutionäre Organisationen sind eine Quelle ständigen Wissens, in der es keine Angst vor Fehlern gibt und die persönliche Initiative gefördert wird. Der dritte Vorteil schließlich ist eine integrierte Sicht auf den Erfolg. Dies bedeutet, dass der individuelle Fortschritt als Fortschritt des gesamten Unternehmens betrachtet wird.

Werteorientierte Unternehmensführung ist für mich kein Nice-to-have, sondern ein absolutes Muss. Weil ich davon überzeugt bin und weil ich die Erfahrung gemacht habe, dass eine klare Werteorientierung ein Erfolgsfaktor ist. Wenn nicht sogar der Erfolgsfaktor, um ein nachhaltiges Unternehmen zu führen. Ich kann nur jedem empfehlen, sein persönliches Leben und auch das eigene Unternehmen an Werten auszurichten. Sie sind wichtige Orientierungspunkte, die den eigenen und den Unternehmensweg ebnen.

[1]Laloux, Frédéric: Reinventing Organizations. Ein Leitfaden zur Gestaltung sinn-stiftender Formen der Zusammenarbeit, Vahlen, München 2015.

SARAH KASAP

Wirtschaftspsychologin
(M.Sc.),
Gründerin inochi Health

© Ömür Kasap

Welche Werte sind dir im Leben am wichtigsten?

Mir sind vor allem drei Werte besonders wichtig: soziale Gerechtigkeit, gemeinsames Wachstum und die Harmonie von Mensch und Natur. Soziale Gerechtigkeit bedeutet für mich, dass jeder Mensch gleiche Rechte und Chancen haben sollte, unabhängig von seinem sozialen oder wirtschaftlichen Hintergrund. Es geht darum, Ungleichheiten zu erkennen und zu überwinden, um eine faire und inklusive Gesellschaft zu schaffen, in der jeder sein volles Potenzial entfalten kann.

Gemeinsames Wachstum ist für mich ebenfalls von großer Bedeutung. Ich glaube daran, dass wir als Gesellschaft nur dann erfolgreich sein können, wenn wir zusammenarbeiten und voneinander lernen. Jeder einzelne von uns hat einzigartige Fähigkeiten und Perspektiven, die wir nutzen können, um gemeinsam zu wachsen und uns weiterzuentwickeln. Es geht darum, ein Umfeld zu schaffen, in dem jeder unterstützt und ermutigt wird, sein Bestes zu geben.

Die Harmonie von Mensch und Natur ist für mich der Schlüssel zu einem gesunden und nachhaltigen Leben. Wir sind Teil der Natur und hängen von ihr ab, um zu überleben und zu gedeihen. Deshalb ist es wichtig, im Einklang mit der Natur zu leben und ihre Ressourcen verantwortungsvoll zu nutzen. Nur wenn wir die Natur respektieren und schützen, können wir langfristig eine gesunde Umwelt für zukünftige Generationen bewahren.

Welche Prinzipien leiten dich in schwierigen Entscheidungssituationen?

In schwierigen Entscheidungssituationen leiten mich Prinzipien wie Fairness, Empathie und Nachhaltigkeit. Fairness bedeutet für mich, alle relevanten Faktoren und Interessen sorgfältig abzuwägen und gerechte Lösungen anzustreben, die für alle Beteiligten akzeptabel sind. Es geht darum, eine ausgewogene Entscheidung zu treffen, die fairen Ausgleich schafft und niemanden benachteiligt.

Empathie ist ebenfalls eine wichtige Richtschnur für mich. Ich versuche, mich in die Lage anderer Menschen zu versetzen und ihre Perspektive zu verstehen, um bessere Entscheidungen treffen zu können. Das erfordert, Mitgefühl und Verständnis zu zeigen und die Bedürfnisse und Gefühle anderer ernst zu nehmen.

Nachhaltigkeit ist ein weiteres Prinzip, das mich in schwierigen Entscheidungssituationen leitet. Ich betrachte die langfristigen Auswirkungen meiner Entscheidungen auf die Umwelt, die Gesellschaft und die kommenden Generationen und strebe Lösungen an, die langfristig sowohl den Menschen als auch der Umwelt zugutekommen. Wir sollten prinzipiell verantwortungsbewusst handeln und nachhaltige Lösungen finden, die im Einklang mit den Bedürfnissen der Menschen und der Natur stehen.

Welche Werte sollten deiner Meinung nach in einem erfolgreichen Team vorhanden sein?

In einem erfolgreichen Team sind klar definierte Werte entscheidend, die auf die Bedürfnisse des Unternehmens abgestimmt sind. Besonders in einer globalisierten Welt mit vielfältigen Kulturen ist Respekt ein zentraler Wert, der ein inklusives Arbeitsumfeld schafft, Vertrauen und Zusammenhalt fördert und zu besseren Problemlösungen und Innovationen führt. Zusätzlich zu Respekt sollten Unternehmen Werte wie Integrität, Verantwortungsbewusstsein, Offenheit, Zusammenarbeit und Empathie fördern, um ihre Kultur und Ziele widerzuspiegeln. Dabei ist zu beachten, dass jedes Unternehmen individuelle Werte für sich und sein Handeln finden muss.

GESUNDES UNTERNEHMENSWACHSTUM – DIE BEDEUTUNG VON CORPORATE HEALTH

Als Consultant im Bereich nachhaltige Unternehmensentwicklung beschäftige ich mich intensiv mit spezifischen Themen wie Climate Management, Corporate Health und Impact Investing. Diese Bereiche sind eng miteinander verbunden: Effektives Klimamanagement trägt zur langfristigen Gesundheit von Unternehmen und deren Umwelt bei, während Maßnahmen im Bereich Corporate Health das Wohlbefinden verbessern, die Produktivität und die langfristige Gesundheit von Mitarbeitern stärken, was den unternehmerischen Erfolg und die Wettbewerbsfähigkeit signifikant steigert. Impact Investing schließlich unterstützt nachhaltige Projekte und Unternehmen, die positive gesellschaftliche und ökologische Auswirkungen anstreben. Diese ganzheitliche Herangehensweise ermöglicht es mir, einen bedeutenden Beitrag zu leisten und in einem Bereich tätig zu sein, der meinen Werten entspricht und die Welt positiv beeinflusst.

Ein inspirierendes Prinzip, das all meine Arbeiten prägt, ist das japanische Konzept des „Inochi", das für Leben und die Balance zwischen Mensch und Natur steht. Im unternehmerischen Kontext bedeutet Inochi, dass Unternehmen Teil eines größeren, lebendigen Systems sind und ihre Entscheidungen nachhaltig und verantwortungsvoll treffen sollten. Diese Werte sind zentral für Corporate Health und fördern langfristigen Unternehmenserfolg.

Für mich sind Werte die grundlegenden Prinzipien, die mein Handeln und meine Entscheidungen leiten. In der heutigen Zeit sind sie wichtiger denn je, weil sie uns in einer komplexen und schnelllebigen Welt Orientierung bieten. Sowohl beruflich als auch privat schaffe ich durch meine Werte Vertrauen, fördere Zusammenarbeit und unterstütze nachhaltiges Handeln. Werte helfen mir, ethische Entscheidungen zu treffen, soziale Gerechtigkeit zu fördern und eine positive Unternehmenskultur zu etablieren. Sie sind der Kompass, der mir hilft, durch die Herausforderungen der modernen Gesellschaft zu navigieren und langfristigen Erfolg zu ermöglichen.

Corporate Health wird durch Integrität, Verantwortungsbewusstsein und Offenheit in der Mitarbeiterführung gestärkt. Unternehmen, die diese Werte leben, passen sich besser an Veränderungen an, entwickeln innovative Lösungen und bleiben dadurch wettbewerbsfähig.

In einer Zeit, in der Nachhaltigkeit und soziale Verantwortung zunehmend an Bedeutung gewinnen, sind Werte und ESG-Kriterien mehr denn je miteinander verknüpft. Sie bieten Unternehmen eine Orientierungshilfe und unterstützen dabei, die Herausforderungen der modernen Geschäftswelt erfolgreich zu meistern. Dies fördert nicht nur die Einhaltung hoher ethischer Standards, sondern stärkt auch das Vertrauen der Stakeholder in die Unternehmensführung. Indem wir diese Werte in den Mittelpunkt unseres Handelns stellen und durch klare (bestenfalls globale) Regulatorik unterstützen, schaffen wir nicht nur wirtschaftlichen Erfolg, sondern tragen auch zu einer gerechteren und nachhaltigeren Welt bei.

Um mehr in diesem Bereich zu lernen, lohnt es sich, die Aufmerksamkeit viel stärker auf sogenannte Impactunternehmen zu lenken. Eine klare Zielsetzung des Unternehmenszwecks ist mit Werten und Kennzahlen zur sozialen und ökologischen Wirkung der Unternehmensaktivitäten verknüpft – und in der Satzung verankert. Diese deutliche Positionierung gibt einen stabilen Unternehmenskurs vor, der sowohl Investoren, Kunden und selbstverständlich Mitarbeitern Transparenz sowie Verbundenheit gibt.

Politische Rahmenwerke zur Sicherung von Werten

In meiner täglichen Arbeit bin ich mit Regulatorik rund um das Thema ESG, aktuell speziell mit dem Für und Wider des Lieferkettengesetzes, konfrontiert. Es bietet trotz erhöhten administrativen Aufwands erhebliche Chancen.

Eines der größten sozialen Probleme, die wir gemeinsam angehen müssen und das mir besonders am Herzen liegt, ist der Schutz von Kindern und anderen gefährdeten Gruppen in globalen Lieferketten. Zu oft bleiben Missstände in der Ferne verborgen, weit weg von unserem täglichen Leben. Wir müssen unseren Blick schärfen und Verantwortung übernehmen, um sicherzustellen, dass keine Kinderarbeit oder Ausbeutung in den Produkten steckt, die wir konsumieren und vertreiben.

Diese Kinder sind den schlimmsten Ausbeutungspraktiken ausgesetzt und haben oft keine Stimme. Das EU-Lieferkettengesetz und ähnliche Maßnahmen tragen dazu bei, sie vor diesen Grausamkeiten zu bewahren und ihre Rechte zu schützen. Es ist unsere Verantwortung, für eine gerechtere und sicherere Arbeitswelt einzutreten und diejenigen zu schützen, die am verwundbarsten sind – das sollte unser aller Wert sein! Durch Transparenz und Verantwortungsbewusstsein können Unternehmen Risiken besser managen und Innovationskraft entwickeln. Das stärkt auch deren Reputation. Maßnahmen wie das EU-Lieferkettengesetz zwingen Unternehmen, ihre Lieferketten auf menschenrechtliche und umweltbezogene Risiken zu überprüfen. Diese und andere Initiativen tragen dazu bei, Missstände aufzudecken, die zuvor kaum sichtbar waren. Indem wir Transparenz und Verantwortung in unseren Geschäftspraktiken verankern, schaffen wir eine Grundlage für ethisches und nachhaltiges Wirtschaften.

Um diese Herausforderungen zu meistern, ist eine stärkere Verzahnung zwischen Politik, Privatwirtschaft und dem öffentlichen Sektor notwendig. Nur durch enge Zusammenarbeit können wir globale Standards für faire und sichere Arbeitsbedingungen etablieren und durchsetzen.

Die gemeinsame Verantwortung schafft eine Grundlage für nachhaltiges Wachstum und eine gerechtere Welt.

Unternehmen, die diese Verantwortung ernst nehmen und aktiv an der Verbesserung ihrer gesamten ESG-Kriterien arbeiten, sichern sich nicht nur ethische und soziale Vorteile, sondern auch Wettbewerbsvorteile. Nachhaltige Praktiken führen zu Innovationen und stärken die Marktposition. Durch die Entwicklung umweltfreundlicher Produkte und effizienterer Produktionsmethoden können Unternehmen ihre Attraktivität und Resilienz deutlich erhöhen.

Ein besonders spannendes Projekt war für mich unter anderem die Umsetzung der Ben & Jerry's ICE Academy, in deren Rahmen ich geflüchteten Menschen die Eingliederung in den europäischen Arbeitsmarkt ermöglichen konnte. Dabei habe ich festgestellt, wie individuell die Hindernisse für diese Menschen sind, sich in ihrem neuen Leben zurechtzufinden. Diese Hindernisse reichen von interkulturellen Kommunikationsproblemen bis hin zu mentalen Herausforderungen, die das Durchhaltevermögen am Arbeitsplatz stark beeinflussen. Ein Team muss daher nicht nur die reguläre Arbeit gemeinsam bewältigen, sondern auch die individuellen Fähigkeiten und Herausforderungen jedes einzelnen Mitglieds berücksichtigen und unterstützen.

Basierend auf meiner internationalen Erfahrung habe ich gezielt Personalentwicklungsprogramme konzipiert, die nicht nur das Wachstum und die individuelle Entfaltung fördern, sondern auch präventiv kulturelle Missverständnisse adressieren. Angesichts des zunehmenden Fachkräftemangels ist eine inklusive und offene Arbeitsumgebung von entscheidender Bedeutung, um Talente zu gewinnen und langfristig zu binden. Diese Programme zielen darauf ab, die Attraktivität des Unternehmens als Arbeitgeber zu steigern, indem sie nicht nur die Gesundheit und Produktivität der Mitarbeiter fördern, sondern auch eine integrative Kultur schaffen, die den vielfältigen Anforderungen der heutigen Arbeitswelt gerecht wird.

Häufig stelle ich fest, dass dieses Fundament fehlt und niemand im Unternehmen dafür verantwortlich ist, dieses aufzubauen. Gemeinsame Werte sind für mich unverzichtbar, da sie das Fundament für unsere Zusammenarbeit bilden und eine klare Richtung für unser Wachstum bieten sollten. Sie fördern Vertrauen und Zusammenhalt, ermöglichen es uns, Herausforderungen gemeinsam zu meistern und erfolgreich zu sein. Zudem schaffen sie Zugehörigkeit und Identifikation mit dem Team oder Unternehmen und helfen uns, unsere Ziele zu definieren und unser volles Potenzial zu entfalten. Gemeinsame Werte erleichtern die Kommunikation und Zusammenarbeit, indem sie eine gemeinsame Sprache und Kultur schaffen, die es uns ermöglichen, effektiv miteinander zu kommunizieren und Konflikte konstruktiv zu lösen.

Ich helfe Unternehmen dabei, umweltfreundliche Praktiken umzusetzen, um ihre Corporate Social Responsibility zu stärken. Dabei berücksichtige ich sowohl gesetzliche Vorgaben als auch die Unternehmensstrategie. Durch das Prinzip Inochi strebe ich in meinen Beratungsprojekten eine optimale Balance zwischen unternehmerischem Erfolg und dem Schutz von Mensch und Natur an. Es steht für die Förderung ganzheitlicher Gesundheit sowohl auf persönlicher als auch auf unternehmerischer Ebene, indem es eine ausgewogene Lebensweise im Einklang mit der Natur fördert.

Mein Unternehmen inochi Health nutzt wissenschaftliche Erkenntnisse aus Epigenetik und funktioneller Medizin, um Unternehmen und Privatpersonen ganzheitlich zu unterstützen. Die Ökonomie der funktionellen Medizin bietet einen innovativen Ansatz, der individuell angepasste Behandlungen ermöglicht und Unternehmen hilft, Gesundheitskosten zu senken. Epigenetik zeigt, wie Umweltfaktoren die Genexpression beeinflussen und ermöglicht gezieltere Gesundheitsprogramme für Mitarbeiter. Durch die Förderung von Resilienz und mentaler Gesundheit steigern wir nicht nur die Produktivität des Unternehmens, sondern bieten auch den Mitarbeitern einen Mehrwert für ihre Balance zwischen Beruf, Privatleben, Gesundheit und Wohlbefinden.

Ich denke, interdisziplinäre Arbeit und holistisches Denken sind entscheidend, um eine Transformation zu einem stärker wertegeleiteten wirtschaftlichen Agieren zu schaffen. Zugleich müssen wir uns von manchen alten Werten verabschieden. Eine gemeinsame gesunde Zukunft bedeutet für mich die Balance und der Dreiklang zwischen gesunden Unternehmen, gesunden Menschen und einer gesunden Natur.

SUSANNE SZCZESNY-OSSING

Vorsitzende der Geschäftsführung und CEO der EWM GmbH sowie der EWM Holding GmbH

© EWM

Welche Werte sind dir im Leben wichtig?

Es gibt viele Werte, die mir wichtig sind. Angefangen bei Aufrichtigkeit über Pünktlichkeit bis hin zu Verbindlichkeit. Doch müsste ich mich für eine Auswahl entscheiden, würde ich die folgenden wählen: Vertrauen, Aufrichtigkeit, Respekt, Wertschätzung, Integrität und Bodenständigkeit. Sie bilden die Grundlage für eine erfolgreiche Zusammenarbeit – sei es mit Mitarbeitenden, Kunden, Lieferanten oder anderen Partnern. Unabhängig von der jeweiligen Position oder Funktion sollen sich jederzeit alle mit absoluter Sicherheit darauf verlassen können, dass ihnen immer respektvoll begegnet wird. Ganz besonders dann, wenn unterschiedliche Meinungen und Ansichten aufeinandertreffen. Ist ein solches Werteverständnis erst einmal aufgestellt, lässt es sich so schnell nicht erschüttern. Diese Werte helfen mir in meiner täglichen Arbeit dabei, gemeinsam mit den weiteren Geschäftsführern ein erfolgreiches Unternehmen zu führen, das nicht nur langfristig Bestand hat, sondern auch einen positiven Beitrag für die Gesellschaft leistet.

Wie können wir sicherstellen, dass unsere Werte in der täglichen Arbeit gelebt werden?

Am einfachsten gelingt dies, indem wir sie selbst vorleben. Eine klare Kommunikation und die Implementierung konkreter Maßnahmen entlang dieses gemeinsamen Wertekanons sind weitere wichtige Eckpfeiler. Unverzichtbar in unserem Unternehmen ist seit jeher auch eine offene Feedback-Kultur, in der konstruktive Rückmeldungen ebenso gefördert wie geschätzt werden. Wenn wir mit gutem Beispiel vorangehen, können wir sicherstellen, dass unsere Werte im Unternehmen nicht nur auf dem Papier existieren, sondern auch tatsächlich in der täglichen Arbeit gelebt werden.

Können sich Werte im Laufe der Zeit verändern? Wenn ja, wie?

Ja, ich glaube, dass sich Werte im Laufe der Zeit verändern können und weiß auch aus eigener Erfahrung, dass dies der Fall ist. Gesellschaftliche Entwicklungen, kulturelle Veränderungen und wirtschaftliche Unruhen können dazu führen, dass Menschen ihre Werte überdenken und anpassen. Ich denke, es ist immer wichtig, offen für neue Perspektiven zu sein und nie stillzustehen. Wir sollten uns mit den eigenen Werten auseinandersetzen, um sicherzustellen, dass sie weiterhin relevant und bedeutungsvoll sind. Allerdings bin ich auch der Überzeugung, dass es grundsätzliche Werte gibt, die über alle Zeiten hinweg Bestand haben: Dazu gehören u. a. die von mir eingangs genannten – und vor allem Liebe!

UNSER FAMILIENUNTERNEHMEN – EINE WERTEGEMEINSCHAFT IM GENERATIONENWECHSEL

Familienbande & Unternehmenswerte

Ist das Familienunternehmen ein Wert an sich? Diese Frage begleitet mich schon lange in meiner beruflichen Tätigkeit. 1984 startete meine Laufbahn bei EWM, als das Unternehmen von meinem Vater Bernd Szczesny und meinem Onkel Michael Szczesny geleitet wurde. Seitdem konnte ich viele Veränderungen im Unternehmen beobachten, miterleben und, seit ich Geschäftsführerin bin, selbst anleiten. Bei den eigenen internen Transformationsprozessen und im Austausch mit anderen Unternehmern kristallisierte sich heraus: Es ist herausfordernd, Familienunternehmen mit Werten, die über lange Zeit gewachsen sind, auf die nächste Stufe der Unternehmensentwicklung zu überführen.

Werte verstehe ich seit jeher stets als ein Gut, dessen Wirkungskraft nicht durch die Unterscheidung in den beruflichen und privaten Bereich zweigeteilt werden kann. Sie sind die universell gültige Basis für nachhaltigen Erfolg und bilden ein solides Fundament für langfristige Zukunftsstrategien. In Familienunternehmen haben sie einen weiteren, besonders hohen Stellenwert: Sie verbinden Generationen miteinander.

WERTanlage Familienunternehmen

Seit meinem Eintritt ins Berufsleben bin ich Teil des Wertesystems, das die Gründerfamilie Szczesny untrennbar mit dem Unternehmen und der Marke EWM verbindet. Die Werte, die mir wichtig sind – wie Bodenständigkeit, Vertrauen, Respekt, Wertschätzung anderen und mir selbst gegenüber –, sind seit der Unternehmensgründung 1957 durch meinen Großvater Edmund Szczesny elementarer Bestandteil von EWM. Sie sind unsere Unternehmens-DNA. Werte sind dazu in der Lage, Firmen unterschiedlicher Größe, ob fünf oder fünfhundert Mitarbeitende, identitätswahrend durch jeden Transformationsprozess zu leiten.

In Zeiten großer Unsicherheiten und Volatilitäten ist es deshalb wichtig, dass wir beherzt Maßnahmen ergreifen, die uns fit für übermorgen machen. Diese sich rasend schnell ändernde Welt konfrontiert uns ständig mit der Notwendigkeit, uns den aktuellen Gegebenheiten anzupassen und stellt unsere Resilienz konstant auf den Prüfstand. Dabei gilt es aus meiner Sicht, grundlegende Werte zu bewahren und gleichzeitig bereit zu sein, neue Wege zu gehen. Nur so können Transformation und kluge, flexible Anpassung gelingen. Mitarbeitende motivieren und sie durch authentische Begeisterung – auch in einer Vorbildfunktion – mitzunehmen, das ist nach meiner Überzeugung eine wichtige Aufgabe der Geschäftsführung in Familienunternehmen. Schließlich sind es die Mitarbeitenden, die den eigentlichen Unterschied ausmachen. Bei EWM vertrauen sie uns teilweise bereits in der vierten Generation. Genau dieses Vertrauen zu rechtfertigen, ist unser Vermächtnis.

Sichtbarkeit & Aufmerksamkeit

Weibliche Geschäftsführerinnen in einer männerdominierten Branche sind heutzutage (leider) immer noch eine Seltenheit und bekommen daher eine besondere Form von Aufmerksamkeit geschenkt. Diesen Weg zu gehen, ist nicht immer einfach. Doch aus meiner Erfahrung kann ich sagen: Er ist zwar fordernd, aber auch immens fördernd.

Viel Aufmerksamkeit und eine erhöhte Sichtbarkeit sind für mich persönlich immer auch ein Privileg. Dadurch habe ich die Möglichkeit, den Blick auf wichtige Anliegen zu lenken. Dabei kann es sich um wirtschaftliche Themen oder die Gleichstellung von Männern und Frauen, sowohl im Privat- als auch im Berufsleben, handeln. Das Ziel ist für mich immer: durch die eigenen Werte und gemeinsame Anstrengungen bessere Bedingungen für alle zu erarbeiten, Unterschiede auszugleichen und Grenzen zu überwinden. Kurz gesagt: Verbindungen zu schaffen.

Ethnische Hintergründe, politische Ansichten oder der soziale Status werden hintangestellt, während die bessere Verständigung untereinander in den Vordergrund rückt. Was im Mikrokosmos Familienunternehmen beginnt, kann Auswirkungen in einem weitaus größeren Rahmen haben. Werte wie Respekt, Aufrichtigkeit, Verlässlichkeit, Bescheidenheit und Integrität sind fest in unserem Wertekanon verankert und bilden das Fundament für langfristigen Erfolg und Zusammenhalt. Gleichzeitig dienen sie als Leitlinien für Entscheidungen, fördern Vertrauen und schaffen eine einzigartige Unternehmenskultur, die über Generationen hinweg besteht.

Generationenwechsel – Herausforderung & Kunst

Als wäre die Unternehmensübergabe zwischen Generationen nicht schon herausfordernd genug, kann es in diesem Zuge auch zu Werteverschiebungen kommen. Die größte Veränderung, die ich in diesem Zusammenhang beobachtet habe, ist die, dass sich die Wichtigkeit von Arbeit veränderte. Wo früher die Karriere den höchsten Stellenwert einnahm, präferieren die Generationen Y und Z heute eine ausgewogene Work-Life-Balance und fokussieren sich auf ihr Privatleben. Einen gesunden Mittelweg zwischen diesen unterschiedlichen Bedürfnissen zu finden, scheint die große Herausforderung, ja, die Kunst zu sein. Insbesondere wegen der Generationenunterschiede ist eine Sache wichtig: allen Menschen mit Empathie zu begegnen, selbstverständlich auch denen, die andere Schwerpunkte setzen als die eigenen.

Die Entwicklung des eigenen Wertesystems

In einem familiären Umfeld aufzuwachsen, das mich stets in meinen Interessen und Talenten bestärkte, empfinde ich als großes persönliches Glück. Hatte ich einmal Zweifel und stellte mir die Fragen „Kann ich das überhaupt?" oder „Sollte ich das machen?", standen im nächsten Moment meine Eltern als größte Fürsprecher hinter mir. Sie sagten prompt: „Mach es. Trau dich!". Durch meinen Vater Bernd und meine Mutter Angelika lernte ich, immer die Chancen zu ergreifen, die sich mir bieten. Sichtbarkeit oder gar das Vertrauen von Mitarbeitenden bekommt man nicht einfach in den Schoß gelegt. Man muss es sich verdienen. Durch das, was man leistet, kann man zeigen, wer man ist und welche Werte einem wichtig sind.

Dieser frühe Rückhalt war besonders hilfreich, als ich während meines beruflichen Werdegangs die Chance zur Gründung eines Schweißfachhandel Start-ups bekam. Ein persönlicher Meilenstein. Meine neue Position und die damit einhergehende Verantwortung waren neues Terrain für mich. Ich war gefordert, meine Komfortzone augenblicklich und in einem großen Maße zu verlassen. Gleichzeitig hatte ich dadurch die einzigartige Chance, mich im unternehmerischen Umfeld auszuprobieren. In dieser Zeit wurde mir noch klarer: Sowohl das mir vorgelebte Wertesystem als auch mein erlerntes Werteverständnis halfen mir, mich in der neuen Situation zurechtzufinden. Sie gaben mir Orientierung und es wurde immer deutlicher, dass es keinerlei Diskrepanzen zwischen ihnen gab. Sie waren deckungsgleich. Diese Erkenntnis gab mir viel Sicherheit und durch das neu dazugewonnene Selbstbewusstsein konnte ich bestmöglich durch unweigerlich auftauchende Konfliktsituationen navigieren. Denn nicht immer sind es populäre Entscheidungen, die als verantwortliche geschäftsführende Gesellschafterin getroffen werden müssen.

Geschäftsführung in Familienhand

Die operative Leitung von EWM war von Beginn an in Familienhand. Oberste Priorität hatten für unsere Familie immer der langfristige Erfolg, die Zukunftssicherung des Unternehmens und damit auch die berufliche Sicherheit der uns anvertrauten Mitarbeitenden – also den Menschen, die täglich die Basis für unseren gemeinsamen Erfolg schaffen. Ob geführt durch meinen Großvater, meinen Vater und meine Mutter, meinen Onkel oder die Mitwirkung aller weiterer Familienmitglieder in der Geschäftsleitung: Der familiäre und unternehmerische Wertekanon waren immer derselbe. Innerhalb dieses Rahmens, der mir viel Freiheit zum Handeln ermöglichte, konnte ich mich auf eigenständige Weise weiterentwickeln. Die eigenen Werte festigten sich so kontinuierlich und entwickelten sich zu einem umfassenden Weltbild. Übertragen auf unser Familienunternehmen half diese Sicherheit immens dabei, als international tätiger Mittelständler auch in Ländern und Kulturen erfolgreich zu sein, wo sich das Leben der Menschen stark von unserem eigenen unterscheidet. Dort trugen die von uns mitgebrachten Werte wie Respekt, Aufrichtigkeit und Verlässlichkeit immer dazu bei, kulturelle Unterschiede zu überbrücken und auf Basis eines gemeinsamen Weltverständnisses gut miteinander zu kommunizieren und zu arbeiten. Weltweit führen wir die einzelnen EWM-Standorte und Mitarbeitenden – ob in Deutschland, Tschechien, Indien oder China – immer nach denselben Maßstäben. Durch unsere Authentizität werden Zusammenhalt und Wertschätzung bei EWM an allen Standorten der Welt genauso großgeschrieben wie bei unserem Team in Deutschland.

Ein neues Kapitel beginnt

Erst in jüngster Vergangenheit entschieden wir uns innerhalb der Gründerfamilie dazu, das nächste Kapitel in der Unternehmensgeschichte aufzuschlagen. Die nächste Etappe des fortlaufenden Transformationsprozesses bedeutete bei EWM die Zusammenarbeit mit einem neu dazugewonnenen Gesellschafter und im nächsten Schritt auch mit neuen, zusätzlichen Geschäftsführern. Geschäftsführer, die nicht mehr zur originären Gründerfamilie gehören, bilden nun die Mehrheit in der Geschäftsleitung. Diese besteht neben den drei neuen Kollegen aus einem langjährigen Mitglied der Geschäftsleitung und mir als einzigem verbliebenen operativen Familienmitglied in der Firmenleitung. Bei ihrer Auswahl kommunizierten wir unsere bestehenden Werte offen als Voraussetzung für eine erfolgreiche Zusammenarbeit. Im Zuge unseres Wachstums verändert sich die Rolle der Unternehmerfamilie mehr und mehr: als Gesellschafter weiter an Bord, aber immer weniger Familienmitglieder in der operativen Verantwortung. Es gilt nun, die gesamte Unternehmensgruppe unter der Hinzunahme neuer Talente und bei gleichzeitiger Wertschätzung des bisher Geleisteten in eine prosperierende und sichere Zukunft zu führen. Eine weitere Chance zu zeigen, was bereits erfolgreich funktionierte: Unsere Werte sind identitätsstiftend und auf deren Basis schaffen wir vertrauensvolle und verlässliche Verbindungen für nachhaltiges Wachstum über Generationen hinweg.

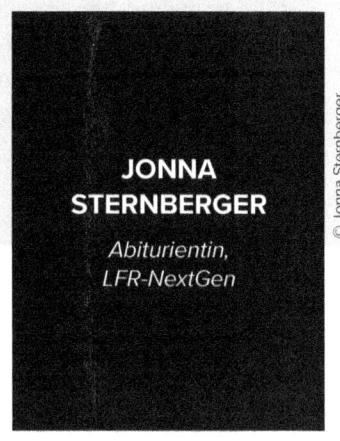

JONNA STERNBERGER

*Abiturientin,
LFR-NextGen*

Welche Werte sind dir im Leben am wichtigsten?

Sicherheit und Unabhängigkeit sind zwei sehr wichtige Werte für mich. Ich möchte für mich in meinem Leben eine gewisse Sicherheit aufbauen können. Dabei ist mir wichtig, von keinem Partner oder einer anderen Person abhängig zu sein. Zudem sind Respekt und Freundlichkeit für mich bedeutsame Werte. Ich wünsche mir, dass man mich respektiert, so wie ich mein Gegenüber respektiere. Meiner Meinung nach kann man durch Respekt und Freundlichkeit in einem viel besseren Miteinander leben, anstatt immer in einem Wettbewerb zu sein.

Welche Werte sind für dich in deiner beruflichen Laufbahn entscheidend?

Als Neueinsteigerin in das Berufsleben spielt vor allem Respekt eine entscheidende Rolle. Es passiert oft, dass das Vertrauen eher in eine ältere Person gesetzt wird, was nicht falsch sein muss. Jedoch finde ich, man sollte der jungen Generation immer eine Möglichkeit geben, sich auszuprobieren und auch ihr dadurch Respekt erweisen. Ein Miteinander, kein Gegeneinander, ist wichtig und der richtige Weg in einer Gesellschaft, die gerade in einem starken Wandel ist. Wir sollten auf Augenhöhe handeln und dabei sollte jeder seinen Teil mit Eigenverantwortung beitragen.

Können sich Werte im Laufe der Zeit verändern? Wenn ja, wie.
Ja, definitiv! Werte können sich sogar in einer sehr kurzen Zeit verändern. Ich hatte das Glück, ein halbes Jahr in Peru zu leben und dort viele Menschen kennenzulernen, die meinen Blickwinkel erweitert haben und mich an anderen Ansichten teilhaben ließen. Von dort reiste ich auch für kurze Zeit nach Chile und Bolivien. So lernte ich verschiedene Kulturen, Gesellschaften und Länder kennen, was mich angeregt hat, meine Werte zu hinterfragen.

PERSPEKTIVWECHSEL – SCHAUT MAL ANDERS!

11.000 km, 16 Stunden Flugzeit und 6 Stunden Zeitverschiebung bis nach Hause, um auf die Erkundung der Werte in meinem Leben zu gehen.

Was möchte ich eigentlich erreichen, welche Werte werde ich in meinem Leben vertreten? Verändert das Reisen meine Werte?

Trotzt großer Angst etwas Wichtiges zu verpassen, egal, ob Weihnachten, Geburtstage oder nur das Treffen mit den alten Freunden, wollte ich auf meine eigene Reise gehen. Mein Umfeld hinter mir zu lassen, bedeutete, die Menschen, die mich am besten kennen, erst einmal nicht mehr zu sehen, obwohl sie mich schon eine lange Zeit in meinem Leben begleiten. Wir sind eine Familie, haben den gleichen Bekanntenkreis oder sind Freunde.

Meistens hatten wir ähnliche Werte. Aber warum eigentlich? Vermutlich, da wir aus der gleichen sozialen Schicht kommen und eine ähnliche Erziehung genossen haben.

Jetzt, nachdem ein halbes Jahr in Peru vergangenen ist, habe ich das Gefühl, meine Werte passen häufig nicht mehr mit denen meiner Freunde, Familie und Bekannten zusammen. Personen, denen ich nahestand, vertreten eine andere Meinung und andere Ansichten über verschiedene Kulturen, Themen und Aussagen, was mir vor meinem Auslandsaufenthalt gar nicht bewusst war. Ich selbst hinterfragte auf meiner Reise meine bisherigen Werte und Überzeugungen und dabei merkte ich, dass auch ich an meinen liberalen Ansichten arbeiten kann und sollte. Eine Gesellschaft wird sich immer weiterentwickeln und so sollte jede Person ihre Ansichten von Zeit zu Zeit hinterfragen.

Ich habe sehr schnell gemerkt, dass ich in Peru viel offener geworden bin. Meine Risikobereitschaft und meine Lust auf Abenteuer wurden immer größer. In der Straße, in der ich in der ersten Woche mittags um zwölf Uhr Angst hatte, ausgeraubt zu werden, lief ich nun nachts um zwei Uhr alleine und hatte keine Angst mehr.

Vor meiner Ausreise wurde mir oft die Frage gestellt, warum ich freiwillig in so ein „gefährliches Land" gehen möchte, ob ich keine Angst hätte, als junge Frau so weit von zu Hause weg zu wohnen. Ich wurde ausdrücklich gewarnt, sie könnten mich ausrauben, mich mit einer Waffe bedrohen, sogar umbringen, das ganze Land wäre voll mit Kokain. Alle Peruaner wurden also über einen Kamm geschert und ich dadurch schon vor meiner Abreise beeinflusst und verunsichert. Dabei ist zu bemerken, dass bis zu diesem Zeitpunkt keiner in meinem Bekanntenkreis jemals in Peru war, aber ich merkte, wie stark sich am Anfang die Vorurteile durch solche Aussagen und Fragen auch bei mir ausbreiteten.

Auf meiner Reise erlebte ich dann aber oft genau das Gegenteil. Ich verliebte mich in das vielfältigste Land, das ich bis zu diesem Zeitpunkt bereist habe. Wüste, Dschungel, Strand und Berge spiegeln die Vielfalt des Landes wider. Selten wurde ich so offen und herzlich aufgenommen. Lebensfreude und Dankbarkeit: Dies stand auf der Tagesordnung. Die Menschen waren einfach glücklich mit dem, was der Tag ihnen brachte. Es wurde nicht viel hinterfragt oder sich über Dinge beschwert. Man versuchte immer eine Lösung zu finden, um das Beste aus jedem Tag herauszuholen. Mir wurde bewusst, dass mein materieller Besitz nicht mit den Erfahrungen und Abenteuern mithalten kann, und er verlor für mich an Bedeutung. Das Einfache wurde das Schöne.

Auf einmal verschwand die Angst, etwas zu Hause zu verpassen. Meine neuen Freunde und ich gingen gemeinsam auf Reisen, feierten zusammen Geburtstage und Feste. Kleiner Spoiler: Sie haben mich nicht ausgeraubt oder umgebracht – ich lebe noch. Wir begegneten uns auf Augenhöhe. Jeder war interessiert am anderen und man respektierte sich gegenseitig. Ich wurde nicht ausgeschlossen oder anders behandelt, nur weil ich eine Ausländerin bin. Klar darf man nicht vergessen, dass man als blonde Frau eher heraussticht, aber so ist es ja auch andersherum, wenn ein Mensch aus einem anderen Land nach Deutschland kommt.

Aber warum haben so viele Personen ein Problem damit, dass Menschen aus anderen Ländern zu uns kommen? Warum sehen und behandeln wir sie anders? Woher kommen diese Vorurteile?

Viele Menschen projizieren Vorurteile aufeinander und nehmen damit eine soziale Kategorisierung vor. Man verallgemeinert bestimmte Gruppen aufgrund ihrer gemeinsamen Merkmale und Zugehörigkeiten und so können Stereotype in der Gesellschaft entstehen, die häufig nicht positiv sind. Manche Menschen legen mehr Wert auf eine solche Kategorisierung als andere. Eine wichtige Rolle spielt dabei meiner Meinung nach die Erfahrung innerhalb des sozialen Umfeldes, z. B. mit den Eltern, Lehrern oder Freunden. Auch Medien und die eigene Erziehung spielen eine große Rolle bei der Beeinflussung sowohl ins Negative als auch ins Positive.

Ich glaube, die Angst vor dem Unbekannten ist in meinem Umfeld insbesondere bei der älteren Generation zu bemerken. Sie haben Angst um mich, da Peru für sie so fern ist. Sie entwickeln eher Vorurteile, da sie meine Reise nicht mit ihren eigenen Erfahrungen in Einklang bringen können und somit ruft das Unbekannte eventuell Unsicherheit und Vorurteile hervor.

Respekt ist der größte Wert, der sich bei mir verändert hat. Mit verallgemeinerten Aussagen wird mir immer wieder bewusst, wie wenig Respekt – meistens durch Unwissen – manche Menschen gegenüber anderen Kulturen haben. Man stützt sich auf Vorurteile und Erzählungen. Meist bleibt dabei nur das Negative im Kopf. Daher haben diese unüberlegten Aussagen die größte Wirkung. Klar haben sich manche Warnungen in der Realität bestätigt. Man kann nicht abstreiten, dass es in Peru häufiger als in Deutschland beispielsweise zu Raubüberfällen kommt, aber trotzdem kann man nicht sagen, dass dort jede Person potenziell gefährlich ist.

Mir ist aufgefallen, dass sich Werte aber auch von Land zu Land unterscheiden können. In meinem Umfeld in Deutschland spielte Selbstachtung und Stärke eine große Rolle. Ich als Frau habe das Ziel, in meinem Leben für mich selbst sorgen zu können. Ich möchte nicht abhängig von einer anderen Person sein.

In Peru beobachtete ich, dass sich viele Frauen deutlich stärker von Männern beeinflussen lassen als in Deutschland. Hierbei darf man aber nicht vergessen, dass vor allem in ländlichen Regionen Perus noch ganz andere Lebensverhältnisse herrschen, als wir es in Europa gewohnt sind. Die familiäre Rollenverteilung kann je nach Region, sozioökonomischem Hintergrund und kulturellen Traditionen variieren. Der Machismo ist noch stark ausgeprägt, dies zeigt sich häufig in der Dominanz männlicher Mitglieder der Gesellschaft in verschiedenen Bereichen, wie z.B. in der Politik, im Arbeitsleben, aber auch in der familiären Struktur. Die Rolle des Versorgers spielt sowohl in der ländlichen Region als auch in der Hauptstadt Lima eine große Rolle.

Daraus konnte ich für mich lernen, dass ich dankbar für das sein sollte, was ich „vor der Haustür" habe. Ich habe das Glück, ohne Sorge und Angst in einem Land und in einer Familie zu leben, mit guter Bildung und zahlreichen Chancen. Mir ist bewusst geworden, dass Deutschland und Europa auch sehr viel zu bieten haben, ob Natur, Gesellschaft oder Kultur. Man muss bestimmt nicht immer auf die andere Seite der Welt fliegen, um das größte Abenteuer seines Lebens zu haben, aber trotzdem bin ich sehr dankbar, dass ich durch das Reisen meinen Horizont erweitern darf.

Eins fällt mir dennoch besonders auf: wie einfach und schnell wir wieder zu alten Werten zurückfallen können, wenn wir uns von unserem Umfeld beeinflussen lassen. Manchmal ist es auch schwierig, vor allem als junger Mensch, seine Meinung klar zu vertreten, wenn kaum jemand im Umfeld eine ähnliche Erfahrung mit dir teilen kann.

Auf der anderen Seite sehe ich, dass meine eigene Reise auch meine Freunde positiv beeinflusst. Ich merke immer mehr, wie sie über Aussagen zu anderen Menschen, Ländern und Kulturen nachdenken. Auch ihr

Interesse an anderen Ländern wird immer größer. Daher freue ich mich, dass ich die Erfahrungen meiner Reise mit vielen Leuten teilen kann und so hoffentlich nicht nur ich davon profitiere.

Das besonders Prägende ist, dass diese Reise einen erheblichen Einfluss auf meine persönlichen Werte hatte. Ich konnte verschiedene Kulturen kennenlernen, meine Perspektiven erweitern und ein vertieftes Verständnis für die Vielfalt menschlicher Lebensweisen und Werte entwickeln. Mir wurde deutlich, dass es verschiedene Wege gibt, das Leben zu leben, und dass es okay ist, verschiedene Ansichten zu haben. So überdachte auch ich meine eigenen Werte und Prioritäten. Werte, die ich zuvor für wichtig hielt, verloren an Bedeutung, während andere Werte an Bedeutung gewannen. So bedeuten mir die Werte Toleranz, Respekt und Offenheit immer mehr. Jeder Mensch sollte seine eigenen Erfahrungen machen können! Mir ist bewusst geworden, wie wichtig der Wert von zwischenmenschlichen Beziehungen und gegenseitiger Unterstützung ist. Respekt gegenüber anderen Kulturen zu haben und dabei nichts zu verallgemeinern, aber auch Respekt gegenüber sich selbst zu haben, sind wichtig. Dies werde ich in meinem Leben vertreten.

© Leander Xxnnnalas

SABRINA HOFMANN

Autorin und Poetin

Welche Werte sind dir im Leben am wichtigsten?

Zwei Werte, die mich begleiten und auch viele meiner Entscheidungen beeinflussen, sind Offenheit und Ehrlichkeit. Durch den TED Talk von Dr. Brené Brown über „Die Macht der Verletzlichkeit" habe ich unter anderem erkannt, dass Ehrlichkeit und Offenheit zwar oft große Überwindung kosten, aber auch zu ehrlichen Gesprächen und Begegnungen führen, die ansonsten nicht möglich sind. Oft sagen Menschen nach einer Lesung zu mir, wie mutig sie es finden, dass ich persönliche Gedichte so öffentlich teile. Das zeigt mir, wie sehr ich diese Werte schon verinnerlicht habe. Denn die Möglichkeit, dass dadurch eine tiefe Begegnung entstehen kann, ist mir das Risiko absolut wert.

Welche Werte sind für dich in deiner beruflichen Laufbahn entscheidend?

Fairness. Eine besondere Herausforderung als freiberufliche Künstlerin ist, dass meine Arbeit schnell als Hobby missverstanden werden kann.

Dass viel Disziplin, Talent und Arbeitskraft nötig ist, sieht man von außen auch nicht so sehr. Gerade bei Veranstaltungen mit kleinem Budget kann das ein Problem werden. Aber hier habe ich im Laufe der Zeit gelernt, dass mir Fairness absolut wichtig ist, auch bei der Bezahlung. Wenn ich den Anfang mache und meiner Arbeit den Wert beimesse, die sie verdient, machen es die anderen auch.

Dabei kommen manchmal noch andere Werte ins Spiel: Gerade bei gemeinnützigen Vereinen oder Veranstaltungen mit kleinem Budget, die ich in ihrer Zielsetzung absolut vertreten und unterstützen möchte, komme ich in einen Wertekonflikt. Einerseits würde ich meine Arbeit gern als Engagement zur Verfügung stellen, andererseits ist mir die faire Bezahlung sehr wichtig. Oft findet sich hier aber ein Kompromiss und die Veranstalter finden andere Wege, um mir zusätzlich zur geringeren Bezahlung etwas zurückzugeben – sei es eine Weiterempfehlung, Kontakt zu Neukunden, ein Folgeauftrag oder Ähnliches.

Können sich Werte im Laufe der Zeit verändern? Wenn ja, wie?
Ja, Werte können sich durchaus verändern! Als jung verheiratetes Paar war es für meinen Mann und mich ein wichtiger Wert, immer eine offene Tür zu haben und sehr gastfreundlich zu sein. Wir veranstalteten in unserem Projekt für gemeinschaftliches Wohnen Hofflohmärkte und ein Weihnachtsbaumfest. Es gab kleine Konzerte und in den Fußball-Sommern natürlich Public Viewing im Hof. Es war immer was los und alle waren eingeladen, dabei zu sein.

Durch die Familiengründung hat sich das für mich verändert. Ich habe jetzt nicht nur für meine eigene Ausgeglichenheit die Verantwortung, sondern auch für die meiner Kinder. Es ist wichtiger als früher, neben der nötigen Action auch auf genug Rückzug zu achten. Und das auch auf Kosten der früheren Gastfreundschaft. Ich finde es sehr wichtig, dass man mit Werten, die sich ändern, seinen Frieden schließt. Und auch weiß: Sehr wahrscheinlich wird sich das in einer zukünftigen Lebensphase auch wieder ändern.

DER WERT DER VERBINDUNG

Die Initialzündung

Ich erinnere mich noch genau an diesen Moment im Jahr 2011 in meinem Wohnzimmer. Ich war mitten im Soziologiestudium, Dominik und ich waren jung verheiratet und gerade von unseren Auslandssemestern in NYC zurück nach Deutschland gekehrt. Da wir schon in unserer Jugend christliche Jugendgruppen geleitet haben, waren Werte etwas, mit dem wir uns aktiv auseinandergesetzt haben: Wie wollen wir miteinander umgehen? Wie können wir hinschauen, auf die Probleme der Welt, und unseren Beitrag leisten? Wie genau geht das mit der Nächstenliebe?

Aber der Moment im Jahr 2011 brachte eine große Wendung und einen zentralen Wert in unser Leben – und das, obwohl er eigentlich unscheinbar war. Ich saß auf der Couch im Wohnzimmer und schaute den TED Talk „Die Macht der Verletzlichkeit" von Dr. Brené Brown, den außer mir über 65 Millionen andere Menschen angeschaut haben. Sie erzählt darin vom Ergebnis ihrer Forschung: „We are wired for connection". Wir sind geschaffen, um Verbindungen einzugehen, ja, das fand ich direkt einleuchtend. Wie sehr ich mein Leben darauf ausrichten würde, war mir damals noch nicht klar ...

Das große Scheitern

Auch diesen Moment zwei Jahre später werde ich nicht vergessen: Ich ging mit wild klopfendem Herzen in die Damentoilette und versuchte mit aller Kraft und durch ruhige Atmung Herr über die vielen Emotionen in meinem Körper zu werden. Auch zuliebe des Babys, das in meinem Bauch wuchs. Wir befanden uns mitten in einem extrem anstrengenden Mediationsgespräch, das helfen sollte, den Scherbenhaufen möglichst gering zu halten. Denn wir hatten voller Elan und Tatendrang versucht, unseren zentralen Wert in die Tat umzusetzen und Verbindungen zu ermöglichen. Wir haben ein Projekt für gemeinschaftliches Wohnen gegründet, in dessen Zentrum gemeinsames Leben und Arbeiten, kreative Projekte, nachbarschaftliches Engagement und Community Building stand. Und dann? Sind wir im großen Stil gescheitert. Der Traum, einen Ort zu schaffen, an dem sich Menschen begegnen, inspirieren und gegenseitig voranbringen, war geplatzt und die Trümmer waren hässlich und unangenehm. Wir standen vor lauter zerbrochenen Verbindungen, wo wir doch angetreten waren, eben diese zu schaffen. Wir durchschritten die bislang heftigste Krise unseres Lebens und mussten, neben allen formalen Streitigkeiten und Herausforderungen, einen Umgang mit dem Scheitern finden. Und einen Umgang mit der Frage: Und was jetzt?

Gründungszeit

Wenn man mitten im Prozess des Scheiterns steckt, kann man meistens absolut nichts daran gut finden. So ging es uns auch. Trotzdem sind wir im Rückblick dankbar für die lehrreiche Erfahrung. Eines der wichtigsten Learnings: Es geht weiter. Anders, aber gut. Aus heutiger Sicht ist es erstaunlich, dass diese krisenhafte Erfahrung die Begeisterung und Berufung für das Ermöglichen von Verbindung nicht geschmälert hat, im Gegenteil. Wir machten, wie viele andere Unternehmer auch, die Erfahrung, dass auch aus einem gescheiterten Projekt ein erfolgreiches Unternehmen erwachsen kann.

In den darauffolgenden Jahren entstand aus dem Scherbenhaufen unseres Co-Living-Projektes ein neuer Gemeinschafts-Ort, an dem das „Co" aus Co-Living auf vielfältige Weise gelebt wird – und tausendfach neue Verbindungen schafft: Auf 3000 Quadratmetern bietet der Heimathafen im Alten (hessischen) Gericht einen Co-Working-Space mit 120 vernetzten Arbeitsplätzen, einen Community-Hub mit dutzenden Events im Jahr, eine Conference Location, in der täglich hunderte Menschen zusammenkommen und co-kreativ sind sowie ein Café für Gemeinschaft. Ein vibrierender Hub, an dem das Morgen gemacht und gedacht wird.

Die Anfänge des Unternehmens habe ich noch nah begleitet, im selben Jahr gründeten wir aber auch eine Familie. Zwischen 2013 und 2019 wurden unsere drei Töchter geboren und die Veränderung kam diesmal nicht so schlagartig wie der Moment des Scheiterns, sondern eher leise und unscheinbar ...

Veränderung durch die Familie

Während und nach den Elternzeiten merkte ich, dass ich mich verändert hatte. Mein Fokus hat sich mit der Familie deutlich nach innen verlagert, ich wurde introvertierter und empfindlicher. Meine Sinne waren stark geschärft, ich nahm alles um mich herum sehr deutlich und intensiv wahr. Die vielen Eindrücke konnte ich nutzen, denn zur selben Zeit entdeckte ich die Lyrik wieder für mich und schrieb unzählige Gedichte und Texte über das Muttersein und das Leben an sich. Wie aber passt jetzt mein neuer zurückgezogener Lebensstil zu dem, was wir uns zur Aufgabe gemacht haben? Wie kann man noch gut Community Building betreiben und Leute zusammenbringen, wenn „Leute" (das musste ich mir eingestehen) mir zunehmend zu viel und zu anstrengend wurden ...

Die Neuorientierung

Wir hatten uns vor vielen Jahren bewusst mit Werten auseinandergesetzt und einen zentralen Wert für uns herausgearbeitet: Menschen miteinander in Verbindung zu bringen. Da war es schon recht unpraktisch, zu merken, dass es mir nicht mehr Energie gibt, unter vielen Menschen zu sein, sondern mich eher Energie kostet.

Und doch habe ich einen Weg gefunden, genau diesen Wert heute auszuleben. Die schon erwähnten Gedichte und Texte habe ich anfangs nur für mich geschrieben – und das sehr genossen! Aber mit der Zeit wurde der Wunsch stärker, meine Gedichte und Texte auch zu teilen. Denn beim Durchlesen der bisherigen Arbeiten ist deutlich eine Art roter Faden zu entdecken, der sich durch alle hindurchzieht. Sie erzählen davon, wie das Leben ist: schön und schwer, herrlich und brutal und am Ende geht es uns allen ähnlich. Uns verbinden so viele zutiefst menschliche Erlebnisse, Gefühle und Erkenntnisse. In meinen Gedichten, die ich heute als Storytelling Poetry verstehe, erzähle ich davon und im besten Fall fühlt sich mein Publikum verstanden, gesehen und weniger allein.

Aber wie kommen meine Gedichte raus in die Welt?

Poetry Lesungen: Das Ziel ist immer Verbindung

Auch beim Vorhaben, meine Storytelling Poetry mehr und mehr zu teilen, warteten zunächst neue Hürden. Es kostete mich sehr viel Überwindung und es schien mir wenig wertschätzend für meine Arbeit, sie kostenlos und öffentlich zu publizieren (z. B. auf Social Media). Nach einigem Herumprobieren kam ich schließlich auf das, was ich heute mache: Lesungen im kulturellen und im Business-Kontext. Bei meinen Lesungen sind meine Ziele vielschichtig: Vorrangig möchte ich natürlich, dass meine Kundinnen und Kunden glücklich sind. Oft wird in eher kopflastigen Veranstaltungen durch meine Gedichte eine emotionale und persönliche Ebene angesprochen, die ansonsten fehlen würde und die ein Event auflockert und bereichert.

Aber ein weiteres, großes Ziel ist die Wirkung auf das Publikum und die Hoffnung, dass meine Arbeit den Effekt des Verbindens bewirkt, dass sich andere in meiner Poetry wiedererkennen, sich gesehen und nicht allein fühlen.

Meine Werte haben mich immer begleitet

Und so habe ich irgendwie und über Umwege, trotz Scheitern und trotz gravierenden Veränderungen doch mein Ziel erreicht. Ich setze meine Geschichte, Kreativität, Schaffenskraft und Energie ein, um Menschen zu bewegen und zu verbinden. Ob in der Firmengründung, in der Familiengründung – oder eben mit Poetry. Meine persönliche Zielsetzung bei jeder Lesung ist, im Anschluss von mindestens einer Person angesprochen zu werden, die tief bewegt war von meinen Gedichten und durch meine Worte eine Verbindung gespürt hat. Oft sind das überraschende Momente und unerwartete Personen: Der Headhunter mit Tränen in den Augen, weil er in meinem Gedicht über die Herausforderungen einer langfristigen Beziehung sich und seine Ehefrau wiedererkannt und neue Hoffnung geschöpft hat. Der Galerist, der so dankbar ist, dass ich in Worte gefasst habe, was auch er zum Thema „neue Wege gehen" fühlt. Der Chefredakteur, der mir ausdrückt, dass meine Lesung ihn hat erkennen lassen, wie dankbar er für die tiefen Freundschaften in seinem Leben ist. Und ja, es sind häufig Männer, die beruflich in hohen Positionen sind, die durch meine Kunst berührt werden und endlich wieder Verbindung spüren. Aber natürlich auch die ältere Dame, der bei meinem Gedicht über Mütter und Töchter schon während des Lesens die Tränen über die Wangen liefen, sodass ich schnell wegsehen musste, weil ich wusste, ich würde sonst direkt mit ihr zusammen weinen.

Diese Gespräche sind das schönste Geschenk für mich und zeigen mir immer wieder, dass es sich lohnt, meine Zeit und Kraft zu investieren für den Wert der Verbundenheit. Und meinen Weg weiter zu gehen, denn unsere Werte sind es wert, gelebt zu werden. Und wenn wir das tun, wird aus ihnen letztlich etwas entstehen, das andere bewegt, prägt, bereichert – und Verbindung schafft.

SANDRA ZEMKE

*Gründerin und
CEO anonyfy GmbH*

Welche Werte sind dir im Leben am wichtigsten?

Die obersten Werte, die mich leiten, sind Gerechtigkeit und Freiheit. Aber auch Wertschätzung und Respekt sind mir sehr wichtig.

Wie trägt deine Arbeit zu deinen persönlichen Werten bei?

Das Streben nach meinen Werten hat dazu geführt, dass ich die Corporate Welt vor 3 Jahren verlassen habe, mit einem großen Drang, etwas Eigenes aufzubauen, das sich genau an diesen Werten ausrichtet. Daraus ist die Idee entstanden, das Recruiting zu verändern – dies ist nicht nur fairer für die Bewerbenden, sondern auch wirkungsvoller für die Unternehmen. Und gleichzeitig ein Unternehmen aufzubauen, in dem diese Werte auch wirklich gelebt werden. Daran arbeite ich jeden Tag.

Wie können wir sicherstellen, dass unsere Werte in der täglichen Arbeit gelebt werden?

Wichtig ist, die eigenen Werte nicht nur konsequent selbst zu leben, sondern auch wertschätzend zu kommunizieren. Werte sind keine

Einbahnstraße: Wenn ich Respekt von anderen erwarte, muss ich das auch anderen zugestehen. So ist es auch mit der Freiheit: Meine eigene Freiheit endet dort, wo ich die Freiheit einer anderen Person womöglich verletze. Es ist nicht immer einfach, und nicht immer sind die Grenzen klar. Offene und wertschätzende Kommunikation der eigenen Bedürfnisse hilft, bessere Beziehungen aufzubauen und zu leben.

Können sich Werte im Laufe der Zeit verändern? Wenn ja, wie?
In gewisser Weise glaube ich, ja. Rückblende zum Abendbrottisch mit meinen Eltern und der allabendlichen Diskussion: Ich war gerade mitten im BWL-Studium, und mir leuchtete das Konzept der Keynesianischen Marktwirtschaft absolut ein. Mein Vater, Zeit seines Lebens Sozialdemokrat, fragte sich wohl, was er in der Erziehung falsch gemacht hatte. Je älter ich wurde, desto mehr habe ich gemerkt und am eigenen Leibe gespürt, dass der Markt nicht alles regeln kann, dass nicht alle Menschen gleich sind, und dass nicht alle Menschen die gleichen Chancen haben. War mir also zunächst nur „Freiheit" extrem wichtig, hat „Gerechtigkeit" mit der Zeit immer weiter an Relevanz für mich gewonnen. Vielleicht ändert sich der eigene Wertekanon nicht komplett, aber die Priorisierung kann sich je nach Lebensphase unterscheiden.

DIE KRAFT DER WERTE – FÜR MEINE KARRIERE UND POSITIVEN WANDEL

Werte sind nicht nur innere Überzeugungen, die einen Menschen in seiner Persönlichkeit ausmachen, sondern sie definieren ebenso Gesellschaften, Gemeinschaften und eben auch Unternehmen. Und es sind wir Frauen, die hier oftmals für einen Wandel stehen. Zum Beispiel waren es die Frauen im Bundestag, die es schlussendlich 1997 schafften, die Vergewaltigung in der Ehe unter Strafe zu stellen. Wir wissen, dass es eine gewisse Schwelle gibt, die überschritten werden muss, damit sich ein neues Führungsverhalten und andere Führungsentscheidungen durchsetzen können. Und diese Grenze liegt bei etwa 30 %. Deswegen hat sich auch der FidAR, Frauen in die Aufsichtsräte e. V., schon seit Jahren dafür eingesetzt, zunächst in Aufsichtsräten aber insgesamt in alle Führungspositionen eine Frauenquote einzuführen. Denn wenn wir zurückschauen sehen wir, dass ohne Frauen in Politik und Machtpositionen viele unserer natürlichen Ressourcen verschwendet und aufgebraucht wurden. Aktuell leben wir immer noch auf Kosten der zukünftigen Generationen. Wir zerstören unseren Planeten – mit der Art, wie wir leben, wie wir wirtschaften. Ich spüre eine Verantwortung für diese Gesellschaft. Ich spüre eine Verantwortung, diese Gesellschaft dahingehend zu entwickeln, dass alle gleiche Chancen haben, dass alle Menschen aber auch Tiere und die Natur Wertschätzung erfahren, dass wir den Raubbau beenden. Es ist höchste Zeit.

Von Privilegien zu Werten: Meine Karriere-Reise

Ich bin ziemlich privilegiert aufgewachsen: Es gab immer genug zu essen, ich hatte mein eigenes Zimmer, meine Eltern haben mir vorgelesen, mir nicht nur vermittelt, wie wichtig Bildung ist, sondern auch, dass mir alle Türen offenstehen. Erst als ich älter wurde, habe ich wahrgenommen, dass genau diese Werte, die mir auch heute noch besonders wichtig sind – Gerechtigkeit, Freiheit, Wertschätzung und Respekt – in unserer Familie täglich gelebt wurden. Das wurde mir vor allem dann bewusst, wenn ich sah und erlebte, wie diese Werte in anderen Gemeinschaften missachtet wurden.

Es begann in der Schule, wo ich meine Gerechtigkeitswerte verletzt sah. Ich war in der Schülervertretung und in dieser Funktion Beisitzerin in der Lehrerkonferenz, in der beschlossen wurde, dass aus Zeitmangel in Zukunft auch samstags Klausuren geschrieben werden sollten. Meine Nachfrage, ob das nicht ungerecht sei, da wir am Samstag unterrichtsfrei hatten, wurde abgekanzelt. Also habe ich beim Schulamt nachgefragt, was meiner damaligen Schulleitung einen wohl sehr unangenehmen Anruf einbrachte, mit dem Ergebnis, dass letztlich am Samstag nie Klausuren geschrieben wurden.

Nach dem Abitur habe ich mich für ein duales Studium beworben und eine Zusage von einer großen Firma erhalten, die ich telefonisch mit der Aufforderung erhielt, mich bis zum nächsten Tag zu entscheiden. Da ich noch auf andere Bewerbungsergebnisse wartete, bat ich um ein paar Tage Bedenkzeit, was schroff abgelehnt wurde. Hier wurde nicht nur mein Wert der Freiheit, nämlich die Freiheit mich zwischen Alternativen zu entscheiden, sondern auch meine Bedürfnisse nach Wertschätzung und Respekt verletzt – ich lehnte noch im selben Telefonat ab.

Nach meinem Studium arbeitete ich einige Jahre in einem großen deutschen Unternehmen, als ich den Abteilungsleiter nach Aufstiegsmöglichkeiten fragte. Die Antwort war, dass ein Aufstieg unter 30 so gut wie ausgeschlossen sei. Nun war ich mit 23 Jahren in den Beruf eingestiegen und fand diese Antwort mit 26 Jahren weder besonders wertschätzend noch besonders motivierend. Ich habe dann ein anderes Angebot angenommen und bin in eine (damals) kleine Unternehmensberatung eingestiegen, wo ich nicht nur Wertschätzung für meine Leistung erfahren habe, sondern auch viel Freiraum in der täglichen Arbeit erleben durfte.

So ging es stetig weiter, bis ich mich mit Anfang 30 in einem Konzern wiederfand und mich fragte, warum meine Karriere plötzlich ins Stottern geraten war. Die Antwort gab mir ein vorgesetzter Kollege mit der Frage: „Wann willst du eigentlich Kinder bekommen?" In den folgenden Jahren habe ich in vielen Situationen erlebt, dass eben nicht alle Menschen die gleiche Chancen haben, dass das Leben nicht gerecht ist und dass nicht alle Menschen Wertschätzung und Respekt in ihrem Wertekanon tragen, auch wenn genau das in den offiziellen Unternehmenswerten steht.

Ich habe es dort trotz immer wieder auftretenden Werteverletzungen lange genug ausgehalten. So hatte ich nach meinem Ausstieg die Möglichkeit, mein Leben mit Anfang 40 noch einmal völlig neu zu überdenken. Ich wusste jetzt zumindest sehr genau, was ich nicht mehr wollte, und ich wusste ziemlich genau, wie ein Unternehmen oder eine Führungskraft sein müsste, damit ich bereit wäre, den größten Teil meines Lebens bei bzw. mit ihnen zu verbringen. Nach vielen Gesprächen habe ich die Suche aufgegeben und entschieden, mein eigenes Unternehmen zu gründen. Es war mir sehr wichtig, etwas zu schaffen, das genau meinen Werten entspricht. Meine Aufgabe für die nächsten Jahre wird sein, diese Werte zu bewahren und gleichzeitig mein Unternehmen wachsen zu lassen – und das ist eine große Herausforderung.

Frauenpower: Netzwerken, Engagieren, Verändern

Als ich nach München gezogen bin, hatte ich einen sehr reiseintensiven Job und war fast jede Woche unterwegs. Um in München trotzdem Anschluss zu finden, habe ich einige Netzwerktreffen besucht. Da ich immer in sehr männerdominierten Bereichen gearbeitet habe, war ich auch auf der Suche nach Frauennetzwerken, wo ich nicht nur Frauen mit ähnlichen Themen, sondern auch Role Models treffen konnte. Ich bin dann auf FidAR, Frauen in die Aufsichtsräte e. V., gestoßen und habe dort viel Inspiration bekommen und tolle Frauen kennengelernt, die alle ähnliche Herausforderungen zu meistern haben.

Besonders fasziniert hat mich, dass es nicht nur ein Netzwerk ist, sondern auch einen gesellschaftspolitischen Auftrag verfolgt. Und das wollte ich unterstützen. Wenn große Energie- und Autokonzerne Lobbyarbeit betreiben, um Gesetze zu beeinflussen, dann müssen wir Frauen das auch tun.

Der erste Schritt ist, Frauen zu wählen. Der zweite Schritt ist, sich zu engagieren. Im Arbeitskreis Politik bin ich seitdem sehr aktiv, um in Bayern etwas zu verändern. Der dritte Schritt wäre, sich selbst politisch zu engagieren – dafür fehlt mir als Gründerin allerdings die Zeit. Aber ich unterstütze gerne Politikerinnen, die die gleichen Ziele haben.

Engagement kann auch im Kleinen wirken: Ich engagiere mich auch im Elternbeirat der Schule – hier kann man schon viel für Geschlechtergerechtigkeit und vor allem für soziale Gerechtigkeit tun. Selbstkritisch muss ich einräumen, dass mein Einfluss in der Grundschule sehr begrenzt war. In den letzten fast 4 Jahren war ich oft die mahnende Stimme, die auch mal einen anderen Blickwinkel einbringt. In einer Situation mit zu großen Klassen, zu wenig Lehrer*innen und verkrusteten Bildungsstrukturen geht es viel zu häufig um Brände löschen, statt individuelle Bedürfnisse zu beachten. Viel zu oft geht es darum, die überbordenden Kräfte kleiner Jungs einzudämmen, statt Mädchen Raum zur Regeneration zu geben, die eben nicht „maximale Bewegung an der frischen Luft" bedeutet. Die einen sind laut, die anderen leise. Trotzdem hoffe ich, dass meine Einwände zum Nachdenken angeregt haben und vielleicht später einmal Früchte tragen.

Mein Gerechtigkeitssinn treibt mich immer wieder an, mich einzumischen, und andere zum Umdenken zu bringen. Sei es in der Verkehrspolitik, wenn an unserer Kreuzung der Verkehr wieder nur für den Autoverkehr optimiert wird. Oder in der Schule, wenn ich frage, warum in den Förderstunden immer nur Rechtschreibung wiederholt wird, statt auch Mathe individuell anzubieten. Oder zu Hause, wo ich meinem Kind schlecht die Mediennutzung verbieten kann (wie es Schule, Erzieher:innen und zahlreiche Ratgeber fordern), wenn ich den ganzen Tag am Laptop und am Handy arbeite.

Zukunft gestalten: Gemeinsam für Freiheit, Gerechtigkeit und Respekt eintreten

Aktuelle Entwicklungen zeigen, dass wir nicht aufhören dürfen, für unsere Werte einzustehen. Freiheit, Gerechtigkeit und Respekt müssen immer wieder erkämpft werden. Um Deutschland herum und auch bei uns gibt es Strömungen, die diese Werte untergraben wollen, sie zwar für sich proklamieren, aber nicht für alle anderen gelten lassen wollen: Respekt für alle, aber nicht für die, die anders aussehen.

Es gibt aber auch positive Signale: Viele wichtige Gesetze für eine gerechtere Gesellschaft und mehr Gleichberechtigung kamen in den letzten Jahren aus Europa. Ich freue mich insbesondere über die neuen Regeln des ESG, die darauf zielen, nicht nur unseren Planeten weiterhin lebenswert zu halten, sondern auch unsere Gesellschaft fairer zu gestalten. Die Unternehmen in Deutschland beginnen gerade erst, sich mit dem „E" in ESG auseinanderzusetzen, was auf sie mit dem „S" zukommt, haben viele noch gar nicht auf dem Schirm. Ich freue mich jedenfalls auf die Transparenz, die diese neuen Regelungen hinsichtlich Gerechtigkeit in Unternehmen bringen werden.

Wenn dieser Beitrag in diesem Buch auch nur einen Menschen dazu bringt, sich für mehr Gerechtigkeit, Freiheit oder Respekt zu engagieren, dann haben sich diese Zeilen gelohnt. Engagiert euch im Elternbeirat, in eurer Gemeinde, besucht eine Bezirksversammlung, schließt euch einer Partei an, oder schreibt einen Brief an eure Abgeordneten, um zu zeigen, dass da draußen Menschen sind, die für eine freiheitliche Gesellschaft einstehen.

Lasst uns gemeinsam für eine Welt eintreten, in der Freiheit, Gerechtigkeit und Respekt nicht nur Worte sind, sondern gelebte Werte. Jeder einzelne Beitrag zählt!

CLARA SASSE
Vorständin
Dr. Sasse Gruppe

Welche Werte sind dir im Leben am wichtigsten?

Mir bedeutet es viel, wenn Werte zusammenwirken und nicht isoliert sind. Zum Beispiel, wenn Menschen gemeinsam eine Aufgabe angehen und dabei ihre unterschiedlichen Fähigkeiten einbringen, sich gegenseitig unterstützen. Dazu gehört vor allem die Bereitschaft zum Zuhören, aber auch die Geduld, das Abwarten können, die Wertschätzung für die Kompetenz der anderen – und das Durchhaltevermögen, vor allem bei denen, die Verantwortung tragen. Letztlich geht es mir um die Fähigkeit zur wechselseitigen Teilhabe. Wer teilt, vervielfacht den Wert von allem. Dem allen fehlt aber das Fundament, wenn wir uns nicht auf die Werte der harten Arbeit, der Beharrlichkeit und der Sparsamkeit verständigen können. Denn nur mit ihnen lassen sich die Ziele erreichen, die wir vor Augen haben. Nur sie geben meinen Werten die Kraft, über den Tag und über mich hinaus zu wirken. Auf die Wechselwirkung beider Werte-Ebenen kommt es an: Zuhören und umsichtig muss ich sein, um den besten Weg zu finden. Wenn ich auf diesem

Weg scheitere, muss ich wieder aufstehen können und es von vorne versuchen. Das ist oft mühsam, das kostet Kraft. Sich darauf einzulassen, das prägt mein ganzes Leben. Darum gilt mein ganzer Respekt denen, bei denen ich das ebenfalls wahrnehme.

Welche Prinzipien leiten dich in schwierigen Entscheidungssituationen?

Was meine Rolle als Unternehmerin angeht, sind es bewährte Leitbilder wie das des Ehrbaren Kaufmanns mit der Bereitschaft, Verantwortung für sich, für andere und für unsere Gesellschaft zu übernehmen. Für mich bedeutet das in schwierigen Momenten: Beharrlichkeit, Sparsamkeit, harte Arbeit, mit Leidenschaft für etwas brennen und Verantwortungsbereitschaft auf lange Frist und gegen Widerstand zu zeigen. Das sind meine Mittel der Wahl, um mich in Krisen zu bewähren und Hürden zu überwinden. Denn sie zusammen verhindern, den bequemen Weg oder Ausweichstrategien zu suchen. Entscheidungen, die ich in diesen Leitlinien fälle, kann ich auch im Nachhinein jederzeit glaubwürdig vertreten.

Welche Werte sind für dich in deiner beruflichen Laufbahn entscheidend?

Geradlinigkeit, Ehrlichkeit und Offenheit waren immer wertvoll, wenn es darum ging, Türen bei anderen und für andere zu öffnen oder unter den vielen möglichen Wegen zum Ziel den zu finden, der mir am besten entspricht. Was mir in solchen Situationen stets geholfen und mich ans Ziel gebracht hat, war die harte Arbeit. Nichts aus der Hand zu legen, bevor es fertiggestellt ist. Lieber drei Aufgaben zum Abschluss bringen, als fünf im halbgaren Zustand vor mir herzuschieben. Auf dieser Basis hat sich bei mir zugleich ein tiefes Verständnis dafür entwickelt, was Nachhaltigkeit wirklich bedeutet: Heute so zu handeln, dass ich auch morgen dazu stehen kann und will. Die Ehrlichkeit zu mir selbst hat oft geholfen, Irrtümer zu vermeiden, falsche Versprechungen oder Hoffnungen zu erkennen. Und sie hat mir die Einsicht gegeben, dass ich wahrnehme, wozu ich die Unterstützung anderer brauche – und die Stärke, danach zu fragen.

EIN LEBEN IN VERANTWORTUNG

Kann „hart arbeiten" ein Wert sein? Wenn man nur die beiden Worte betrachtet, hört sich das eher wie eine abstrakte Größe an, wie ein beliebig interpretierbarer Begriff. Damit er das nicht bleibt, will ich ihm einen Rahmen geben. Einen Rahmen, in dem ich mich bewege, seit ich erkannt habe, dass „hart arbeiten" die Grundlage dafür ist, Verantwortung zu übernehmen.

Das erste Element dieses Rahmens setzt sich aus Mut und Tapferkeit zusammen. Jede Aufgabe, die ich zum ersten Mal annehme, jedes Gebiet, das ich zum ersten Mal betrete, jede Veränderung, auf die ich mich einlasse, fordert einen mutigen Schritt auf einem neuen Weg. Zaudern bringt mich nicht weiter, Zweifel wirken wie ein Hemmschuh, Jammern ist keine verlockende Begleitmusik – aber Zuversicht und Optimismus sind mein Antrieb. Also gehe ich beherzt den Schritt, als Antwort auf den Ruf der Herausforderung. Mein Wissen und meine Erfahrung sowie meine Bereitschaft, Neues zu lernen und anzunehmen, sind dabei die Mutmacher.

Meine Begeisterung soll anstecken

Das zweite Element ist die Leidenschaft, mit der ich mich einer Aufgabe widme. Ich gebe meine Antwort im festen Vertrauen auf mein Können und mit Begeisterung für das Ergebnis, das mein Team, unser Unternehmen, unsere gemeinsame Welt besser macht. Diese Sicherheit will ich ausstrahlen, sie soll für andere sichtbar sein, im Idealfall auf sie überspringen.

Als Unternehmerin gilt meine Leidenschaft vor allem anderen den beiden Quellen meines Erfolgs. Dem Kapital, mit dem ich wirtschafte, und den Menschen, mit denen ich arbeite. Ich nutze die Kräfte beider achtsam und gewissenhaft, damit alle Mitarbeitenden ihre Begeisterung für unsere Ideen und Ziele entdecken und in die gemeinsame Arbeit einbringen.

Weil ich damit das Leben anderer beeinflusse, ergibt sich auf diesem Weg meine soziale Verantwortung. Am Ende des Tages bin ich die Garantin dafür, dass alle meine Mitarbeitenden ihre Werte, ihren Freiraum leben und gestalten können – selbst wenn sich deren individuelle Ziele und Wünsche nur zum Teil mit meinen decken.

Diese Verantwortung richtet sich indes nicht nur auf andere. Sie gilt auch mir selbst. Als Familienunternehmerin in der zweiten Generation baue ich auf den Möglichkeiten und Privilegien auf, die meine Familie geschaffen, erworben und mir mitgegeben hat. Gerade in einem „people business" wie dem Facility Management stehe ich Mitarbeitenden, Geschäftspartnern und Kunden gegenüber in der Verantwortung für unseren Namen und alles, was diese damit verbinden.

Die harte Arbeit daran? Das ist kein Job für einen Tag. Das ist keine Blockzeit im Outlook. Das kann und will ich nicht verschieben, „bis es mal passt". Die Begeisterung dafür brennt in mir 24/7.

Sparsamkeit mit Ressourcen hilft Werte erhalten

Noch einmal der Blick auf Kapital und Mitarbeitende – und das dritte Element im Rahmen steht klar vor Augen: Sparsamkeit. Manche machen es sich einfach und sind knausrig. Wieder andere reizen zum eigenen Vorteil aus, was ihnen anvertraut ist. Beides ist falsch. Denn es führt dazu, dass sie ihren Betrieb auf Verschleiß fahren. Verantwortung bedeutet für mich, offenen Auges den Wert und die Möglichkeiten dessen zu erkennen, womit ich erfolgreich sein will.

Also gehe ich sorgsam mit diesem Gut um. Ich schaffe die Möglichkeiten dafür, dass die dort enthaltene Energie erneuerbar ist. Zum Beispiel, weil durch die Rahmenbedingungen, die ich ermögliche, das Leben und die Arbeit meiner Mitarbeitenden im Gleichgewicht bleiben können – und sie so die Chance erhalten, ihr Talent zu entfalten. Zum Beispiel, weil durch meine Ideen und Anregungen die Sinnhaftigkeit unserer Leistungen sichtbar wird. Zum Beispiel, weil wir keine Mittel nachlässig verschwenden, sondern dort einsetzen, wo sie allen zum Vorteil und Nutzen dienen.

Aufgaben zu vollenden braucht Beharrlichkeit

Weil sich selbst bei bestem Willen aus diesen drei Elementen nicht sofort ein Rahmen fügt, der Erfolg garantiert, braucht es noch ein viertes: Beharrlichkeit. Wie leicht lassen wir uns im Alltag von dem Ziel ablenken, das wir vor Augen haben? Wie schnell passiert es, dass vermeintlich wichtigere Dinge Zeit und Energie abzwacken und unsere Ressourcen schreddern? Wie bequem erscheint es mitunter, Widerstand oder Rückschlägen auszuweichen, Zweifeln nachzugeben oder mit wohlfeilen Ausreden die eigenen Schwächen und Fehler zu kaschieren?

Es ist die Beharrlichkeit, die uns davor schützt, aufzugeben. Die unseren Mut ummantelt. Die uns im Tritt hält auf dem Weg, den wir uns vorgenommen haben. Und die uns als Führungskraft, die sich genauso anstrengt wie ihr Team, zum glaubwürdigen Vorbild macht.

Ehrlich zu Fehlern stehen und weiter zum Ziel

Beharrlichkeit darf dabei nicht mit Sturheit verwechselt werden. Im Gegenteil. Erst wenn ich bereit bin, Irrtümer einzuräumen und aus Fehlern zu lernen, gibt es ein „Weiter". Erst, wenn ich mich durch ein Stolpern oder Stürzen nicht davon abhalten lasse, wieder aufzustehen, bleibe ich auf dem Weg zum Gelingen. Nur, wenn ich mich nicht von verlockenden Auswegen ablenken lasse, behalte ich mein Ziel vor Augen. Das gilt im Übrigen für die Qualität von Dienstleistungen gegenüber Kunden genauso wie für die Aus- und Weiterbildung unserer Mitarbeitenden, für die Verantwortung für Klima und Umwelt genauso wie für die Attraktivität und Zukunftsfähigkeit der Arbeitsplätze, für Diversity und Integration genauso wie für neue Geschäftszweige und digitalen Wandel. Das sind nur einige zentrale Felder, die meine Verantwortung fordern und gleichzeitig reichlich Raum bieten, um falsch zu liegen.

Glaubwürdigkeit verträgt kein Ausweichen

Beharrlichkeit schließt die Bereitschaft ein, unbequeme Entscheidungen zu treffen, und steht in direktem Widerspruch zum bequemen Weg des Ausweichens. Etwa beim Widerstand, der sich ergibt, wenn einzelne oder mehrere Mitarbeitende die Werte des Unternehmens nicht teilen wollen. Das ist kein Zustand, den ich aushalten muss oder über den ich hinwegsehen darf um der Produktivität willen. Ich muss vielmehr sofort und nachdrücklich handeln. Führen Gespräche zu keinem veränderten Verhalten, heißt die logische Konsequenz für mich Trennung. Dies bin ich sowohl meiner eigenen Glaubwürdigkeit und meinem Eintreten für unsere Werte schuldig als auch jenen Mitarbeitenden gegenüber, die diese Werte annehmen und leben. Jeder Kompromiss an dieser Stelle ist eine Ent-Wertung. Das konsequente Umsetzen ist harte Arbeit.

Niemand, der Verantwortung für ein Unternehmen hat, geht davon aus, dass der Weg zum Ziel eben, gleichmäßig und komfortabel ist. Insbesondere eine wertorientierte, verantwortungsbewusste Führung spürt jeden Kiesel, der diesen Weg uneben macht. Das ist gut so, denn unsere Mitarbeitenden spüren den genauso. Darum ist es in der Tat ein Gang auf einem schmalen Grat, wenn ich als Führungskraft Werte vermitteln und verankern will. Denn ich bin der Maßstab, wie ernst es der Organisation mit diesen Werten ist. Darum darf ich Kommunikation zu den Werten nicht nur bei Erfolgen betreiben, sondern bin auch in Krisen oder bei Gegenwind gefordert, offen und ehrlich anzusprechen, warum etwas nicht gelingt oder zu scheitern droht. Dies ist für mich das entscheidende Investment in das Vertrauen der Mitarbeitenden – und in die eigene Glaubwürdigkeit. Es ist um ein Vielfaches werthaltiger als jedes andere.

Gelebte Verantwortung wirkt überzeugend

Das beschriebene Geflecht von Werten trägt mich in meinen Aufgaben als Unternehmerin. Sie sind das, was meine Ideen und Gedanken zu aktivem Handeln reifen lässt. Unabhängig davon, wie, wo und wem gegenüber ich sie anwende, erzeugen sie, buchstäblich, Mehr-Wert.

Damit sind Mut, Leidenschaft, Sparsamkeit und Beharrlichkeit auch das, was die „harte Arbeit" aus der Abstraktion herausentwickelt: gelebte Verantwortung.

Harte Arbeit ist ein unschätzbarer Wert, der den Kern erfolgreicher Bemühungen ausmacht. Sie steht für unermüdliches Engagement, Ausdauer und Entschlossenheit, um Ziele zu erreichen und Herausforderungen zu überwinden. Durch harte Arbeit können wir unsere Fähigkeiten weiterentwickeln, unser Potenzial entfalten und unsere Träume verwirklichen. Sie ist der Schlüssel zu persönlichem Wachstum, beruflichem Erfolg und einem erfüllten Leben. Wie es zum Beispiel die brasilianische Fußball-Legende Pelé hatte, der sich aus ärmsten Verhältnissen an die Weltspitze spielte. Getragen von dem Gedanken: „Erfolg ist kein Zufall. Es ist harte Arbeit, Ausdauer, Lernen, Studieren, Aufopferung und vor allem die Liebe zu dem, was man tut oder zu tun lernt." So erhält die Verantwortung, die ich übernehme, eine überzeugende Kraft und Wirkung.

**ISANTHE
HEBERGER-DEMEL**

*Geschäftsführende
Gesellschafterin der
Heberger Holding GmbH
und Co. KG*

**Welche Werte sind Dir im Leben am
wichtigsten?**

Einen hohen Stellenwert hat Familie für mich.
Ich bin in einer Unternehmerfamilie aufge-
wachsen. So konnte ich von klein auf lernen, was es heißt, Verantwortung für eine Firma zu tragen. Während mein Vater im Unternehmen
tätig war, sorgte meine Mutter für ein behütetes Zuhause und die entsprechende „Herzensbildung". Auch meine Oma lebte bei uns. Sie hat
mit mir Kopfrechnen geübt und mir Schattenspiele beigebracht, die
ich nun unseren Kindern zeige. Füreinander da zu sein, sich gegenseitig zu ermutigen und zu unterstützen, das macht für mich Familie aus.

Daneben spielen Arbeit und wirtschaftliche Teilhabe eine große Rolle.
Im Rahmen meiner Tätigkeit für eine NGO in Argentinien konnte ich
sehen, wie Menschen durch die damalige Wirtschaftskrise unvermit-
telt alles verloren hatten. Vielen gelang es nicht mehr, in der Gesellschaft Fuß zu fassen. Sie konnten weder von Bildung profitieren noch
für ihre Kinder sorgen. Deshalb ist aus meiner Sicht eines der größten

Privilegien, Arbeitsplätze zu schaffen, um anderen nachhaltig finanzielle Sicherheit geben zu können.

Das christliche Menschenbild hat einen wichtigen Platz in meinem Leben. Wertschätzend mit anderen und sich selbst umzugehen, die Würde und die Grenzen anderer zu achten, Missstände klar zu benennen, für Veränderungen einzutreten und bestmöglich an dem Platz zu wirken, an den man gestellt ist.

Schließlich halte ich gesellschaftlichen Zusammenhalt für einen unabdingbaren Wert. Deutschland hat mit seiner sozialen Marktwirtschaft beste Rahmenbedingungen dafür, ein respektvolles, friedliches Miteinander zu ermöglichen. Trotzdem gelingt es oft nicht mehr, unterschiedliche Sichtweisen zu reflektieren, anzunehmen und tragbaren Kompromissen zuzuführen. Befürworter trennen sich von Gegnern. Das „Wir" und das „Die" haben Einzug in unseren täglichen Sprachgebrauch gehalten. Um zueinander zu finden, könnte gegenseitiges Zuhören ein Anfang sein.

Welche Prinzipien leiten dich in schwierigen Entscheidungssituationen?
Wenn eine Entscheidung unter Zeitdruck gefällt werden muss oder sehr komplex ist, entscheide ich rational, zielorientiert und wäge die Folgen ab. Was weiß ich sicher? Welche relevanten Informationen fehlen mir? Aber auch: Welche Auswirkungen hat die jeweilige Entscheidungsrichtung? Klarheit ist hier ebenso wichtig wie Zuverlässigkeit und Berechenbarkeit. Das Ergebnis ist dabei auch davon abhängig, inwieweit es gelingt, den jeweiligen Entscheidungsprozessen genug Raum zu geben.

Welche Werte sind für Dich in Deiner beruflichen Laufbahn entscheidend?
Unternehmerische Freiheit und Verantwortung sind für meine berufliche Tätigkeit von zentraler Bedeutung. Meistens erkennt man den Wert unternehmerischer Freiheit leider erst dann, wenn sie fehlt. Industriestandorte verlagern sich, Erneuerung findet anderswo statt.

Ist sie hingegen vorhanden, kann sie enorme Kraft entfalten. Alles denken zu dürfen, ungehinderten Zugang zu Bildung und wissenschaftlichen Erkenntnissen zu haben, neue Entwicklungen kennenzulernen und auszuprobieren, sich in einem freien Wettbewerb zu behaupten, besonders aber auf andere Menschen offen zuzugehen und von ihnen zu lernen, das alles kann Freiheit, sofern sie dabei gleichermaßen der Verantwortung füreinander verpflichtet bleibt.

DIE AUSBILDUNG DER ZUKUNFT – DER MENSCH IM FOKUS

Berufliche Bildung ist ein wichtiger Wert unserer Gesellschaft. Nirgends wird das so offenbar wie in Betrieben. Hier treffen sich Menschen mit unterschiedlichen Bildungshintergründen und arbeiten gemeinsam daran, ein Unternehmen in die Zukunft zu tragen. Was zeichnet die Berufsbildung in Deutschland aus? Welche Rolle spielen dabei Betriebe und welche wichtigen Impulse können von ihnen ausgehen?

Erfolgsmodell „Duale Berufsausbildung"

In Deutschland gilt die „Duale Berufsausbildung" als Erfolgsmodell und Aushängeschild für berufliche Bildungsstandards. So entschieden sich im Jahr 2023 68,9 % der ausbildungsinteressierten jungen Menschen für den Beginn eines dualen Berufsausbildungswegs.[1]

Die „Duale Berufsausbildung" wird unter anderem deshalb für äußerst wertvoll erachtet, weil es ihr gelingt, die Interessen des Einzelnen an beruflicher Ausbildung, die Interessen von Wirtschaftsunternehmen und Betrieben sowie die Ansprüche beruflicher Kammern und Verbände an hohe Qualitätsstandards in Einklang zu bringen. Die Vorteile liegen dabei auf der Hand: Der theoretische Bildungsauftrag liegt weiterhin in staatlicher Obhut, was zu einer hohen inhaltlichen Qualität führt und für Bildungsgerechtigkeit sorgt. Kammern und Verbände gewährleisten eine methodische und handwerkliche Befähigung entsprechend geltender Regeln der Technik. In den Betrieben schließlich wird die praktische Berufstätigkeit eingeübt, im konkreten Arbeitsumfeld und eingebettet in die jeweilige Unternehmenskultur.

Die Rolle der Betriebe im Wandel

Die Rolle der Betriebe befindet sich dabei in stetigem Wandel. War es in der Vergangenheit so, dass Schülerinnen und Schüler beim Berufseinstieg wichtige Grundlagenkompetenzen mitbrachten, trifft man mittlerweile auf eine Vielzahl von Absolventen mit lediglich ausreichenden oder mangelhaften Kenntnissen in den Hauptfächern. In Fällen, in denen Bewerberinnen und Bewerber nicht aus dem deutschen Sprachraum kommen, sind auch die sprachlichen Voraussetzungen für eine Ausbildung nicht immer gegeben. Um hier motivierte Interessenten zu erreichen, müssen die Betriebe von Anfang an ihr Angebot an Ausbildungsleistungen erhöhen und Integration aktiv mitdenken.

Die überbetrieblichen Ausbildungsstätten der Kammern und Verbände bemühen sich zwar um ein umfassendes handwerkliches Bildungsangebot, jedoch führen große, heterogene Lerngruppen dazu, dass gerade ambitionierte Auszubildende nicht genügend gefordert und gefördert werden. Mit Vollzeitausbilderinnen und -ausbildern in unternehmenseigenen Werkstätten lassen sich hier deutlich bessere Lernerfolge erzielen. Die Auszubildenden arbeiten sich schneller in Aufgaben und Teamstrukturen ein und erhalten die entsprechende Anerkennung ihrer Kolleginnen und Kollegen, was für einen zusätzlichen Ansporn sorgt.

Auch beim Vermitteln von Sozialkompetenzen sind Betriebe mittlerweile stark in Anspruch genommen. Bleibt eine erforderliche elterliche Ansprache aus, sind Ausbilderinnen und Ausbilder umso mehr gefordert. Auffällige Verhaltensweisen werden in Gesprächen erörtert, Perspektiven im Dialog mit Familien oder Sozialarbeitern entwickelt. Dies alles geschieht mit dem Ziel, die Auszubildenden letztendlich zu befähigen, einen guten Abschluss zu erzielen und sie im Anschluss in ein Beschäftigungsverhältnis übernehmen zu können. Die Rolle der Betriebe wandelt sich also immer stärker weg von Praxispartnern für Schulen, Institutionen und Familien, hin zu ganzheitlichen Bildungsanbietern.

Das Konzept der „Ganzheitlichen Berufsbildung"

Auszubildende sind vor dem Hintergrund des demografischen Wandels ein hohes Gut für Unternehmen. Trotz der großen Beliebtheit der dualen Ausbildung konnten 50 % der Betriebe nicht alle angebotenen Ausbildungsplätze besetzen.[2]

Beim Berufseinstieg befragte Auszubildende erwarten von ihrer Ausbildung in erster Linie „Spaß an der Ausbildung" sowie „persönliches Wachstum und Sinnstiftung". Diese teilweise sehr stark in die Persönlichkeitsentwicklung hineinreichenden Vorstellungen finden sich im Konzept der „Ganzheitlichen Berufsbildung" wieder, das in der Berufs- und Wirtschaftspädagogik maßgeblich an Bedeutung gewinnt. Hierunter versteht man nicht nur den Erwerb fachlicher und methodischer Kompetenz, sondern auch die Selbstbestimmung des Menschen, seine gesellschaftliche Mitverantwortung und die demokratische Mitgestaltung seiner Lebens- und Arbeitswelt. Das schulische und betriebliche Lernen soll mithin nicht nur berufliche Handlungskompetenz vermitteln, sondern gerade auch die Forderung nach einer entsprechenden Persönlichkeitsentwicklung und Kreativität erfüllen.[3]

Im berufsschulischen und institutionellen Kontext allein scheint die Förderung und Entwicklung dieser Individualkompetenzen vor dem Hintergrund stetig wachsender Anforderungen an Lehrerinnen und Lehrer nur schwer umsetzbar. Die Betriebe hingegen schulen zwar strukturiert Individualkompetenzen, vorwiegend jedoch im Führungskräftebereich. Was kann für Betriebe ausschlaggebend sein, diesen ganzheitlichen Bildungsauftrag schon im Rahmen der Ausbildung umzusetzen?

Der Einfluss von „Künstlicher Intelligenz" auf die berufliche Ausbildung der Zukunft

Die Auswirkungen und den Stand der Technik von KI können wir täglich bei der Anwendung von ChatGPT erleben, einem Chat-Bot, der mittlerweile in der Lage ist, abstrakte Fachfragen konkret und weitestgehend richtig zu beantworten. Die erfolgreiche Entwicklung von KI-Tools wie ChatGPT wird langfristig dazu führen, dass der Wert von allgemeinem, beruflichem Wissen mehr und mehr abnehmen wird und die Bedeutung von „KI-Kompetenzen" zunimmt. Diese umfassen neben dem Fach- und Grundwissen zusätzlich den Umgang mit KI-Systemen, sowie die Gestaltung von Arbeitsprozessen und des KI-Kontexts. Insoweit sind gerade auch Mensch-Maschine-Kompetenzen und Selbstkompetenzen, wie

Reflexionskompetenz und Resilienz, Sozial- und Kommunikationskompetenz bzw. Anpassungsfähigkeit, von erheblicher Bedeutung.[4] Nachstehende Abbildung zeigt die Kompetenzveränderungen am Beispiel eines industriellen Facharbeiters.[5]

Mögliche Kompetenzveränderung für die/den Facharbeiter/in

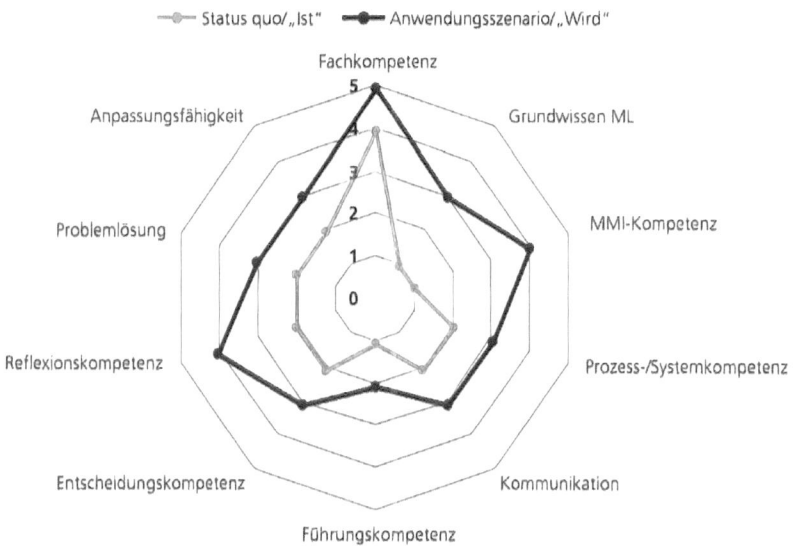

Legende zur Quantifizierung
1: Die Kompetenz hat für das Aufgabenprofil keine oder nur verschwindend geringe Bedeutung.
5: Die Kompetenz nimmt eine Schlüsselposition ein und kann nicht substituiert werden.

Der Facharbeiter der Zukunft wird mit KI-Systemen zusammenarbeiten und sie trainieren, was bewirkt, dass sämtliche dargestellten Kompetenzbereiche an Bedeutung gewinnen. Dies gilt aber ganz besonders für den Bereich der Selbstkompetenzen, die neben der Mensch-Maschine-Interaktion eine Schlüsselposition einnehmen werden.

Es lässt sich folglich ableiten, dass in Zukunft neben technischen bzw. digitalen Kompetenzen gerade diejenigen Fähigkeiten wertvoll sein werden, die den Menschen selbst ausmachen und seine Interaktion mit der Umwelt kennzeichnen. Sie sind am Ende entscheidend für Erfolg oder Misserfolg.

Betriebe als Impulsgeber für eine neue Generation von Fachkräften

Ausbildungsbetriebe nehmen eine zentrale Stellung im Leben junger Menschen ein. In ihnen werden künftige Mitarbeitende angeleitet und in ihrer Persönlichkeitsentwicklung begleitet. Die Auszubildenden ihrerseits sind offen für individuelle Lernimpulse, die über das rein fachliche hinausgehen. Sich schnell verändernde Kompetenzanforderungen an die Fachkräfte von morgen bieten Unternehmen bereits heute die Gelegenheit, entsprechende ganzheitliche Bildungsangebote zu machen, die die Selbstkompetenzen der Auszubildenden in den Blick nehmen. So haben die Betriebe die Möglichkeit, Fachkräfte zu binden und gleichzeitig einen wichtigen Beitrag für eine funktionierende, zukünftige Arbeitswelt zu leisten.

Ganzheitliche Berufsbildung – eine wertvolle Investition

Die gestiegenen Anforderungen an Berufsbildung sind auch bei Heberger spürbar. Wir haben sie schon frühzeitig als Chance erkannt. Sukzessive wurde die Ausbildungsqualität in allen Ausbildungsbereichen gesteigert. Die Anzahl an qualifizierten Ausbildern wurde erhöht, Lehrwerkstätten im Bau- und Elektrohandwerk eingerichtet. Unsere Auszubildenden erhalten frühzeitig die Möglichkeit, sich digitale Kompetenzen anzueignen und Lernunterstützung in Anspruch zu nehmen. Es werden Sprachkurse, Erasmusprogramme und interkulturelle Begegnungen mit Schülerinnen und Schülern unserer europäischen Partnerschulen angeboten. Diese Investitionen lohnen sich auch wirtschaftlich, erzielen unsere Auszubildenden doch weit überdurchschnittliche Ausbildungsergebnisse bis hin zu Landesbesten und tragen frühzeitig zur Wertschöpfung bei. Nahezu alle Absolventen werden im Anschluss an ihre Ausbildung in einem unserer Unternehmen in ein festes Arbeitsverhältnis übernommen.

Die Anpassungsfähigkeit und Agilität, die nicht nur wir, sondern auch viele andere Betriebe aufweisen, lassen es zu, künftige Entwicklungen unmittelbar in den Blick zu nehmen. Wir haben deshalb unsere Berufsausbildung ganzheitlich fortentwickelt, um gerade auch die Individualkompetenzen der Auszubildenden weiter zu stärken. Hierzu erarbeiten wir unter Einbindung externer Bildungsanbieter[6] Workshops, die unseren Auszubildenden Impulse für persönliches Wachstum geben. Reflexion, Empathie und Kommunikation bilden dabei die Schwerpunkte. Allesamt wertvolle Fähigkeiten, nicht nur für Auszubildende und Betriebe, sondern auch für die Gesellschaft als Ganzes.

[1] Berufsbildungsbericht 2024 des Bundesministeriums für Bildung und Forschung.

[2] Ebd.

[3] Ott, Bernd: Strukturmerkmale und Zielkategorien einer ganzheitlichen Berufsbildung, Berufsbildung Nr. 17, Europäische Zeitschrift 1999 S.55–64.

[4] André, Elisabeth und Bauer, Wilhelm et al.: Kompetenzentwicklung für KI. Veränderungen, Bedarfe und Handlungsoptionen. Whitepaper der Plattform Lernende Systeme, München 2021.

[5] Plattform Lernende Systeme, in Anlehnung an Bauer, 2022, https://www.plattform-lernende-systeme.de/assets/images/a/Bild2_EB_Bauer-37087629.png sowie Bauer, Wilhelm: KI am Arbeitsplatz: Welche Kompetenzen jetzt gefragt sind, Handelsblatt Journal Future Workplace, 30.08.2022, https://live.handelsblatt.com/ki-am-arbeitsplatz-welche-kompetenzen-jetzt-gefragt-sind, Zugriff am 18.07.2024.

[6] Evangelische Akademie der Pfalz.

DR. CAROLINE VON KRETSCHMANN

*Geschäftsführende
Gesellschafterin
Hotel Europäischer Hof
Heidelberg*

Welche Werte sind dir im Leben am wichtigsten?

In meinem privaten wie beruflichen Leben sind für mich Vertrauen, Integrität und Fairness die Kernwerte und ich versuche, sie ausnahmslos zu leben. Vertrauen ist die Grundlage für jede belastbare zwischenmenschliche Beziehung und eine mächtige Kraft. Die Fähigkeit zu vertrauen entsteht häufig durch eine sichere Bindung in der Kindheit. Später entwickelt sich Vertrauen oft, wenn jemand gibt, obwohl er nicht muss, oder nicht nimmt, obwohl er könnte. Meine Erfahrung im Leben ist, dass je mehr Vertrauen man schenkt, desto mehr bekommt man zurück. Ich versuche immer vertrauenswürdig zu sein und vertraue – auf der Grundlage eines positiven Menschenbildes – stark. Es ist zutiefst berührend, zu sehen, wie Menschen über sich hinauswachsen und zu was sie fähig sind, wenn man ihnen Vertrauen schenkt. Integrität ergänzt als zweiter mir wichtiger Wert das Vertrauen. Darunter verstehe ich, moralisch korrekt zu handeln, auch und gerade dann, wenn niemand zuschaut. Es geht um Ehrlichkeit, Aufrichtigkeit und Verantwortungsbewusstsein. Anders umschrieben könnte man sagen, ich versuche immer und in jeder Situation, ethisch und moralisch „sauber" zu bleiben. Fairness bedeutet für mich schließlich, dass ich immer versuche, Respekt und Gerechtigkeit in Entscheidungen und Handlungen zu berücksichtigen. Damit verbunden ist auch mein Anspruch, über die eigenen Gefühle und das eigene Verhalten, aber auch über das Verhalten von Mitmenschen auf der Metaebene nachzudenken, dieses einzuordnen und differenziert Schlüsse daraus zu ziehen, um überhaupt „fair" agieren zu können. Dazu versuche ich immer wieder, auch selbstreflexiv eigene Wahrnehmungsfilter zu erfassen, anzuerkennen, dass die eigene Sichtweise nur eine von vielen ist sowie unterschiedliche Standpunkte zu würdigen und wertzuschätzen.

Welche Werte sollten deiner Meinung nach in einem erfolgreichen Team vorhanden sein?

In einem erfolgreichen Team sind meiner Meinung nach zentrale Werte wie Verantwortung, Kooperation und Vertrauen stark ausgeprägt, die sich dann auch in einer entsprechenden Unternehmens- und Führungskultur widerspiegeln. Diese Werte ermöglichen es, dass sowohl Erfolge als auch konstruktives Scheitern als Wachstumschancen angesehen werden. Dies sowohl individuell als auch kollektiv, was sogenannte high performance teams auszeichnet. Ergänzende Werte wie Fairness, Empathie und Wertschätzung schaffen zudem psychologische Sicherheit und ermöglichen es, hohe Leistungsorientierung (high performance) sowie Menschlichkeit (high integrity) in sich befruchtender Weise zu balancieren.

Wie können wir sicherstellen, dass unsere Werte in der täglichen Arbeit gelebt werden?

Ich habe aus neurowissenschaftlichen Artikeln gelernt, dass Vorbilder als Träger oder Trägerin verbindender Werte wichtig sind. Menschen verinnerlichen Werte über erlebte Beziehungen mit Bezugspersonen. In diesem Sinne kann ich als Führungskraft am meisten bewirken, wenn ich das, was ich sage, auch konsequent vorlebe. „Walk the talk", wie man so schön sagt. Ich muss als Führungskraft alle Werte, denen wir uns verpflichtet haben, zu jeder Zeit und ausnahmslos (vor-)leben. Das ist das anspruchsvolle und zugleich so einfache Rezept, um Werte zum Wirken und Leben zu erwecken.

WERTE SIND UNSERE KRAFTQUELLEN ODER ÜBER DIE BEDEUTUNG WERTEORIENTIERTEN HANDELNS ALS RESILIENZFAKTOR

Wir leben in unsicheren, komplexen und herausfordernden Zeiten. Die Welt wandelt sich in einer unglaublichen Geschwindigkeit, eine Krise folgt der anderen und menschenverachtende Kriege sind wieder zu einer beängstigenden Realität geworden. Zudem verschärfen Megatrends wie zum Beispiel die Digitalisierung, der Einsatz Künstlicher Intelligenz, das dringende Anliegen der Nachhaltigkeit oder New-Work-Ansätze die Rahmenbedingungen für Menschen, Unternehmen und Gesellschaften zusätzlich. Diese stürmischen Bedingungen haben tiefgreifende Konsequenzen. Sie erfordern ein Umdenken traditioneller Handlungsansätze, eine Neubewertung der Beziehung zwischen Staaten, Organisationen und Mitmenschen, zu Kunden und Mitarbeitenden. Es ist davon auszugehen, dass diese herausfordernden Rahmenbedingungen Bestand haben werden. Daher ist es wichtig, dass wir als Individuen und als Gesellschaften lernen, mit diesen Herausforderungen, insbesondere mit Unsicherheit und Komplexität, konstruktiv umzugehen, also nicht in einem Gefühl der Angst und Ohnmacht zu erstarren. Zudem sollten wir lernen, auch unter diesen schwierigen Rahmenbedingungen in der Lage zu sein, „richtig" zu handeln und Entscheidungen zu treffen, die jedem einzelnen, den Organisationen und Institutionen und den Gesellschaften dienlich sind und einen Beitrag für eine lebenswerte Zukunft leisten. Werte sind, um diese Zusammenhänge wissend, aus Sicht unseres Familienunternehmens essenziell, um diese Fähigkeiten auszubilden und sie sind als Navigationssystem eine wichtige Quelle für Sicherheit, Orientierung und Wirksamkeit. Werte, auch in ihrem Wandel, sind ein Fundament für eine zukunftsfähige und lebenswerte Gesellschaft und Wirtschaft.

Im Rahmen dieses Beitrags will ich am Beispiel unseres in dritter und vierter Generation geführten Familienunternehmens die Bedeutung von Werten für unser unternehmerisches Wirken, aber auch als Grundlage für unsere empathische und werteorientiere Unternehmenskultur beleuchten. Dabei gehe ich auf drei Kernaspekte ein: unsere Werte, unsere Mission und unsere

Führungskultur. Alle drei Aspekte gelten aufgrund ihrer Orientierungsfunktion als wichtige stabilisierende Elemente zur Ausbildung einer organisationalen Resilienz. Für uns sind sie wesentliche Bestandteile, warum wir es als Unternehmen geschafft haben, seit fast 160 Jahren zu bestehen und unzählige Krisen zu überstehen. Vom Ersten und Zweiten Weltkrieg, über diverse Weltwirtschafts- und Finanzkrisen, über die Dot-Com-Krise bis hin zu Corona. Werte sind also ein Teil unserer Überlebensstrategie.

1. Werte als Fundament

Für uns als Familienunternehmen sind unsere Werte eine „wert"-volle Ressource, um in der sich wandelnden Welt bestehen zu können. Sie sind unsere Kraftquellen und bilden das Fundament unserer zutiefst menschlichen und empathischen Unternehmenskultur. Sie dienen uns als Kompass, der uns dabei unterstützt, uns auf das Wesentliche und aus unserer Sicht „Gute" zu konzentrieren. Wir wissen, dass wir die Welt nicht grundsätzlich verbessern können, aber wir wollen jeden Tag im Kleinen einen Beitrag dazu leisten, dass wir eine Welt erschaffen, in der wir selbst gerne leben wollen. Unsere Werte geben uns Sicherheit und Orientierung, auch und gerade in unsicheren Zeiten. Konkret glauben wir an Vertrauen statt Kontrolle, an Kooperation statt Wettbewerb, an Geben statt Nehmen und an das WIR und nicht an das ICH. Werte wie Vertrauen, Verantwortung, Herzlichkeit, Integrität, Fairness und Zuverlässigkeit haben wir in unserer Unternehmensphilosophie verankert. Es sind Werte des Humanismus, die sinngeleitetes, nach dem Guten strebendes Leben und Handeln ausdrücken. Darauf fußt seit mehr als vier Generationen unser unternehmerisches, gesellschaftliches und soziales Engagement. Entscheidend für uns ist, dass wir diese Werte jeden Tag leben und es für jeden, der das Hotel betritt, eine konstante Erlebbarkeit gibt. Werte dürfen nicht zu „semantischen Höfen" auf Hochglanzbroschüren verkommen. Das ist die eigentliche Arbeit, die erfolgen muss, damit Werte wirksam werden: ihre Verankerung in der Haltung der Führung und jedes Einzelnen sowie das ausnahmslose Handeln danach. Auch und gerade dann, wenn es schwierig wird und beispielsweise ökonomische Einbußen damit verbunden sind.

2. Mission als Daseinsberechtigung

Unsere Mission (und auch unsere Vision) unterstützt den Aufbau unserer starken Unternehmenskultur und spiegelt unsere Unternehmenswerte wider. Konkret besteht unsere Mission, also der Grund, warum wir unser Unternehmen führen, darin, einen Ort zu schaffen, an dem Menschen glückliche Momente erleben. Uns treibt damit ein höherer Sinn, der weit über das Ökonomische hinaus geht. Wichtig ist, zu betonen, dass die Umsetzung dieser Mission bei unseren Kolleginnen und Kollegen beginnt. Sie stehen an erster Stelle, noch vor dem Gast und weit vor dem Unternehmen. Wir sind zutiefst davon überzeugt, dass nur zufriedene Mitarbeitende auch unsere Gäste glücklich machen können. Dabei leitet uns kein transaktionales Ziel, das heißt, wir sind nicht wertschätzend, empathisch und fürsorglich zu unseren Kolleginnen und Kollegen, damit diese nett zu unseren Gästen sind, sodass diese mehr Umsatz generieren. Uns ist es ein Herzensanliegen, dass es unserem Team gut geht und wir Rahmenbedingungen schaffen, mit denen jeder und jede sein ganzes Potenzial entfalten kann. Unsere Mission bezieht sich auf jede Person, die das Hotel betritt, egal welcher Hautfarbe, welcher Nationalität, welcher Religionszugehörigkeit, welcher sexuellen Orientierung oder welchen Status. Wir behandeln beispielsweise den Postboten, die Taxifahrerin und den Leibwächter genauso gut und herzlich wie den DAX-Vorstand, die Prinzessin oder den Scheich. Ergänzt wird diese Daseinsberechtigung des Unternehmens durch unsere Vision, also den angestrebten Zukunftszustand. Hier haben wir 2012 formuliert, dass wir „2025 das herzlichste und das persönlichste 5-Sterne-Stadthotel Deutschlands werden" wollen, nicht das größte, nicht das profitabelste, nicht das feinste, sondern das „herzlichste". Diese Vision ist noch immer unser Leitstern. Grundlage für diese Definition war die Erkenntnis über unser Alleinstellungsmerkmal, welches wir als die Herzlichkeit und die besondere Hingabe unserer Familie und unseres Teams identifiziert hatten. Unsere wertebasierte Mission und Vision bieten für all unsere Stakeholder eine klare Botschaft darüber, wofür wir als Unternehmen stehen, wohin wir streben und woran wir uns auch messen lassen.

3. Führungskultur als Nährboden

Die Beschreibung einer Unternehmenskultur erfolgt durch ihre Werte und bildet sich auch in ihrer Führungskultur ab. Wir folgen im Europäischen Hof Heidelberg dem Ansatz der dienenden Führung, die eingebettet ist in eine Vertrauens-, Fehler- und Lernkultur. Wir glauben, dass nicht das Ego des Führenden im Mittelpunkt steht, sondern die Interessen und Bedürfnisse der Mitarbeitenden. Wir definieren unsere Rolle als Führungskräfte primär als Dienstleister und Unterstützer der Kolleginnen und Kollegen, sehen uns als aktiven Teil des Teams und führen kooperativ, empathisch und wertorientiert. Entscheidend sind aus unserer Sicht eine wertschätzende Haltung, ein hohes Maß an Empathie und ein aufrichtiges Interesse am Gegenüber. Entsprechend unseres Führungscredos „Wir lieben, was wir tun" versuchen wir alle Mitarbeitenden an der Stelle im Unternehmen einzusetzen, an der sie lieben, was sie tun, und dadurch voll zur Entfaltung kommen können. Dann folgen Freude, Begeisterung und Erfolg unserer Erfahrung nach meistens von selbst. In unserem Selbstverständnis haben wir als Führungskräfte unsere Aufgabe erfolgreich erfüllt, wenn die Kolleginnen und Kollegen in ihrem Aufgabenbereich aufgehen, zufrieden sind und in sich vertrauen. Eine Führungskraft sollte die Größe besitzen, andere groß werden zu lassen. Und im Idealfall größer, als sie selbst es ist. Es ist Aufgabe der Führung, Rahmenbedingungen zu schaffen, dass die Kolleginnen und Kollegen wachsen, ihr ganzes Potenzial bestmöglich entfalten und zudem ihrem Tun Sinn verleihen können. Durch Werte geschaffene Kulturräume im Unternehmen und in der Führung sind bestimmend für die Zukunft, davon sind wir überzeugt.

Werte leiten seit Generationen unser Handeln, strahlen in alle Aspekte des Unternehmens aus und tragen maßgeblich zu dessen Überleben bei. In diesem Sinne verstehen wir uns als Teil eines größeren Ganzen und sind schon in der vierten Generation einem verantwortungsvollen unternehmerischen Handeln verpflichtet, das achtsam die Gesellschaft, die Umwelt, die Gesundheit, die Bildung und vieles mehr berücksichtigt und insbesondere die Perspektiven der zukünftigen

Generationen wahrt und fördert. Dieses stark wertorientierte, ganzheitliche und sehr verantwortungsvolle Denken und Handeln wird als „Enkelfähigkeit" bezeichnet. Neben dem starken, emphatischen Fokus auf den Mitmenschen und auf ein das innere und äußere Wachstum unterstützende Arbeitsumfeld, aber auch auf die gesellschaftliche Verantwortung unseres Tuns, ist der Schutz der natürlichen Ressourcen und ein nachhaltiges Wirtschaften in Bezug auf Klima, Umwelt und damit auf unsere Lebensgrundlagen als ein wesentlicher Bestandteil in unsere Unternehmensphilosophie gerückt. Ich bin fest davon überzeugt, dass Unternehmen in Zukunft noch stärker für ihre Werte und deren Umsetzung einstehen müssen und dass sie kritischer befragt werden, worin ihr Beitrag für die Gesellschaft liegt. Eine Entwicklung, die wir gut finden und die zu mehr Gutem in der Welt führen kann.

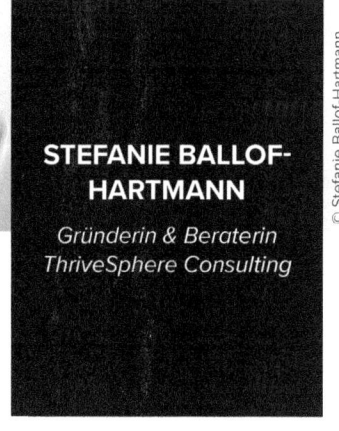

STEFANIE BALLOF-HARTMANN

*Gründerin & Beraterin
ThriveSphere Consulting*

Welche Werte sind dir im Leben am wichtigsten?

Die Werte, die mir im Leben am wichtigsten sind, haben sich im Laufe der letzten Jahre klar herauskristallisiert. An erster Stelle steht Leidenschaft. Ich glaube fest daran, dass wir nur dann unser volles Potenzial ausschöpfen können, wenn wir mit Leidenschaft bei der Sache sind – sei es im Beruf, in Beziehungen oder bei unseren Hobbys. Leidenschaft gibt mir die Energie, auch in schwierigen Zeiten weiterzumachen und mich kontinuierlich zu verbessern.

Ein weiterer zentraler Wert ist Wachstum. Für mich bedeutet Wachstum nicht nur beruflichen Erfolg oder das Erreichen von Zielen, sondern auch persönliche Entwicklung und das Streben nach neuen Erfahrungen und Erkenntnissen.

Schließlich ist Kreativität ein Wert, der mich ständig begleitet. Kreativität ermöglicht es mir, Probleme auf innovative Weise zu lösen und neue

Wege zu gehen. Sie bringt frischen Wind in mein Denken und Handeln und hilft mir, die Welt aus unterschiedlichen Perspektiven zu betrachten.

Welche Werte sind für dich in deiner beruflichen Laufbahn entscheidend?

In meiner beruflichen Laufbahn spielen Integrität, Zusammenarbeit und Verantwortung eine entscheidende Rolle. Integrität bedeutet für mich, stets ehrlich und aufrichtig zu handeln, selbst wenn es schwierig ist. Sie schafft Vertrauen und bildet die Grundlage für langfristige Beziehungen zu Kollegen, Kunden und Partnern.

Zusammenarbeit ist unerlässlich, um als Team erfolgreich zu sein. Es geht darum, gemeinsam Ziele zu erreichen, sich gegenseitig zu unterstützen und voneinander zu lernen. Ein starkes Team zeichnet sich durch Respekt, offene Kommunikation und die Fähigkeit aus, Konflikte konstruktiv zu lösen.

Verantwortung ist mein dritter entscheidender Wert. Verantwortung zu übernehmen bedeutet, sich seinen Aufgaben und Pflichten bewusst zu sein und zuverlässig zu handeln. Es bedeutet auch, die Auswirkungen unseres Handelns auf andere zu bedenken und nachhaltige Entscheidungen zu treffen.

Wie können wir sicherstellen, dass unsere Werte in der täglichen Arbeit gelebt werden?

Zunächst müssen unsere Werte klar definiert und kommuniziert werden. Es reicht nicht aus, Werte auf Papier festzuhalten – sie müssen in der Unternehmenskultur verankert und von allen Mitarbeitenden verstanden und akzeptiert werden. Regelmäßige Schulungen und Workshops können helfen, das Bewusstsein für die gemeinsamen Werte zu stärken und sie in den Arbeitsalltag zu integrieren.

Ein weiterer wichtiger Schritt ist die Vorbildfunktion der Führungskräfte. Ihre Handlungen und Entscheidungen haben einen großen Einfluss auf das Verhalten der Mitarbeitenden und die gesamte Unternehmenskultur.

Transparenz und offene Kommunikation sind ebenfalls entscheidend. Mitarbeitende sollten die Möglichkeit haben, ihre Gedanken und Bedenken frei zu äußern. Ein offenes Feedback-System kann helfen, Missstände frühzeitig zu erkennen und gegenzusteuern.

Schließlich sollten wir Werte in den täglichen Arbeitsprozessen verankern. Dies kann durch die Einbeziehung von Werten in Leistungsbeurteilungen, die Anerkennung und Belohnung von wertorientiertem Verhalten und die Integration von Werten in Entscheidungsprozesse geschehen. Wenn Werte in den täglichen Abläufen und Entscheidungen berücksichtigt werden, werden sie automatisch Teil der Unternehmenskultur.

WERTE ALS KOMPASS: WIE PERSÖNLICHE ÜBERZEUGUNGEN DIE ARBEITSWELT VERÄNDERN

Leidenschaft, Wachstum und Kreativität. Nach einer schier endlosen Übung, in der ich über einhundert Karten sortiert, aussortiert, priorisiert und wieder neu priorisiert habe, lagen sie also vor mir. Drei Kärtchen mit meinen drei Kernwerten. So vertraut und doch so fremd. So klar und doch so undeutlich. Mein Coach schaut mich an und fragt: „Wie fühlen Sie sich mit der finalen Auswahl?"

Ich bin in diesem Moment 27 Jahre alt und habe zum ersten Mal meine persönlichen Kernwerte kennengelernt. Er sollte die Art und Weise, wie ich mich selbst sehe, verstehe und für meine Ziele engagiere, für immer verändern und ich habe es mir zur Mission gemacht, Menschen und Teams dabei zu unterstützen, ihre eigenen Werte zu erkennen und ihr Leben sowie ihre Arbeit nach ihnen auszurichten.

In den vergangenen Jahren durfte ich mit unzähligen Einzelpersonen und Teams zusammenarbeiten. Jedes Team, jede Person ist individuell, doch ein paar wesentliche Erkenntnisse wiederholen sich in nahezu jedem Prozess der Werteentwicklung.

Erkenntnis 1: Wir erkennen meist erst spät, welches unsere eigenen Werte sind.

Die meisten von uns haben nie aktiv darüber nachgedacht, welche Werte unser Handeln und Denken leiten. Oft werden wir erst in Krisensituationen oder während intensiver Reflexionsphasen mit unseren wahren Werten konfrontiert. So erging es eben auch mir.

Die Schwierigkeit besteht darin, dass wir häufig nach Werten leben, die uns von unserer Umgebung, unserer Familie oder unserem Arbeitsumfeld vorgegeben werden. Diese Werte werden uns als erstrebenswert präsentiert, und wir nehmen sie unbewusst als unsere eigenen an. Doch oft sind dies nicht unsere wirklichen, innersten Werte. So erlebe ich oft, dass auf die Frage „Kennen Sie Ihre persönlichen Werte?" verschiedene Werte wie Respekt, Familie oder Zusammenhalt wie aus der Pistole geschossen als Antwort gegeben werden. Nicht, dass gegen diese Werte irgendetwas spräche, allerdings stellt sich im weiteren Verlauf des Coachings oft heraus, dass diese zwar wichtige Werte für die Person sind, allerdings nicht die Kernwerte. Es ist ein schmerzhafter, aber notwendiger Prozess, diese fremden Werte zu hinterfragen und die eigenen, authentischen Werte zu entdecken. Nur so können wir ein Leben führen, das wirklich unseren tiefsten Überzeugungen und Bedürfnissen entspricht.

Diese Erkenntnis führte mich zu der Überzeugung, dass Wertebildung und -erkenntnis bereits in jungen Jahren beginnen sollten. In vielen Bildungssystemen wird der Fokus auf Wissen und Leistung gelegt, während die Entwicklung eines starken Wertegerüsts oft vernachlässigt wird. Es braucht jedoch nicht nur fachliche Kompetenz, sondern auch eine klare Wertebasis, um sich im Leben und Berufsalltag sicher und authentisch bewegen zu können und ein Leben nach den eigenen, wirklichen Vorstellungen führen zu können.

In Workshops, Coachings und Seminaren habe ich erleben dürfen, wie befreiend es sein kann, wenn Menschen – ob jung oder alt – ihre Werte entdecken. Es ist, als ob man einen inneren Kompass findet, der einem zeigt, wohin man gehen soll. Diese innere Klarheit schafft nicht nur Zufriedenheit und Selbstbewusstsein, sondern ermöglicht es auch, bewusste und stimmige Entscheidungen zu treffen, sowohl im persönlichen als auch im beruflichen Kontext.

Erkenntnis 2: Sie sind immer da, auch wenn wir nicht darüber sprechen.

Wir reflektieren unsere Werte nicht immer aktiv, trotzdem beeinflussen sie unbewusst unser Verhalten, unsere Entscheidungen und unsere Interaktionen mit anderen. Werte sind wie ein unsichtbares Netzwerk, das unser Handeln leitet und formt. Sie wirken im Hintergrund und bestimmen, wie wir auf Herausforderungen reagieren, wie wir Konflikte lösen und wie wir Beziehungen pflegen.

In meiner Arbeit mit Teams beobachte ich oft, dass unausgesprochene Werte Spannungen und Missverständnisse verursachen können. Ein Team, das seine Werte nicht klar kommuniziert und lebt, kann leicht in Konflikte geraten und ineffizient arbeiten. Indem wir uns die Zeit nehmen, unsere Werte zu erkennen und auszusprechen, schaffen wir ein gemeinsames Verständnis und eine solide Basis für die Zusammenarbeit.

Werte müssen jedoch nicht starr und unveränderlich sein. Sie können sich im Laufe unseres Lebens weiterentwickeln. Gerade in der heutigen dynamischen Arbeitswelt ist es wichtig, flexibel zu bleiben und sich immer wieder neu an den eigenen Werten auszurichten. Dies ermöglicht uns, authentisch zu bleiben und gleichzeitig den Anforderungen und Veränderungen der modernen Arbeitswelt gerecht zu werden.

Erkenntnis 3: Werte tun weh, wenn sie nicht erfüllt sind.

Wenn unsere Werte nicht im Einklang mit unserem Handeln stehen, spüren wir das oft als inneren Konflikt oder Unzufriedenheit. Dieser Schmerz kann uns im besten Fall dazu treiben, Veränderungen anzugehen – sei es in unserem Verhalten, unseren Entscheidungen oder sogar in unserem Umfeld.

Menschen fühlen den Schmerz nicht gelebter Werte auf vielfältige Weise. Er kann sich in Form von Unzufriedenheit, Frustration oder einem ständigen Gefühl der Unruhe äußern. Manchmal zeigt sich der Schmerz auch körperlich, etwa durch Schlafstörungen, Kopfschmerzen oder Magenprobleme. Emotionale Symptome wie erhöhte Reizbarkeit, Traurigkeit oder das Gefühl von Sinnlosigkeit können ebenfalls auftreten. Dieser Schmerz signalisiert uns, dass wir gegen unsere inneren Überzeugungen leben und arbeiten, und dass wir etwas ändern müssen, um wieder in Harmonie mit uns selbst zu sein.

In meiner Erfahrung haben viele Menschen den Schmerz, der durch das Ignorieren ihrer Werte entsteht, lange Zeit verdrängt. Doch je länger man diesen Schmerz ignoriert, desto größer wird er und desto schwieriger wird es, ihn zu bewältigen. Es erfordert Mut, sich diesen Gefühlen zu stellen und die notwendigen Schritte zu gehen, um wieder im Einklang mit sich selbst zu leben.

In Teams kann das Ignorieren gemeinsamer Werte zu einer toxischen Arbeitsumgebung führen. Mitarbeitende fühlen sich unwohl, ungehört und unverstanden, was die Produktivität und das Wohlbefinden stark beeinträchtigen kann.

Erkenntnis 4: Werteverständnis und -orientierung machen Teams zu starken Teams.

Ein starkes Team zeichnet sich durch ein gemeinsames Verständnis und die gemeinsame Orientierung an bestimmten Werten aus. Es geht dabei nicht darum, dass alle Teammitglieder exakt die gleichen Werte teilen. Vielmehr geht es darum, aus den vorhandenen individuellen Werten eine gemeinsame Grundlage zu schaffen, auf der gute Teamarbeit möglich ist. Diese gemeinsame Basis ermöglicht es den Teammitgliedern, einander zu verstehen, zu respektieren und effektiv zusammenzuarbeiten, selbst wenn ihre individuellen Werte unterschiedlich sind.

In meiner Arbeit habe ich festgestellt, dass Teams, die ihre Werte klar definieren und leben, erfolgreicher und zufriedener sind. Sie sind in der Lage, Herausforderungen gemeinsam zu meistern und innovative Lösungen zu entwickeln. Das Werteverständnis schafft eine Kultur des gegenseitigen Respekts und der Unterstützung, die es jedem Teammitglied ermöglicht, sein volles Potenzial zu entfalten.

Dabei ist es wichtig, dass die Werte nicht nur auf dem Papier stehen, sondern aktiv im Arbeitsalltag gelebt werden. Regelmäßige Reflexion und offene Kommunikation sind entscheidend, um sicherzustellen, dass die Werte immer präsent und wirksam sind. Dies erfordert

Engagement und Einsatz von jedem Einzelnen im Team, aber die positiven Auswirkungen sind es wert.

Erkenntnis 5: Unsere Arbeitswelt braucht eine wertegetriebene Kultur.

In einer zunehmend komplexen und globalisierten Arbeitswelt wird eine starke Wertebasis immer essenzieller. Werte sollten im Zentrum der Unternehmensphilosophie und des Arbeitsalltags stehen. Eine wertegetriebene Kultur bedeutet, dass Entscheidungen und Handlungen von Führungskräften und Mitarbeitenden gleichermaßen durch die Kernwerte des Unternehmens geleitet werden. Dies schafft eine einheitliche Ausrichtung und erhöht die Integrität und Authentizität im Arbeitsumfeld.

Ein wertegetriebenes Unternehmen legt Wert auf Transparenz, Fairness und Respekt. Solche Werte fördern eine offene Kommunikation und schaffen ein Klima des Vertrauens. Mitarbeitende, die sich mit den Werten ihres Unternehmens identifizieren können und vor allem verstehen, in welche Richtung das Unternehmen geht, sind motivierter und engagierter. Sie wissen, dass ihre Arbeit einen tieferen Sinn hat und zu einem größeren Ganzen beiträgt.

Eine wertegetriebene Kultur unterstützt auch die persönliche und berufliche Entwicklung der Mitarbeitenden. Es wird Raum für Feedback, kontinuierliches Lernen und Wachstum geschaffen, was zu einer höheren Zufriedenheit und einer geringeren Fluktuation im Unternehmen führt. Teams, die in einem werteorientierten Umfeld arbeiten, sind kreativer und innovativer, da sie sich sicher und wertgeschätzt fühlen.

Die Pflege einer solchen Kultur erfordert kontinuierliche Anstrengung und Engagement auf allen Ebenen des Unternehmens. Führungskräfte spielen dabei eine entscheidende Rolle, indem sie als Vorbilder agieren und die Werte des Unternehmens vorleben. Doch auch jeder Mitarbeitende trägt zur Stärkung und Pflege dieser Kultur bei, indem er die Werte in seinem täglichen Handeln umsetzt.

Zurück zur Frage meines Coaches: „Wie fühlen Sie sich mit der finalen Auswahl?"

Heute weiß ich, dass Werte sich verändern können. Dass wir uns immer wieder neu an ihnen ausrichten dürfen. Die Arbeit mit Werten ist ein kontinuierlicher Prozess, der uns hilft, in einer sich ständig wandelnden Welt authentisch und zielgerichtet zu bleiben. Wertebewusstsein ist der Schlüssel zu einer starken, erfüllenden und erfolgreichen Arbeitswelt. Indem wir unsere Werte erkennen, kommunizieren und leben, schaffen wir nicht nur ein besseres Arbeits- und Lebensumfeld für uns selbst, sondern auch für die Menschen um uns herum.

SVENJA LASSEN

*Managing Director
Gateway Ventures
Germany & Gründerin
des Female Investors
Network (FIN)*

Welche Werte sind dir im Leben am wichtigsten?

Ehrlichkeit, Gerechtigkeit, Vertrauen, Verlässlichkeit, Wertschätzung und Respekt sind für mich die wichtigsten Werte in allen Lebensbereichen. Sie stellen für mich die Grundlage des Zusammenlebens mit Familie und Freund:innen dar, genauso wie die Basis für gemeinsames Arbeiten unter Kolleg:innen. Dies gilt auch im sozialen und gesellschaftlichen Umgang mit Bekannten und Fremden. Diese Werte machen jegliche Kontakte einfacher, erfolgreicher und angenehmer – für alle Seiten.

Welche Werte sollten deiner Meinung nach in einem erfolgreichen Team vorhanden sein?

An dieser Stelle kann ich nur meine wichtigsten Werte wiederholen: Ehrlichkeit, Gerechtigkeit, Vertrauen, Verlässlichkeit, Wertschätzung und Respekt sind für mich die Voraussetzung, um in einem Team angenehm und erfolgreich zusammenzuarbeiten. Ehrlichkeit steht für den offenen und transparenten Umgang mit Herausforderungen wie auch

Fehlern, für die Verantwortung übernommen werden muss. Gerechtigkeit gegenüber und unter den Teammitgliedern ist die Basis für ein gelingendes Miteinander ohne Neid, Missgunst und Bevormundung. Vertrauen und Verlässlichkeit sind das A und O im Miteinander, um Projekte gemeinsam zu bearbeiten und Aufgaben zu delegieren. Wer weiß, dass er oder sie sich auf seine Kollegen und Kolleginnen verlassen kann, kann sich vollständig auf andere Aufgaben konzentrieren. Wertschätzung und Respekt braucht es, um den Perspektiven, Meinungen und Positionen aller anderen Teammitglieder ausreichend Raum zu geben. Egal, wie man zu jemandem steht und wie weit man als Person oder inhaltlich von einem anderen Teammitglied entfernt ist, man sollte ihm wertschätzend und respektvoll begegnen, zuhören und ihn ernst nehmen. Denn dadurch ergeben sich die Chancen, andere Perspektiven kennenzulernen und das eigene Wissen sowie Weltbild zu erweitern.

Wie wichtig ist es, in einem Team oder Unternehmen gemeinsame Werte zu haben?

Gemeinsame Werte sind ein Grundstein für gute Zusammenarbeit und erfolgreiche Zielerreichung. Nur wer gleiche Grundsätze hat und danach handelt, kann gemeinsam eine wertschätzende Unternehmenskultur authentisch aufbauen, in der sich alle Mitarbeitenden wiederfinden. Daher ist es auch so wichtig, diese Werte regelmäßig zu überprüfen, zu hinterfragen, offen zu kommunizieren und vor allem danach zu leben und zu arbeiten, statt sie nur auf der Unternehmenswebsite oder in Slogans zu veröffentlichen. Denn wer die eigenen Werte bei seinem Arbeitgeber wiederfindet, sieht größeren Sinn in der eigenen Tätigkeit und ist motivierter, sich für die Umsetzung der Werte und somit auch den Erfolg des Unternehmens einzusetzen.

VON GERECHTIGKEIT ZU GLEICHBERECHTIGTER TEILHABE

Gerechtigkeit ist einer meiner Grundwerte – in allen Bereichen des Lebens. Und damit ist mir natürlich auch die Gleichberechtigung der Geschlechter enorm wichtig, ganz einfach, weil Frauen und Männer die gleichen Rechte und Chancen verdienen. Dass wir in der Realität leider noch immer weit davon entfernt sind, ist für mich oftmals schwer zu ertragen. Vor allem dann, wenn es in unserer aller Macht liegt, gemeinsam die Voraussetzungen für Gleichberechtigung zu schaffen.

Als ich 2019 als Quereinsteigerin aus den Medien in die Finanzbranche und Startup-Investment-Welt wechselte, war ich zunächst extrem neugierig auf all die neuen Themen und Inhalte, aber auch auf die Menschen, die mir in dieser Branche begegneten: interessante Persönlichkeiten, enormer Input an Innovationen, Gründungsteams, die Ideen und Lösungen haben, die unsere Gesellschaft und Wirtschaft maßgeblich verändern und verbessern können. Wer frustriert ist von Kriegen, Klimakrisen oder sozialen, ökonomischen und medizinischen Missständen, der sollte unbedingt einmal ein Event besuchen, auf dem Startups ihre Ideen vorstellen. Bei diesen sogenannten Pitches, wenn in kurzer Zeit neue Lösungen für bestehende Probleme präsentiert werden, bekommt man wieder Hoffnung und Zuversicht, dass es eine Chance gibt, die Zukunft positiv zu verändern. Und das Beste daran: Wir alle können diese Veränderung mitgestalten, indem wir Gründer und Gründerinnen aktiv bei dem Aufbau und Wachstum ihrer Startups unterstützen – mit Kapital, aber auch mit Know-how und Kontakten. Wenn eine Person dies tut, dann spricht man von ihr als Business Angel. Das sind Menschen, die ihr Wissen, ihre Zeit, ihr Netzwerk und ihr Geld einbringen, um Startups in frühen Phasen zu unterstützen und ihnen zum Erfolg zu verhelfen. Diese Personen, ihre Erfahrungen und ihr privates Kapital brauchen wir für unsere Volkswirtschaft, denn Startups haben zu Beginn oft nicht mehr als Ideen, Prototypen und eine Vision – also meist nichts, wofür sie von klassischen Kapitalgebern wie Banken einen Kredit bekommen würden. Aber ohne Unterstützer, die in diesen frühen Phasen an innovative Gründungsteams glauben, haben selbst die besten Ideen leider keine Chance, Realität zu werden.

Um als Business Angel aktiv zu werden, braucht es kein spezielles Studium oder beruflichen Hintergrund im Finanzsektor. Diese Assetklasse steht jeder Person frei, die über Kapital verfügt und bereit ist, das Wagnis einzugehen, es einzusetzen – denn Startup-Investments sind Hochrisiko-Kapital, es besteht immer die Gefahr des Totalverlustes. Aber sie sind auch ungemein reizvoll, denn zum einen kann sich ein Investment bei Erfolg und ‚Exit‘, also einem Verkauf des Unternehmens, auch sehr lukrativ auszahlen, zum anderen lässt sich auf diese Art direkt Einfluss nehmen. Im Gegensatz zu Aktien, die man in der Annahme und Hoffnung erwirbt, dass ein Konzern erfolgreich agiert, kann man mit Startup-Investments Ideen durch eigene Einflussnahme direkt unterstützen, Teams und ihren Lösungen zur Umsetzung verhelfen und den angestrebten Erfolg dadurch aktiv mitbestimmen. Das kann eine sehr erfüllende Aufgabe sein, wenn es darum geht, Geld und Erfahrungen sinnvoll einzubringen – ein Wunsch, den vor allem Frauen haben, was sich in verschiedenen Studien zu deren Anlageverhalten ablesen lässt.[1]

Und umso mehr wunderte es mich, dass ich kaum auf weibliche Business Angel und Investorinnen traf – weder auf Veranstaltungen, noch in Netzwerken oder in der Berichterstattung. Es waren die immer gleichen wenigen Namen und Personen, die regelmäßig auftauchten, aber die breite Masse fehlte. Kein Wunder, waren im Jahr 2020 tatsächlich nur 8 Prozent der Business Angel in Deutschland weiblich[2] – eine Tatsache, die mich verwunderte und der ich näher auf den Grund gehen wollte. Auch auf Seiten der Startups waren Frauen unterrepräsentiert. Es gab nur etwa 20 Prozent Gründerinnen und diese erhielten nur 1,6 Prozent des gesamten Venture Capital (VC).[3] Ein Zusammenhang lag nahe, auch da VC-Firmen zu über 80 Prozent von Männern geleitet werden.[4] Wenn die Geldgeber vorwiegend männlich sind, investieren sie womöglich auch eher in männliche Gründer. Denn erwiesenermaßen vertrauen wir rein psychologisch eher Menschen, die uns ähnlich sind.[5] Und Investments haben neben der reinen Faktenlage viel mit dem offensichtlichen wie unterschwelligen Vertrauen zu tun: Kann ich mir vorstellen und darauf vertrauen, dass eine Person bzw. ein Team die von ihr präsentierte Idee erfolgreich in die Tat umsetzen wird und ein Unternehmen erfolgreich aufbaut? Egal, wie hochtechnisch viele Ideen sein mögen – am Ende zählen immer die Menschen dahinter. Jede noch so großartige Idee wird nicht erfolgreich sein, wenn das Team dahinter nicht passt. Hingegen können grandiose Teams selbst durchschnittliche Ideen zu einem echten Kassenschlager verwandeln.

Bezüglich der Geschlechterverhältnisse bei Startup-Investoren wollte ich Ursachenforschung betreiben. Im Jahr 2020 startete ich daher eine wissenschaftliche Studie mit der Internationalen Hochschule IU, dem Lehrstuhl für Entrepreneurship unter Prof. Dr. Alexandra Wuttig zu weiblichen Business Angel in Deutschland. Wir wollten herausfinden, warum Frauen so selten in Startups investieren und was sie davon abhält. Aber auch, was sie bräuchten und sich wünschten, sollten sie Interesse daran haben.

Die Ergebnisse waren augenöffnend. Zum einen konnten wir die Vorurteile ausräumen, Frauen würden sich nicht für Finanzen interessieren und seien nicht risikoaffin genug, um in Start-ups zu investieren. Sie zeigten laut Studie sehr wohl Interesse am Thema, aber es fehlte ihnen der Zugang, es mangelte an Transparenz der Abläufe und an der gezielten Ansprache, in dieser Assetklasse aktiv zu werden. Denn auch wenn Frauen natürlich in Business-Angel-Netzwerken, auf Plattformen und bei Events aktiv werden könnten, war und ist die Investmentbranche so männlich geprägt, dass Frauen sich oftmals nicht eingeladen, gewünscht und willkommen, geschweige denn inhaltlich involviert fühlen. Das passiert bewusst oder unbewusst, offensichtlich oder unterschwellig, aktiv oder passiv. Und egal unter welchen Vorzeichen es geschieht – wichtig ist, dass wir es ändern!

Denn Gleichberechtigung gelingt auch über Ansprache und Aufklärung. Bei beidem müssen wir uns aktiv und gezielt dafür einsetzen, dass sie die Menschen erreicht, die wir für eine ausgewogene Diversität brauchen. Denn wenn wir gute Entscheidungen für unser aller

Zukunft wollen, dann dürfen diese nicht in vielen Fällen mehrheitlich von nur einem Geschlecht für alle getroffen werden.

Viel zu oft fehlt aber die weibliche Perspektive, weil Frauen nicht in die Entstehung von Ideen, Produkten, Dienstleistungen und Angeboten eingebunden sind und werden. Aber auch, weil sie in die Entscheidungen darüber nicht involviert sind. Doch so lange Frauen vergessen, übersehen oder ausgelassen werden und deswegen ihre Meinung und Perspektive, Erfahrung und Expertise nicht einbringen können, so lange gibt es eben auch Lösungen, die an ihren Interessen, Zielen, Wünschen und an ihrer Lebenswirklichkeit vorbeigehen.

Daher ist es an uns allen, diese Missstände zu ändern. Wo immer der Anteil von Frauen in einer Gruppe von Entscheidern offensichtlich und deutlich unterdurchschnittlich ist, sollten wir auf dieses Ungleichgewicht hinweisen und aktiv gegenlenken. Wie kann das gelingen? Indem wir uns als erstes fragen, woran es liegt, dass Frauen fehlen. Ist das bewusst so gewollt, geplant oder von den Frauen eigens entschieden? Oder haben unbewusste Umstände, mangelndes Bewusstsein oder gar schlechte Vorbereitung dazu geführt? Sind Frauen angesprochen, eingeladen und involviert worden? Oder wird der Umstand gar nicht hinterfragt und als Normalität akzeptiert, dass sie nicht dabei oder nur unterrepräsentiert sind?

Als zweites sollten wir Umstände schaffen, die es Frauen ermöglichen, sich aktiv einzubringen – sei es durch Transparenz, Informationszugang über passende Kanäle, Zeiten, Orte und Erreichbarkeit. Drittens helfen gezielte Ansprache und passende Ansprechpartnerinnen – also explizit auch Frauen als Kontaktpersonen und Expertinnen, an die sich Interessentinnen wenden können, statt nur Männer, die Auskunft geben und als Instanzen dargestellt und wahrgenommen werden.

Viertens sollten wir Frauen aktiv involvieren und motivieren, ihre Perspektive einzubringen, etwa durch direkte Fragen und Appelle, ihre Sichtweise darzustellen, statt nur Männer sprechen zu lassen. Das gilt explizit in größeren Gruppen und bei Events, auf Bühnen, Podien und in Panels. Treten hier nur Männer auf, werden Frauen nicht repräsentiert. Deswegen sollte fünftens auch auf einen ausgewogenen Kreis an Teilnehmenden geachtet werden – sei es im Publikum, aber auch an Ausstellern, auf Messen und Kongressen oder in den Gruppen, die sich für Preise oder Förderungen bewerben.

Für deren Auswahl sollten sechstens auch Gremien möglichst paritätisch besetzt werden, um zumindest die Vorzeichen für gerechte Entscheidungen zu gewährleisten.

Mein abschließender Wunsch wäre, dass alle, denen ein bestehendes Ungleichgewicht der Geschlechter irgendwo auffällt, auf dieses hinweisen, auch wenn sie selbst davon nicht offensichtlich persönlich negativ betroffen sind – also gerade Männer. Denn erst, wenn auch privilegierte Gruppen erkennen und verstehen, dass wir am Ende alle davon profitieren, wenn wir möglichst viele verschiedene Perspektiven berücksichtigen und Personen gemeinschaftlich entscheiden lassen, werden wir auch Entscheidungen treffen, die unsere Gesellschaft in eine für alle bessere Zukunft führen. Und da diese zukünftigen Entwicklungen Innovationen brauchen, sollten wir uns alle dafür einsetzen, dass an diesen ausreichend Frauen beteiligt sind – ob als Gründerinnen oder Investorinnen.

[1] Cambridge Associates: Gender Lens Investing: Impact Opportunities Through Gender Equity, 2018, https://www.cambridgeassociates.com/en-eu/insight/gender-lens-investing-impact-opportunities-through-gender-equity/, Zugriff am 01.08.24.

[2] Wuttig, Alexandra/Weber, Susanne Theresia: Mehr weibliche Business Angels führen zu mehr Startup Gründerinnen, IUBH Discussion Papers – Business & Management, No. 12/2020, IUBH Internationale Hochschule, Bad Honnef 2020. https://www.econstor.eu/bitstream/10419/225088/1/1735195812.pdf, Zugriff am 19.07.2024.

[3] Hirschfeld, Alexander et. al.: Female Founders Monitor 2020, Bundesverband Deutsche Startups e. V., Berlin 2020, S. 41. https://startupverband.de/fileadmin/startupverband/mediaarchiv/research/ffm/ffm_2020.pdf, Zugriff am 19.07.2024.

[4] Women in venture capital, Wikipedia. https://en.wikipedia.org/wiki/Women_in_venture_capital, Zugriff am 19.07.2024.

[5] Byrne, Donna: The Attraction Paradigm. Academic Press, 1971.

JULIA LEDERMANN

Vorsitzende des Familien-
gesellschafterkreises und
Vorsitzende des Beirats
der edding AG

Welche Werte sind für dich in deiner beruflichen Laufbahn entscheidend?

In meinem beruflichen Kontext spielen die Werte Authentizität und Gestaltungswille eine große Rolle. In meiner Arbeit im Gesellschafterkreis und im Beirat der edding AG geht es darum, unsere gemeinsamen Werte zu pflegen, fortzuentwickeln und ins Unternehmen wirken zu lassen. Hier sind Verantwortung, Bodenständigkeit, Ehrlichkeit und Offenheit, Toleranz sowie Individualität von zentraler Bedeutung. eddings Purpose „We care so that you dare to be who you are" spiegelt die zugrunde liegenden Unternehmenswerte Pioniergeist, Authentizität, Truly Caring und Empowerment wider.

Wie trägt deine Arbeit zu deinen persönlichen Werten bei?

Ich darf sehr nah an meinem eigenen Wertekanon arbeiten und beschäftige mich damit, welche Werte in der Familie und im Unternehmen prägend sind und wie wir sie wirken lassen können, um das Unternehmen zukunftsfähig aufzustellen. Ich frage mich zum einen, wie wir ein kompetenter Gesellschafterkreis sein können, zum anderen, wie

Gremienarbeit heute aussehen muss, um einen echten Mehrwert für das Unternehmen zu schaffen und zum dritten, wann ein Unternehmen heute Wert-voll ist und was es heißt, wenn wir hierzu über bloße Profitabilität hinausdenken.

Können sich Werte im Laufe der Zeit verändern? Wenn ja, wie?

Werte sind tief in uns verankert. Oft werden sie in Familien über Generationen geprägt und weitergegeben. Ich bin überzeugt, dass die Basis unserer Werte über unser Leben weitgehend konstant ist. Gleichzeitig glaube ich, dass wir unterschiedlichen Werten in verschiedenen Lebensphasen und Kontexten Priorität einräumen und stets ausgestalten, wie wir sie interpretieren und leben. Uns geht es dann am besten, wenn wir im Einklang mit unseren Werten leben und uns an diesen orientiert weiterentwickeln können.

„STELL DIR VOR, DIE ZUKUNFT WIRD SUPER UND DU BIST SCHULD" – EDDING GOES PROFIT-FOR – UNSERE VERANTWORTUNG ALS UNTERNEHMERFAMILIE

Ein Blick zurück – Was war?

Mein Großvater Volker D. Ledermann gründete 1960 zusammen mit Carl-Wilhelm Edding die edding AG und baute sie als börsennotiertes Familienunternehmen auf. Pioniergeist gehört seit jeher zum Selbstverständnis der edding AG. Einer der Vorzüge eines eigenen Unternehmens war für die Gründer, Gesellschaft im Kleinen zu gestalten, wie man sie sich im Großen wünscht. Und so kam es, dass edding zum Zeitpunkt des Börsengangs ohne Zögern eine Frau im Vorstand einsetzte und über 50 Jahre eine weibliche IT-Leiterin beschäftigte. Meinem Großvater lag der Erhalt einer lebenswerten Welt am Herzen und gleichzeitig trieb ihn seine Neugier an. So testete er das erste Solarauto, sobald es ihm in die Finger kam, ließ eine Photovoltaik-Anlage aufs Dach des Firmengebäudes bauen, als diese noch kaum Strom generierte, und ließ keinen Zweifel daran aufkommen, dass Nachfülltinten von Beginn an mitgedacht gehörten. Schon 1995 wurde die Rücknahmebox für edding-Stifte entwickelt, ein erster Ansatz für den Kreislauf, der seitdem weiterentwickelt wird. Umweltpreise, unterzeichnete Ehrenkodizes und hohe Mitarbeitendenzufriedenheit machten ihn und edding stolz. Ebenso wie eine gut durchdachte und wohlwollend umgesetzte Übergabe der Unternehmensführung an die zweite Generation.

Solch wertegetriebenes Unternehmertum kommt in vielen Familienunternehmen zum Leuchten. Nachhaltigkeit gilt als in der DNA verankert, getrieben durch den Wunsch, ein Unternehmen über Generationen zu erhalten, soziales Engagement als Verpflichtung der Gesellschaft etwas zurückzugeben. All das wird gepaart mit dem Mut einer Idee, dem Pioniergeist, dem Unternehmertum. Familienunternehmer:innen der ersten Generation verankern ihre Werte tief im Unternehmen und in der Familie mit dem Wunsch, diese mögen fortentwickelt und weitergegeben werden. Diese Werte prägen initiativ die Kultur eines Unternehmens, dessen Identität und Ausrichtung.

Um dies für edding noch zugänglicher zu machen, verdichteten wir es in der Erarbeitung unseres Purpose zu: „We care so that you dare to be who you are". Darin sind die Werte Pioniergeist, „truly caring", Authentizität und Empowerment deutlich zu erkennen, die den Gründern am Herzen lagen, die jedoch auch in allem, was edding ausmacht, zu sehen sind. Auch auf Seite der Unternehmerfamilie fließt „edding Tinte im Blut", inzwischen in der zweiten, dritten und vierten Generation.

Ein Blick auf heute – Was ist?

Ich bin die Älteste der dritten Generation unserer Unternehmerfamilie und übernahm von meinem Großvater schon früh die Rolle als Vorsitzende des Familiengesellschafterkreises und seinen Wunsch, das Unternehmen als Familienunternehmen fortzuführen, wertbringend zu gestalten und diese Werte zu achten und respektieren. Für mich stellten sich also die Fragen: Wie mache ich das? Wie tragen wir als Gesellschafterkreis und Familie seine Werte weiter? Wie schaffte er es, uns allen die „edding Tinte im Blut" mitzugeben, und wie leben wir dies fort? Schließlich begegnen wir der Herausforderung, die Wertebasis für die Zukunft zu erhalten und gleichzeitig mit uns und der Zeit weiterzuentwickeln. So erarbeiteten wir als drei Generationen gemeinsam unsere Familienverfassung und fassten die uns verbindenden Werte in Worte. Wir beschlossen gemeinsam: Wir wollen professionelle und verantwortungsvolle Eigner sein. Im Gesellschafterkreis verbinden uns Verantwortung, Ehrlichkeit & Offenheit, Authentizität, Toleranz & Individualität und Bodenständigkeit.

In unserer gemeinsamen Arbeit im Gesellschafterkreis erleben wir den Wandel der Werte. Nicht, dass wir wechselnde Werte haben oder andere als zuvor, sondern den Wandel dahingehend, wie wir sie interpretieren, welche Bedeutung sie für uns haben und was wir glauben, was es braucht, um sie zu leben und zukunftsfähig zu bleiben. Wir brauchen den

Austausch hierüber, um ein gemeinsames Verständnis davon zu entwickeln, was „richtig" ist, was sich passend anfühlt, was als selbstverständlich angenommen wird. Beispiele sind eddings sofortiger und unbedingter Rückzug aus dem Russland-Geschäft im Februar 2022 sowie ganz selbstverständlich einen Weg zu finden, als erstes börsennotiertes Unternehmen in Deutschland den Vorstand mit einem Job-Tandem zu besetzten. Oder Ziele wie eine 50/50 Geschlechter-Quote im Vorstand und auch im Aufsichtsrat lieber zu setzen und zu verfehlen, als sie nicht zu setzen. Im Jahr 2024 sind wir stolz darauf, als Mittelständler nun einen paritätisch besetzten Vorstand benannt zu haben. Ebenso darauf, keine Mühen gescheut zu haben, um auch den Aufsichtsrat divers zu besetzen. Genauso selbstverständlich wird die Frage aufgerufen, was Nachhaltigkeit für ein Wirtschaftsunternehmen bedeutet und welche Richtung wir einschlagen wollen. Wir fragen uns, was unternehmerischer Wert in Zukunft sein wird und ob die klassischen finanziellen Kennzahlen tatsächlich die sind, die den Wert beschreiben.

Die edding Gruppe bietet mit den Marken edding, Legamaster und Playroom inzwischen weltweit langlebige und hochwertige Produkte und Lösungen für den privaten und gewerblichen Bedarf. Das Portfolio umfasst Marker und Schreibgeräte, Produkte der visuellen Kommunikation, wie Flipcharts, Whiteboards und e-Screens, sowie innovative digitale Anwendungen. Im Jahr 2023 wurde ein Konzernumsatz in Höhe von 160,8 Mio. EUR mit im Jahresdurchschnitt 726 Mitarbeitenden erwirtschaftet.

Was treibt uns und edding heute an? Immer noch der Pioniergeist. Das wir mehr Geben statt Nehmen wollen. edding möchte Menschen bestärken, ihre Persönlichkeit, Ideen und Gedanken auszudrücken und sichtbar zu machen. Wir möchten unternehmerisch Vorbild sein und positive Veränderungen bewirken. Was für ein großer Hebel doch Wirtschaftsunternehmen sein können! Und so sehen wir heute unseren wirtschaftlichen Beitrag als Mittel zum Zweck, um sozialverantwortliches Handeln zu fördern und Wirtschaft so zu verändern, dass sie zum Erhalt unseres Planeten für zukünftige Generationen beiträgt. Das klingt so einfach, so simpel abgeleitet aus der Idee, dass jede:r sich mit einem edding frei ausdrücken können soll und der Schaden auf die Umwelt reduziert, noch besser ins positive verkehrt werden soll. Und doch ist es eine riesige Herausforderung, ein großer Wandel für ein kleines Wirtschaftsunternehmen. Von for-profit zu profit-for. edding bleibt wirtschaftlich, versteht nur nicht mehr Profit als oberstes Ziel (for-profit) sondern als Mittel zum Zweck, seiner gesellschaftlichen Verantwortung nachzukommen. Die Wirtschaftlichkeit ist als Basis zu sehen und als Mittel zur Zielerreichung unseres sozialen und ökologischen Mehrwerts, den wir leisten wollen (profit-for). Als Unternehmerfamilie gilt für uns: Abgeleitet aus unseren Werten ist es der einzig richtige Weg. Wie sonst sollen zukünftige Generationen voller Stolz sagen können, sie haben „edding Tinte im Blut"?

Ein Blick auf Morgen – Was kommt?

Welche Fragen stellen wir uns mit Blick auf die Zukunft? Abgeleitet aus unseren Werten, wer wollen wir gewesen sein?

Wollen nicht die zukünftigen Generationen ein Unternehmen übernehmen, welches daran mitgewirkt hat, eine lebenswerte Zukunft für uns alle zu schaffen? Was wäre also, wenn wir die Transformation hin zum regenerativen Wirtschaften schaffen? Was wäre, wenn wir als Vorbild beweisen, dass sich wirtschaftlicher Erfolg und soziales wie ökologisch positives Handeln nicht ausschließen, sondern befruchten? Was wäre, wenn wir dazu beitragen, die Familienunternehmen an die Spitze der Nachhaltigkeitstransformation zu stellen? Was wäre, wenn wir aus der Unternehmerfamilie diese Impulse setzen und die besten Wege finden, dies operativ umzusetzen? Was wäre, wenn wir als Teil der Wirtschaft und Familienunternehmen einer der Player sind, die das System verändern, schließlich waren wir doch schon immer mutige Pioniere? Was brauchen wir dafür? Insbesondere in Zeiten des Wandels und der multiplen Krisen in der Welt und Weltwirtschaft brauchen wir ein stabiles Fundament, auf das wir uns stützen und aus dem heraus wir unsere Eckpfeiler für die Zukunftsgestaltung definieren. Was könnte dies anderes sein als unsere Werte als Kern?

Für meine Rolle im Gesellschafterkreis und im Beirat der edding AG braucht es immer wieder den Austausch mit anderen, die ähnliche Ziele verfolgen. So bin ich aktuell sehr dankbar, hochmotivierte, inspirierende und sprudelnde Peers zu haben, mit denen ich gemeinsam eine Initiative von Next-Gen-Familienunternehmer:innen ins Leben gerufen habe, die sich für eine zukunftsorientierte Wirtschaft innerhalb der planetaren Grenzen einsetzt. Was uns vereint ist der Wunsch, unsere soziale, ökologische und ökonomische Verantwortung aktiv zu gestalten. Wir wollen die Brücke bauen zwischen den großen Herausforderungen unserer Zeit und der unternehmerischen Realität und im kritischen Austausch Schritte zur notwendigen Transformation definieren. Dafür schaffen wir vertrauensvolle Orte der Vernetzung zwischen Wirtschaft, Wissenschaft und Gesellschaft und stärken uns gegenseitig auf unserem Weg. Insbesondere in diesen Runden finde ich die Lichtblicke, die wir brauchen, wenn alles ungewiss und schwer lösbar scheint. Positive Beispiele von anderen, das Teilen von Ideen und Ansätzen, von Lösungsversuchen und deren Ergebnissen und vor allem das Teilen von positiver Energie, Lust auf Zukunft und den begeisterten Blick nach vorn.

Denn es braucht von uns allen Verantwortung: Stell dir vor, die Zukunft wird super und du bist schuld. Jeder von uns hat seine Geschichte und kann seinen Weg finden, unserer aller Zukunft positiv zu gestalten. Dare to be who you are.

EVA GENGLER

Co-Founderin
von enableYou
Consulting GmbH
& feminist AI

Welche Werte sind für dich in deiner beruflichen Laufbahn entscheidend?

Ich bin Feministin. Ein aktivistischer, inklusiver und intersektionaler Feminismus prägt und leitet mein Leben, meine Themenschwerpunkte und alle meine beruflichen, ehrenamtlichen und privaten Projekte. Mein Ziel ist es, unsere Welt für marginalisierte Menschen – und das sind auch im Jahr 2024 und lange darüber hinaus noch immer auch Frauen – gerechter und inklusiver zu machen. Feminismus ist auch die Perspektive meiner wissenschaftlichen Arbeit. Ich erforsche den Einfluss von gesellschaftlichen und organisatorischen Machtstrukturen auf Künstliche Intelligenz (KI). Dabei ist mein Ziel zu verstehen, warum KI marginalisierte Menschen diskriminiert und wie wir diesen Kreislauf verändern können. Dazu haben wir ein Modell mit feministischen Interventionen entwickelt. Feminismus prägt auch meine Arbeit bei enableYou rund um feministische Führung, feministische Organisationen und feministische Skills sowie meinen Themenschwerpunkt feministische KI. Mit unserem Fokus auf Liebe und Wertschätzung wollen wir allen Menschen mit einem positiven Menschenbild begegnen, eine wertschätzende Heimat zur Selbstentfaltung und zum gemeinsamen Wachsen bieten und unsere Kund:innen befähigen, ihren eigenen Sinn zu erkennen und zu erfüllen. Auch meine ehrenamtliche Tätigkeit folgt dem Ziel, Macht zu verändern und gerechter zu verteilen. Als Künstlerin beschäftige ich mich damit, wie wir Frauen weniger stereotypisch darstellen können. Ich träume schon lange davon, ein Kinderbuch zu schreiben und zu illustrieren, das Mädchen zeigt, die alles werden können. Denn mit diesem Wissen sollten unsere Kinder aufwachsen. Feminismus ist meine Perspektive, mein Instrument und meine Wertebasis. Ich wäre nicht, wer ich jetzt bin, ich wäre nicht, wo ich jetzt bin, und ich würde nicht tun, was ich jetzt tue ohne Feminismus.

Wie trägt deine Arbeit zu deinen persönlichen Werten bei?

In meinen Projekten umgebe ich mich mit Themen, Menschen und Institutionen, die unsere Vision teilen und gemeinsam weiterbringen. Dabei verfolgen wir nicht nur inhaltlich feministische Ziele, sondern ich versuche mich selbst dem Idealbild einer intersektionalen und inklusiven Feministin immer mehr anzunähern. Das ist ein ewiger Prozess. Es geht fortwährend um Reflexion, Verlernen von alten Strukturen und Mustern sowie um Veränderung.

Wie wichtig ist es, in einem Team oder Unternehmen gemeinsame Werte zu haben?

Es ist zum einen grundlegend, dass wir gemeinsame Werte haben, und zum anderen müssen wir es auch aushalten können, wenn Personen eine andere Meinung vertreten als wir. Wir brauchen dabei eine gemeinsame Basis für gegenseitiges Vertrauen und Respekt, sonst funktioniert es auf Dauer nicht. Wenn wir in der Vergangenheit Personen eingestellt haben, mit denen wir kein gemeinsames Wertefundament hatten, stellten sich schnell zu große Differenzen ein. Für uns sind indiskutable Werte Liebe, ein positives Menschenbild und eine feministische Grundeinstellung. Diese sind für uns zentral und jede Person, die ein:e enablix (so nennen wir uns als enableYou-Mitarbeiter:innen) wird, muss sich mit diesen Werten und ihrem Einfluss auf die Arbeitswelt identifizieren können. Zudem leben wir Selbstorganisation nach Frederic Laloux[1] und sind somit eine TEAL-Organisation (Namensnennung der Organisationsstufen nach Farbgebung, TEAL ist gem. Laloux eine evolutionäre und die höchstentwickelte Organisationsstufe). Wir begegnen einander mit Offenheit und Akzeptanz, und unser Ideenreichtum, unsere Kreativität und Innovationsstärke liegen gerade in der Vielfalt unserer Mitarbeiter:innen begründet.

MACHT TRANSFORMIEREN MIT FEMINISMUS

Ich nehme euch in diesem Beitrag mit auf eine Reise des Wandels. Wir starten bei bestehenden Machtstrukturen und nehmen dann zwei Wege, um diese zu verändern: feministische Führung und feministische KI. Dabei gebe ich euch Einblicke in meine Forschung und Projekte.

Unser Ausgangspunkt:

Macht. Sie prägt die Struktur und das Funktionieren von Gesellschaften und Organisationen tiefgehend. Max Weber[2] definierte sie als die Fähigkeit einer Person oder Gruppe, ihren Willen auch gegen Widerstand durchzusetzen. Heute ist Macht nicht gerecht verteilt. Während privilegierte Gruppen davon profitieren, werden marginalisierte Gruppen benachteiligt. Diese Form der Macht, die bell hooks[3] als „Unterdrückung" beschreibt, dient dazu, die Privilegien einer Gruppe auf Kosten von anderen auszunutzen und auszubauen. Diese Machtstrukturen spiegeln sich unter anderem in Form von genderspezifischer, rassistischer oder klassenspezifischer Diskriminierung. Sie sind so tief institutionell verwurzelt, dass sie oft unsichtbar sind. Sie wirken sich beispielsweise in Form von ungleichen Karrierechancen, Lohnunterschieden und begrenztem Zugang zu Ressourcen aus. So werden Frauen in Gesellschaft und Organisationen systematisch durch patriarchale Strukturen benachteiligt (Gender-Pay-Gap, Gender-Care-Gap, Gender-Pension-Gap, Gender-Leadership-Gap, Gender-Health-Gap, Gender-Credit-Gap).

Ich fühle diese Ungerechtigkeit seit meiner Kindheit. Heute verändere ich Macht. Mein Nordstern: ein aktivistischer, intersektionaler und inklusiver Feminismus. Er bietet eine kritische Perspektive auf Machtstrukturen mit dem Ziel, die komplex verflochtenen Systeme der Unterdrückung zu verstehen und zu verändern. Diskriminierung ist vielschichtig und mehrdimensional. Intersektionaler Feminismus betrachtet die Überschneidungen und Wechselwirkungen verschiedener Formen von Diskriminierung (zum Beispiel Sexismus und Rassismus) und sucht nach Wegen, um Ungerechtigkeit in all ihren Formen zu bekämpfen. Mit der positiven und transformativen Energie von Feminismus haben wir die Macht, unsere Welt und ihre Machtstrukturen grundlegend zu verändern.

Weg 1: Macht in Organisationen verändern mit Liebe, Sinn und Selbstführung

Problemstellung:

In vielen traditionellen Organisationen ist Macht patriarchal geprägt. Das manifestiert sich in hierarchischen und starren Strukturen, in denen Entscheidungsmacht vorwiegend in den Händen weniger, oft männlicher und privilegierter Führungspersonen liegt. Diese Machtverteilung führt nicht nur zu einer systematischen Benachteiligung von Frauen und anderen marginalisierten Gruppen, sondern begünstigt auch ein Arbeitsklima, das von Machtmissbrauch, politischen Spielchen und Machtkämpfen geprägt ist. Die daraus resultierende Unternehmenskultur ist toxisch und hält Organisationen davon ab, ihr volles Potenzial zu entfalten.

Es geht auch feministisch!

Feministische Führung zeichnet sich durch ihren Einsatz für Gleichberechtigung, Inklusivität und Strukturen aus, die allen Individuen und der Organisation ermöglichen, ihr volles Potenzial zu entfalten. Sie ist ein prozessorientierter, partizipativer und transformativer Führungsstil, stellt traditionelle Machtdynamiken infrage und ersetzt diese durch gerechte und empathische Praktiken. Feministische Organisationen bauen auf einem positiven Menschenbild auf, sind sinngetrieben und selbstorganisiert. Sie stellen Liebe, Vertrauen und Sinn in den Mittelpunkt. Frederic Laloux[1] nennt sie TEAL-Organisationen. Wir besuchen drei von ihnen:

Case 1: Buurtzorg ist ein niederländisches Pflegeunternehmen, das radikal dezentralisiert strukturiert ist: Teams von Pflegekräften verwalten sich und ihre Patient:innen selbst ohne bürokratische Zwischenebenen. Dies hat zu einer sehr guten Patient:innenversorgung, exzellenter Mitarbeiter:innenzufriedenheit und Kostenreduktion für das Gesundheitssystem geführt.

Case 2: Die Sparkasse Bremen agiert in einem höchst regulierten und konservativen Umfeld. Sie funktioniert selbstorganisiert, hat ihr gesamtes Management bis auf den Vorstand abgeschafft und Mitarbeiter:innen legen ihre Gehälter selbst fest. Ihre Mitarbeiter:innenzufriedenheit und ihre Unternehmensergebnisse haben sich seitdem stark verbessert.

Case 3: enableYou ist ein Start-up. Wir „enablen" Organisationen zu mehr Liebe, Sinn und Wachstum. Unser Sinn setzt sich aus drei Komponenten zusammen: Liebe in die Welt ausstrahlen, eine Heimat zur Selbstentfaltung und zum gemeinsamen Wachsen bieten sowie unsere Kund:innen befähigen, ihren eigenen Sinn zu erkennen und zu erfüllen.

Selbstorganisation sorgt für mehr Gerechtigkeit für Frauen!

Diese Cases zeigen, dass durch die Förderung von Selbstführung ein Umfeld entsteht, das Mitarbeiter:innenbindung, -zufriedenheit und -produktivität steigert. Die gerechtere Verteilung von Macht auf alle Mitarbeiter:innen anhand von Rollen, Interessen und Fähigkeiten fördert ein inklusiveres, kooperativeres und produktiveres Arbeitsumfeld. Selbstorganisation trägt somit maßgeblich zu einer gerechteren Arbeitswelt für Frauen bei: Der Gender-Pay-Gap wird durch partizipative, transparente Gehaltsprozesse geschlossen. Zudem transformieren flache Hierarchien und kompetenzbasierte Rollenzuweisungen klassische Karrierehindernisse wie die gläserne Decke. Gerade Frauen, die immer noch den Löwinnenanteil der unbezahlten Care-Arbeit tragen, profitieren von flexibleren Arbeitsmodellen, denn sie können nach Mutterschutz und Elternzeit wieder in verantwortungsvolle Rollen einsteigen.

Weg 2: Das transformative Potenzial von feministischer KI

Problemstellung:

Künstliche Intelligenz (KI) steigert unsere Effizienz und transformiert, wie wir leben, denken und arbeiten. Sie stellt uns aber auch vor zahlreiche Herausforderungen durch die Spiegelung konservativer Machtstrukturen, manifestiert in drei Faktoren: Erstens spiegelt die Zusammensetzung der Entscheidungsträger:innen und Entwicklungsteams selten die Vielfalt der Gesellschaft wider. Sie sind häufig männlich, weiß und privilegiert, was zu einer eingeschränkten Perspektive führt. Zweitens weisen die Daten, die zum Training von KI-Systemen verwendet werden, oft Fehler, Lücken oder Verzerrungen auf, die traditionelle Rollenmuster und Vorurteile widerspiegeln. Drittens werden im Designprozess aktuell oft nicht Werte, sondern Kosteneffizienz priorisiert. Diese Faktoren haben dazu geführt, dass eine Vielzahl von diskriminierenden KI-Systemen in den verschiedensten Bereichen im Einsatz ist: In der Personalbeschaffung haben KI-Systeme Bewerberinnen benachteiligt. In der Kreditvergabe haben Algorithmen Frauen und People of Color diskriminiert. Bei der Bildgenerierung und der Erstellung von Empfehlungsschreiben sind stereotype Darstellungen weit verbreitet. KI ist zum Spiegel unserer Gesellschaft geworden.

Es geht auch feministisch!

Wir entwickeln feministische KI durch die Integration feministischer Prinzipien in der Entwicklung und Anwendung: Erstens, indem Entwicklungsteams und Entscheidungsträger:innen diverser werden – zum Beispiel durch ein Gremium der Vielfalt. Zweitens, durch eine Auswahl von Datensätzen, die die Vielfalt realer Weltszenarien abbildet. Drittens, im Designprozess: Wir entwickeln KI mit dem Zweck, Macht zu verändern. KI ist ein Spiegel unserer Gesellschaft, deshalb müssen auch Lösungsansätze über die Technik hinausgehen. Feministische KI ist nicht nur ein technischer Ansatz, sondern auch ein politischer, kultureller, gesellschaftlicher und aktivistischer, der darauf abzielt, Technologien zu schaffen, die eine gerechtere und inklusivere Gesellschaft fördern und Machtstrukturen radikal verändern. Im Folgenden besuchen wir drei feministische KIs.

Case 1: herCAREER, die Leitmesse für die weibliche Karriere in der DACH-Region, hat keine klassischen Stellenausschreibungen und vermittelt Stellen KI-basiert auf Basis von Potenzial. Dahinter steckt die Erkenntnis, dass sich Frauen erst auf eine Stelle bewerben, wenn sie 90 bis 100 % der Stellenausschreibung erfüllen – Männer schon bei 40 bis 60 %.

Case 2: Das Bayerische Digitalministerium fördert ein Projekt, das sich zum Ziel gesetzt hat, weibliche Herzinfarkte präventiv zu diagnostizieren. Da es viel mehr Daten zu den Symptomen männlicher Herzinfarkte gibt und weibliche Symptome oft anders sind, werden ihre Herzinfarkte oft nicht oder zu spät diagnostiziert. Das führt dazu, dass Herz-Kreislauf-Erkrankungen in vielen Ländern eine der häufigsten Todesursachen von Frauen sind (für Deutschland siehe Angabe des Statistischen Bundesamtes [4]). Das will dieses Projekt ändern.

Case 3: MissJourney ist eine KI, die Bilder von Frauen – und nur von Frauen – in verschiedenen Berufen generiert. Es gibt viel zu wenige Bilder von Frauen, die beispielsweise Pilotinnen oder CEO sind. Diese Lücke in der Repräsentanz will MissJourney schließen.

Diese Projekte nutzen KI, um Macht zu verändern und gerechter zu machen. Feministische KI hat das Potenzial, bestehende Ungerechtigkeiten nicht nur zu erkennen, sondern auch aktiv zu transformieren und damit die Welt gerechter zu machen.

Lasst uns mit feministischer Führung und feministischer KI die Welt verändern!

Durch die Kombination von feministischer Führung und KI gestalte ich bestehende Machtstrukturen um und stoße einen sozialen Wandel an: Mit feministischer Führung setze ich den Rahmen, während KI Feminismus manifestiert.

Vielen Dank für die gemeinsame Zeit. Wir sind am Ende dieses Beitrags, aber nicht am Ende von unserer gemeinsamen Reise angekommen: Mach mit bei der Gestaltung gerechterer Machtstrukturen! Setze dich für die Implementierung feministischer Prinzipien in Organisationen und KI ein! Lasst uns gemeinsam die Welt verändern!

[1] Laloux, Frederic: Reinventing Organizations: Ein Leitfaden zur Gestaltung sinnstiftender Formen der Zusammenarbeit, Vahlen, München 2015.

[2] Weber, Max und Morgenbrod, Birgitt: Studienausgabe der Max-Weber-Gesamtausgabe, Hrsg. von Wolfgang J. Mommsen, Wolfgang Schluchter, Birgitt Morgenbrod, Mohr, Tübingen 1994.

[3] hooks, bell: Feminist Theory: from Margin to Center, South End Press, Boston 1984.

[4] Statistisches Bundesamt (Destatis). 2024: Häufigste Todesursache von Frauen 2022. https://www.destatis.de/DE/Themen/Gesellschaft-Umwelt/Gesundheit/_Grafik/_Interaktiv/todesursachen-haeufigste-weiblich.html

KERSTIN RÜCKER
*Geschäftsführerin
SONA+ GbR*

© Kerstin Rücker

Welche Werte sind dir im Leben am wichtigsten?

Freiheit, Offenheit, Nächstenliebe (Freundschaft), Gerechtigkeit, Mut.

Wie trägt deine Arbeit zu deinen persönlichen Werten bei?

Persönliche und soziale Sinnhaftigkeit sind für mich wichtige Kriterien bei der Wahl meiner beruflichen Aufgaben. Meine Werte leiten mich in dem, was ich tue und wofür ich stehe. Insofern „finde" ich meine Arbeit und Aufgaben. Umgekehrt entwickeln sich über meine Arbeit auch meine Perspektiven und Werte weiter.

Meine Jahre in der Unternehmensberatung waren geprägt von Lernen, Offenheit, Herausforderung, Freude und Teamgeist. Es war und ist mir wichtig, mit meinem Tun einen Beitrag zu leisten und mich für Themen rund um strategische Steuerung, Transformation, soziale Nachhaltigkeit, Bildung, Führung und „People"-Prozesse zu engagieren. Für Kunden in der Privatwirtschaft genauso wie im Public Sector. Diese Themen und dieser Anspruch begleiten mich aus Überzeugung. So haben sie auch

Eingang gefunden in meine langjährige Arbeit im Bereich Fast-Moving Consumer Goods und als Unternehmerin. Ich habe das Glück, viele Vorbilder im Beruf, im Ehrenamt und privat zu haben – als Führungskräfte, unter Kolleg:innen, auf Kundenseite, im Freundeskreis und in der Familie. Von allen nehme ich etwas mit und mit Sicherheit prägen diese mein persönliches Wertesystem.

Welche Werte sind für dich in deiner beruflichen Laufbahn entscheidend?
Toleranz, Respekt, Gerechtigkeit, Selbstbestimmtheit, Verantwortung, Freude.

Toleranz und Respekt sind mir wichtig, z. B. mit Blick auf Vielfalt und Diversität. Der Unterschied macht den Unterschied, denke ich. Diversität fängt für mich bei der (sichtbaren und nicht-sichtbaren) Unterschiedlichkeit eines jeden Menschen an. Sie ist ein Potenzial und ein Fundus an Perspektiven, Ideen und Innovationskraft. Wenn man als Organisation einen Rahmen schafft, der psychologische Sicherheit bietet, ist das eine gute Basis für gesunde Führung, Zusammenarbeit und nachhaltiges Wachstum.

Ich bin Mutter von zwei Töchtern. Deren selbstbestimmter Weg liegt mir sehr am Herzen. Beruflich habe ich parallel zu meiner Führungs- und Projektverantwortung lange die Rolle als Diversity Lead Germany bei Accenture übernommen und Frauen auf ihrem Weg begleiten dürfen. Im Ehrenamt unterstütze ich seit mehr als zehn Jahren Existenzgründungen von Frauen und durfte viele großartige Persönlichkeiten kennenlernen. In all dem verbinden sich für mich Arbeit, Engagement, Freude und gesellschaftlicher Nutzen. Von unserem Mentor und Schirmherrn Prof. Muhammad Yunus nehme ich mit, dass alles möglich ist, wir müssen nur damit anfangen und den ersten Schritt tun. Und das mit dem Motto „Do it with Joy!".

ZUKUNFTSFÄHIGES WIRTSCHAFTEN BRAUCHT WERTE!

Sozial nachhaltiges und werteorientiertes Wirtschaften ist mir ein Anliegen. Ich bin „BWLerin". Daher mein Interesse an der Wirtschaft, für Organisationen und ganz besonders für die beteiligten Menschen. Und ich bin Mitmensch, Mutter, Demokratin, erfahrene Führungskraft und Unternehmerin. Deshalb ist mir wichtig, dass wir in Deutschland und Europa zukunftsfähig wirtschaften. Ein Wirtschaften ohne Werte ist nach meiner Überzeugung nicht zukunftsfähig. Besonders bedeutsam erscheint mir daher die Frage, „wie" wir wirtschaften.

Ökonomie und Wert(e)orientierung

Denkt man über Wirtschaft und Werte nach, so kann ein Blick in die Vergangenheit aufschlussreich sein. In der klassischen Antike beschreibt der Begriff „Oikonomia", geprägt durch Aristoteles, das Wirtschaften und Haushalten mit dem primären Ziel der Bedarfsdeckung und nicht etwa mit der Schaffung von Überfluss oder der Anhäufung von Reichtum bei Einzelnen. Der Begriff „Oikonomia" schließt bereits den Gemeinwohlgedanken ein. Dieses Verständnis von Wirtschaften innerhalb des eigenen und des sozialen Bedarfs – weitergedacht innerhalb planetarer Grenzen – könnte damit sogar als eine Vorwegnahme der Definition nachhaltigen Handelns verstanden werden.

Werte sind Leitlinien des menschlichen Verhaltens und Zusammenlebens und geben Orientierung. Sie setzen den Standard für (un)erwünschtes Verhalten in einer Gruppe oder Gesellschaft. Sie regeln das Zusammenleben, das gemeinsame Wirken, Arbeiten und Kooperieren. Kants kategorischer Imperativ als Handlungsmaxime bringt deren Wirkung auf den Punkt: Tue nur das, was du auch jedem anderen als erlaubtes Handeln zusprechen würdest. Werte dienen der Ausrichtung des Handelns von Einzelnen und von Gruppen und sind wesentlich für gesellschaftlichen Zusammenhalt. Werte liegen auch im materiellen Interesse. Die Zehn Gebote etwa geben Leitlinien vor und sagen unter anderem „Du sollst nicht stehlen". Sie schützen damit die Werte und den Besitz jedes Einzelnen. Die Einhaltung oder Nichtbeachtung von Werten setzen sich gegenseitig voraus. Die Ambivalenz darin war schon immer da: Wenn der Impuls nicht da wäre (z. B. zu stehlen), bräuchte es das Verbot nicht. Diese Ambivalenz ist wohl Teil des Menschseins.

Zukunftsfähigkeit und Werte

Zukunftsfähigkeit. Das ist es, was wir am Standort Deutschland und in Europa brauchen. Zukunftsfähigkeit in Themen wie Digitalisierung und Künstlicher Intelligenz, demografischer Wandel, Demokratie, Nachhaltigkeit, Arbeits-, Fach- und Führungskräftesicherung und Diversität.

Zukunftsfähigkeit ist abhängig von der Wirkung unternehmerischen Handelns und daher von den Werten der Organisation, des Teams und des Individuums. Entwicklung und Veränderung fangen beim Einzelnen an. Jeder hat einen Einflussbereich – auch wenn er noch so klein ist. Sich dessen bewusst zu werden und ihn zu nutzen hat nicht nur mit „Können" zu tun, sondern im Wesentlichen mit „Wollen" und damit mit Mindset, Haltung und Werten. Deshalb halte ich es für wichtig, dass Menschen sich selbst (er)kennen, ihren Einflussbereich verstehen und die Unterschiedlichkeit und Vielfalt von Personen als Potenzial in der Interaktion mit anderen Menschen schätzen lernen und nutzen. Dass das nicht immer einfach ist, lehrt die Erfahrung.

Wir wissen, dass Stress unter anderem durch Konflikte mit anderen Menschen entsteht – bilateral, im Team, zwischen Abteilungen. Die Negativspiralen hieraus, die Frustration und das Ungesunde kennen wir alle mehr oder weniger aus dem Alltag. Wir sind im Allgemeinen gut darin, die Defizite bei anderen zu erkennen. Im Dissens, im Diskurs, in der Unterschiedlichkeit entsteht Energie, aber lässt sich diese auch so kanalisieren, dass sie positiv und konstruktiv wirkt? Also weg von der Defizitorientierung hin zur Potenzialorientierung? Aus meiner Erfahrung, ja! Die Werte und Antreiber sowie die Erfahrungen, Kompetenzen und Potenziale des anderen (und von sich selbst) zu kennen und zu nutzen, darüber im Austausch zu sein, fördert nachweislich Innovationskraft.

Dies ist nicht nur wichtig für das Business und die Wettbewerbsfähigkeit, sondern auch für die eigene (Weiter-)Entwicklung. Das erfordert psychologische Sicherheit[1] als Rahmen und im Miteinander. Der Mut, Themen anzusprechen, auch Ungewöhnliches zu thematisieren, Gelassenheit im Umgang mit „Schwächen", Vertrauen, Toleranz, Respekt vor dem Anderen und Vielfalt sind entscheidend. Psychologische Sicherheit ist grundlegend für die Entwicklung und die Förderung von Resilienz – von Einzelnen, von Teams und von Organisationen – und damit wichtiger Baustein für Zukunftsfähigkeit. Genau deshalb ist es so wichtig, psychologische Sicherheit zu thematisieren, zum „bearbeitbaren Gegenstand" zu machen und als Führungsaufgabe wahrzunehmen.

Soziale Nachhaltigkeit und Innovation

Wir reden nicht nur über Humanressourcen, die „eingesetzt" werden. Sondern über Erfahrungen, Kompetenzen, Kapazitäten, Potenziale von Menschen, mit denen Innovation und Weiterentwicklung gelingen und mit denen man genauso ressourcenschonend und nachhaltig umgehen sollte, wie mit Energie, Wasser, Rohstoffen. Warum gilt die Maxime „no waste" also nicht auch hier und mit Blick auf soziale Nachhaltigkeit?

Sicherheit, Gesundheit und Wohlbefinden in einem Organisationssystem sind ein hohes Gut (und Ausdruck des jeweiligen Wertesystems) – nicht nur aus humanistischer Perspektive, sondern auch aus betriebswirtschaftlicher. Sind sie nicht da, kostet es Geld. Das lässt sich messen, z. B. in Form von Abwesenheitsquoten, Krankenstand, Fluktuation, Unfallzahlen. Das sind „echte" Kosten, von Opportunitätskosten mal ganz abgesehen. Die betriebswirtschaftliche Betrachtung eines Unternehmens fokussiert in der Regel die Wertschöpfung. Meist verstanden im materiellen Sinne. Wir erfahren aber aktuell bisweilen die Grenzen dieser Betrachtungsweise, Stichwort: Polykrise oder planetare Grenzen.

Zukunftsfähigkeit braucht demnach noch etwas anderes und zwar mehr als finanzbezogene Indikatoren (KPIs). Aber was? Die Sustainable Development Goals (kurz SDG) der Vereinten Nationen geben die Zielsetzung vor. Der Weg dahin führt über veränderte Handlungspraktiken, Umdenken, Lernen, Innovieren, Kommunizieren, Zukunftskompetenzen erweitern. Persönlich glaube ich, Zukunftsfähigkeit braucht auch ein anderes Miteinander. Eine Ausrichtung an Werten, die zukunftstauglich sind. Daher meine These: Mehr Wert(e)orientierung im Unternehmen erhöht die Wertschöpfung. Und im Kern sind wir damit – glaube ich – gar nicht so weit vom Anfang der Geschichte entfernt. Ob Bibel, Talmud, Koran, Verfassungen, wie z. B. die amerikanische, oder unser Grundgesetz – sie alle stützen sich auf Werte, um Wert zu schaffen und generationsübergreifend zu erhalten. Zukunft braucht Herkunft hat Odo Marquard in den Neunzigern gesagt. Im Mittelstand, insbesondere in Familienunternehmen, war das in der Regel gelebte Praxis. Werte wurden weitergegeben und sind in die Unternehmens-DNA eingegangen.

Mit den aktuellen Entwicklungen – technologisch, demografisch, global, wirtschaftlich, politisch – ändern sich Strukturen, Prozesse und Formen der Führung und Zusammenarbeit in Unternehmen. Die Fragen, die wir dabei beantworten sollten, sind: Wie werden Werte geschützt? Wie weitergegeben und weiter entwickelt? Wie werden sie geteilt? Wie alltagstauglich in der (Führungs-)Praxis gelebt? Hierbei hat Führung eine prägende Rolle: im Dialog & Diskurs, im Vorleben & Aushalten, im Mut haben & sich verletzlich zeigen[2] und ganz besonders im gemeinsamen „gangbar machen" – für eine resiliente, zukunftsfähige Organisation, für deren Teams und Mitarbeitende. Das ist harte (und lohnende) Arbeit. Immer wieder. Keine einmalige Übung, sondern kontinuierliches Dranbleiben. Kulturarbeit? Ja, auch das. Aber zuvorderst ist es unternehmerische Aufgabe aus sozial nachhaltiger Verpflichtung. No waste, remember?!

Dazu gehören Prozesse, die professionell aufgesetzt und gemanagt werden. Entlang des Mitarbeitenden-Lebenszyklus („employee lifecycle") kann man prüfen, wie wert(e)orientiert und professionell z. B. der Einstellungs-, Beförderungs- oder Nachfolgeprozess aufgesetzt ist, um nachhaltige Wert(e)schöpfung und Zukunftsfähigkeit zu ermöglichen. Hierzu müssen die richtigen Messkriterien definiert und nachgehalten sein, ansonsten bleibt es leicht bei Absichtserklärungen, bei reinen Postulaten und führt nicht immer zum gewünschten Ergebnis. Das Thema

„toxische Führung" ist an anderen Stellen hinreichend beschrieben. Es ist ein Beispiel für Kalibrierungsbedarf bei Bewertungen, Indikatorennutzung und dem Wertbeitrag Einzelner (vs. deren Opportunitätskosten-Verursachung).

Ein Wirtschaften ohne Gemeinwohlverpflichtung und sozial nachhaltiges Handeln ist schädlich. Ansonsten gerät das Organisationssystem bzw. das gesellschaftliche System in Schieflage. Innovation, Transformation und Weiterentwicklung sind wichtige Voraussetzungen für Zukunftsfähigkeit. Soziale Nachhaltigkeit ist Ausdruck und Ergebnis werteorientierten Wirtschaftens.

Ich erlebe in meiner Arbeit, dass sich Organisationen auf den Weg machen: wert(e)orientierte Teamentwicklung und strategische Verzahnung in einem internationalen B2B-Unternehmen, neue Ansätze der Transformationsbegleitung im Konsumgüterbereich, intergenerativer, hierarchieübergreifender Code of Conduct-Prozess an einer Hochschule, Arbeiten an KI-Kompetenz und Ethik-Bewusstsein in Financial Services-Organisationen, Verankerung des Konzepts psychologischer Sicherheit in der Organisations- und Führungskräfteentwicklung, Verankerung sozialer Nachhaltigkeit in mittelständischen Unternehmen oder die Entwicklungen zur Diversitätsstrategie in einem Dienstleistungsunternehmen – um nur einige Praxisbeispiele zu nennen. Sie alle zeigen den Bedarf einer Auseinandersetzung mit den genannten Themen, um Bewusstsein zu schaffen, Rahmenbedingungen neu zu justieren, Kompetenzen aufzubauen und damit Zukunft möglichst aktiv mit zu gestalten. Davon braucht es mehr!

[1] Edmondson, Amy C.: The Fearless Organization. Creating Psychological Safety in the Workplace for Learning, Innovation, and Growth, Wiley John + Sons, Hoboken 2018.

[2] Brown, Brené: Dare to Lead: Brave Work. Tough Conversations. Whole Hearts, Random House Publishing Group, New York 2018.

KARIN VON BISMARCK

Partnerin bei Stanton Chase Executive Search und Gründerin SHE-excellence

Welche Werte sind dir im Leben am wichtigsten

Ein Wert ist für mich zentral, Respekt. Er basiert auf der Anerkennung und Würdigung der Einzigartigkeit und der intrinsischen Werte jedes Individuums. Respekt prägt tiefgreifend sowohl das persönliche Verhalten als auch das gesellschaftliche und unternehmerische Zusammenleben. Respekt beeinflusst nicht nur interpersonelles Agieren, sondern auch eigene Einstellungen gegenüber anderen Lebewesen, gegenüber dem Eigentum anderer und gegenüber der Umwelt. Ein respektvolles Verhalten gegenüber der Umwelt schließt eine Verschwendung von Ressourcen ebenso aus, wie das über das notwendige Maß hinausgehende Verschmutzen der Umwelt. Ich verzichte nicht um jeden Preis aufs Autofahren, aber ich reflektiere meine Nutzung, nicht weil Politiker dies vorschreiben, nicht weil es ein sozial erwünschtes Verhalten ist, sondern aus Respekt vor der Natur.

Können sich Werte im Laufe der Zeit verändern? Wenn ja, wie?

Selbstverständlich unterliegen auch Wertpräferenzen einer Veränderung im Zeitablauf, individuell und gesellschaftlich. Wertpräferenzen verschieben sich zum Beispiel je nach Lebenssituation. Beispielsweise bekommt der Wert Freiheit eine zentralere Bedeutung, wenn man eingesperrt ist. Ähnlich verhält es sich mit Ehrlichkeit, privat, gesellschaftlich und im Unternehmen. Fühlt man sich häufig belogen, wird dieser Wert wichtiger.

Einen bedeutenden Einfluss auf Werte hat auch die Kultur und die Sozialisation der Menschen. Zu vermuten ist, dass die zunehmende Globalisierung, das Internet und moderne Technologien einen Wertewandel angestoßen haben und weiterhin anstoßen.

Wie trägt deine Arbeit zu deinen persönlichen Werten bei?

Werte spielen auch in meiner Arbeit eine große Rolle. Mein Herangehen im Executive Search ist ein wertorientiertes, denn ich glaube an die verhaltensdeterminierende Funktion von Werten. Ein guter Fit zwischen Unternehmen und Kandidaten ist dann gegeben, wenn Kandidaten die gelebten Werte des Unternehmens teilen.

Umgekehrt werde ich auch immer wieder von den gelebten Werten in unterschiedlichen Unternehmen inspiriert und reflektiere meine eigenen Werte und Einstellungen. Da Werte überdauernd sind, führt dies zwar nicht zu einer Änderung meiner Werte, aber öffnet meinen Horizont für neue Einstellungen und Sichtweisen.

Wie können wir sicherstellen, dass unsere Werte in der täglichen Arbeit gelebt werden?

Arbeit ist ein großer Teil unseres Lebens. Zwar kann man unter unternehmerischen Aspekten etwas andere Wertpräferenzen haben als im persönlichen Bereich, aber in beiden Lebensbereichen sind sie unser innerer Kompass. Wenn wir unsere Werte in der täglichen Arbeit leben wollen, sollten wir uns ein Unternehmensumfeld suchen, dass zu unseren Wertpräferenzen passt, denn in einem solchen Umfeld kann man sich tatsächlich verwirklichen.

Ich setze unter anderem BPS (Business Professional Strength Rollenmodelltest von Steinbeiss), eine wertorientierte Personaldiagnostik, ein, um Unternehmen und Kandidaten möglichst gut in Übereinstimmung zu bringen.

Diese bietet den Vorteil, nicht nur die Kandidatinnen und Kandidaten sondern auch Teams im Unternehmen und deren Orientierung zueinander zu beleuchten.

Ich glaube, dass wertorientiertes Einstellungsmanagement ein Schlüssel zu unternehmerischem Erfolg ist und mehr Frauen den Weg in Führungsetagen öffnet. Denn, auch wenn es keine typischen weiblichen und männlichen Werte gibt, so zeigen Frauen häufig Wertpräferenzen, die gerade in der heutigen, agilen, unsicheren Zeit zum Unternehmenserfolg beitragen.

WELCHE WERTE HABEN ERFOLGREICHE FRAUEN?

In diesem Beitrag möchte ich beleuchten, welche Wertpräferenzen erfolgreiche Frauen haben.

Bereits Ende der 90er-Jahre, in meiner Promotion, habe ich mich mit persönlichen und unternehmerischen Wertpräferenzen und deren Einfluss auf den unternehmerischen Erfolg auseinandergesetzt. In dieser Zeit wurde eine Verschiebung der Wertpräferenzen von eher kollektivistischen Werten hin zu mehr individuellen Werten festgestellt.

Werte wie persönliche Freiheit und Selbstverwirklichung wurden zentral.

Erfolgreiche Führungskräfte und Unternehmer folgten diesem Trend nicht, sondern präferierten weiterhin klassische Werte, mit hohen Ausprägungen für Leistungsfähigkeit, Sicherheit und Selbstachtung.

Die Umbrüche der letzten Jahre und die zunehmende Frauenförderung haben mich im Frühjahr 2024 inspiriert, die Werthaltungen erfolgreicher Frauen zu erfassen. Die Ergebnisse von Wertmessungen hängen immer auch stark vom eingesetzten Wertemessverfahren ab, daher wurde ein Ansatz mit möglichst viel Freiraum gewählt.

Die Befragung

Für diesen Artikel habe ich in einem freien Interview 30 erfolgreiche Frauen aus meinem Netzwerk SHE-Excellence anonym zu ihren Wertpräferenzen befragt.

Werte sind grundlegende bewusste oder unbewusste Vorstellungen von Wünschenswertem, die die Wahl von Handlungsarten und Handlungszielen beeinflussen.[1] Werte steuern menschliches Verhalten und Handeln, sie tun dies allerdings sehr allgemein und liefern somit keine unmittelbaren Verhaltensanweisungen. Im Gegensatz zu Einstellungen, die sich situationsbedingt leicht ändern können, sind Werte relativ dauerhaft und determinieren damit langfristig die Ausrichtung einer Person.

Aufgrund des freien Interviews gibt auch die Nennung dessen, was als Wert nach der obigen Definition genannt wurde, Aufschluss über einen möglichen Wertewandel, der sich dadurch ausdrückt, dass ganz neue Werte genannt werden.

Nicht nur die Persönlichkeit, sondern auch die Kultur eines Unternehmens basiert auf einem System geteilter Werte, die Einfluss darauf haben, wie Teilnehmende innerhalb einer Organisation Entscheidungen treffen, wie sie handeln und fühlen. Erfolgreiche Frauen an der Spitze oder in einer Organisation prägen wesentlich die Unternehmenskultur mit. Unternehmen im Umkehrschluss suchen Mitarbeiter und Mitarbeiterinnen, die zur Unternehmenskultur passen und die Werte des Unternehmens teilen. Der Erfolg eines Unternehmens hängt maßgeblich an dem richtigen Fit zwischen Kandidatinnen und Kandidaten und Unternehmen.

Die Ergebnisse

Der Wert Ehrlichkeit/Transparenz wurde am häufigsten genannt, insgesamt 16 mal von 30 Befragten, gefolgt von Verlässlichkeit/Verbindlichkeit/Zuverlässigkeit (10 Nennungen) und Verantwortung (9 Nennungen).

Häufige Nennungen weisen eindeutig auf die Wichtigkeit eines Wertes hin, wohingegen seltenere Nennungen in zweierlei Richtung interpretiert werden können. Entweder haben diese Werte generell eine geringere Relevanz, oder sie sind so grundlegend, dass sie als selbstverständlich betrachtet und daher seltener explizit genannt werden.

Die Ergebnisse deuten darauf hin, dass Ehrlichkeit ein sehr wichtiger Wert ist und heute nicht mehr als selbstverständlich gilt, denn dies würde zu geringeren Nennungen führen. Ehrlichkeit ist wichtig und wird als ein wesentlicher Faktor für das Zusammenleben in der Gesellschaft und unternehmerisches Handeln gesehen. Bedenken wir, befragt wurden erfolgreiche Frauen und Unternehmerinnen, die im ständigen gesellschaftlichen und unternehmerischen Austausch stehen. Ehrlichkeit untereinander im Management, zwischen Geschäftsleuten, aber auch im Team werden als eine grundlegende Voraussetzung gesehen.

Die häufige Nennung von Verlässlichkeit / Verbindlichkeit / Zuverlässigkeit und Verantwortung betont die Bedeutung von Verantwortungsbewusstsein und -übernahme in der Unternehmensführung. Diese Werte kann man als UNTERNEHMENSETHISCHE WERTE bezeichnen.

Viele Unternehmen haben diese Werte zwar nicht explizit als ihre Unternehmenswerte definiert, aber in ihrem Vision-Mission-Statements indirekt untergebracht. Aus meiner Erfahrung als Personalberaterin im Executive Search weiß ich, dass Zuverlässigkeit und die Übernahme von Verantwortung ganz oben auf der Wunschliste für mögliche Besetzungen stehen. Interessanterweise wird der Wert Ehrlichkeit explizit nie genannt, sondern es werden Fähigkeiten wie offene Kommunikation und Gradlinigkeit gewünscht, die aber letztlich auf diesem Wert Ehrlichkeit basieren.

Die hervorstechende Bedeutung des Wertes Ehrlichkeit / Transparenz mag auch eine gesellschaftliche Dimension haben, denn Wahrheit und Ehrlichkeit sind eine Grundvoraussetzung für Vertrauen. Es gibt eine Glaubwürdigkeitskrise in der Gesellschaft, Politik und den Medien. Wäre Ehrlichkeit selbstverständlich, dann hätte dieser Wert nur eine hohe durchschnittliche Ausprägung.[2] Bei meinen empirischen Befragungen Ende der 90er-Jahre war dies der Fall.

Ein gegenläufiges Beispiel ist der Wert Freiheit (6 Nennungen). Freiheit wird den Menschen sehr wichtig, wenn sie diese nicht haben. Wir leben in einer freien Gesellschaft. Freiheit ist allen Menschen sehr wichtig, wird aber häufig als gegeben vorausgesetzt und ist daher als Wert gar nicht im Bewusstsein präsent. Die mittlere hohe Nennung reflektiert genau dies. Dieser Wert war allerdings nach der Covid-Krise massiv angestiegen.[3]

Die Würde des Menschen ist ebenfalls ein fundamentaler Wert, der das unantastbare Recht jedes Einzelnen auf Respekt und Achtung seiner menschlichen Integrität verkörpert. Die Würde ist so wichtig, dass sie im Grundgesetz Art. 1 festgeschrieben wurde. Damit gilt dieser Wert als gegeben und wird trotz seiner fundamentalen Wichtigkeit als selbstverständlich erachtet. Dieser Wert wurden in meiner Befragung nur ein einziges Mal genannt.

Aber lassen Sie uns die Auswertung weiter unternehmerisch betrachten.

Die mehrfache Nennung (25 % der Frauen nannten im freien Interview diese Werte) von den Werten Vertrauen, Respekt, Loyalität, Integrität und Fairness zeigt deren fundamentale Bedeutung für die Gesellschaft und Unternehmensführung. Diese Werte sind entscheidend für den Aufbau einer starken, positiven Unternehmenskultur, die wiederum das Engagement der Mitarbeiter fördert, das Vertrauen der Stakeholder stärkt und letztlich zum Geschäftserfolg beiträgt.

Vertrauen ist essenziell, um eine offene Kommunikationskultur zu schaffen, in der Mitarbeiter sich sicher fühlen, Ideen und Bedenken zu äußern. Respekt fördert ein integrierendes Arbeitsumfeld, in dem Vielfalt geschätzt und Konflikte konstruktiv gelöst werden. Loyalität zwischen Arbeitgebern und Arbeitnehmern stärkt das gegenseitige Engagement und unterstützt langfristige Beziehungen. Integrität gewährleistet Verhalten und Entscheidungsfindung auf Basis der eigenen ethischen Wertvorstellungen, was das Ansehen und die Glaubwürdigkeit des Unternehmens stärkt.

Diese bisher genannten SOZIALEN TEAM WERTE sind alles Werte, die ein Team erfolgreich machen. Insgesamt tragen diese Werte dazu bei, eine Unternehmensumgebung zu schaffen, die von Vertrauen, Fairness und Zusammenarbeit geprägt ist, was die Grundlage für nachhaltigen Erfolg bildet. Die Ergebnisse sind somit sehr kongruent mit dem Erfolg der befragten erfolgreichen Führungsfrauen.

Die folgenden Werte mit jeweils fünf Nennungen, lassen sich in zwei Kategorien unterteilen, einmal leistungsbezogene Werte und zum anderen sozial-emotionale Werte. Die LEISTUNGSBEZOGENEN WERTE sind Leistung, Engagement, Leidenschaft, und die SOZIAL-EMOTIONALEN WERTE sind Empathie, Altruismus, Gerechtigkeit.

Die gleichgewichtete Bedeutung beider Bereiche verdeutlicht, dass sowohl interpersonelle, gesellschaftliche als auch unternehmerische Werte in Kombination für eine harmonische und produktive Gemeinschaft und ein Unternehmen wichtig sind. Ein Unternehmen ist nur so gut, wie seine Mitarbeiter. Ein empathischer Umgang mit Mitarbeitern ist ein wesentlicher Erfolgsfaktor für deren Motivation und wirkt Fluktuation entgegen. Der Erfolg der Befragten mag auch in dieser auf Werten basierten Orientierung liegen.

Bringen wir diesen Fakt in Zusammenhang mit den bisherigen Auswertungen, können wir feststellen, dass die befragten erfolgreichen Frauen Wertpräferenzen haben, die ein kooperatives Unternehmensumfeld begünstigen, welches zur Wertschätzung von Mitarbeitern beiträgt, Integration fördert, Vertrauen aufbaut, und Engagement fördert. Gleichzeitig werden Leistung und Engagement anerkannt, selbst eingebracht und Verantwortung übernommen.

In der Befragung gab es von 30 Frauen insgesamt 116 Nennungen, wovon auf die UNTERNEHMENSETHISCHEN WERTE 35 Nennungen fielen, was 30 % entspricht. 30 Nennungen fielen auf die SOZIALEN TEAM WERTE, kombiniert mit SOZIAL-EMOTIONALEN WERTEN sind dies 40 Nennungen und damit rund 35 %, die als UNTERNEHMENSETHISCHE UND SOZIALE WERTE zusammengefasst werden können. Diese Werte kennzeichnen typischerweise auch die Basis für das Aufbauen von vertrauensvollen und nachhaltigen Beziehungen, sowohl im privaten als auch im beruflichen Kontext.

Auf der Ebene der Werte zeigen diese Ergebnisse, wie sinnvoll es ist, mehr Frauen den Weg in Führungspositionen zu ebnen, denn Frauen haben Werte, die in der heutigen Zeit wesentlich zum nachhaltigen Unternehmenserfolg beitragen.

Die anderen Wertpräferenzen lassen sich zusammenfassen zu PER-SÖNLICHEN ENTWICKLUNGSWERTEN, wie Selbstachtung, Weisheit, Gesundheit und RISIKO UND INNOVATIONSWERTEN, wie Optimismus, Neugier, Agilität und Risikobereitschaft.

Ein sehr interessantes Ergebnis dieser nicht repräsentativen Befragung ist, dass 65 % der befragten erfolgreichen Frauen mit UNTERNEHMENS-ETHISCHEN UND SOZIALEN WERTEN Wertpräferenzen haben, die die Gemeinschaft, die Integration und die Zusammenarbeit fördern.

Der Ende der 1990er postulierte Wertewandel hin zum Individualismus und Hedonismus lässt sich, zumindest bei den Befragten, nicht feststellen. Möglicherweise ist das der Schlüssel ihres Erfolgs oder der Indikator für einen neuen Wertewandel.

Ein Unternehmen ist nur so stark wie seine Mitarbeiter: Wertorientiertes Recruitment kann ein Schlüssel zu mehr Unternehmenserfolg sein und zu mehr Frauen in Führungsetagen.

[1] Definition der Werte nach Kluckhohn, Clyde: Value and Value-Orientations in the theory of action, Harvard Univ. Press, Cambridge 1951.

[2] Wie Deutschland denkt und fühlt: Freiheit ist nach zehn Jahren wieder der wichtigste Wert, Bonsai, https://www.bonsai-research.com/pressemeldungen/werteindex-update-2022-2-groesste-social-media-studie-zum-wertewandel-erschienen, Zugriff am 17.07.2024.

[3] Ebd.

SUSANNE HERBOLD

*Bildende Künstlerin,
Contemporary Art*

Welche Werte sind dir im Leben am wichtigsten?

Meine wichtigsten Werte sind Authentizität, Verbindlichkeit, Gesundheit und das gegenseitige Respektieren der Grenzen anderer. Diese beinhalten wiederum eigene Werte. Beispiel Authentizität: Wenn ich selbst „echt" bin, biete ich dadurch automatisch meinem Gegenüber eine Ebene an, auf der wir uns wertschätzend, respektvoll und ehrlich begegnen können.

Sich auf die Gesundheit zu fokussieren, bedeutet zugleich, Verantwortung zu übernehmen. Verantwortung für den Körper, der uns durch dieses Leben führt und zu 100 % davon abhängig ist, wie wir mit ihm umgehen. Für mich eine Voraussetzung für ein erfülltes und glückliches Leben.

Unsere eigenen Werte können als Inspirationen für andere dienen, was wiederum das Miteinander fördert.

Welche Prinzipien leiten dich in schwierigen Entscheidungssituationen?

Tiefes Vertrauen in meine Intuition – meinen persönlichen Kompass im Leben. Vertrauen darin, dass ich die richtige Entscheidung treffen werde. Richtig heißt übrigens nicht, dass die Entscheidung auf direktem Weg zum definierten Ziel führen muss. Oftmals sehen wir erst im Rückblick, dass besonders der ein oder andere Umweg – oder eine Hürde – uns eine wichtige Erfahrung gebracht hat, von der wir in Zukunft profitieren. Darüber hinaus bin ich von Grund auf optimistisch und bemühe mich um ein gesundes und positives Mindset. Ich bin fest davon überzeugt, dass die Perspektive, die wir im Leben einnehmen (oder auch die „Frequenz", die wir aussenden), unmittelbar Einfluss darauf hat, wie sich unser Leben entfaltet.

Welche Werte sind für dich in deiner beruflichen Laufbahn entscheidend?

Zuverlässigkeit, Transparenz, ein klares Selbstbild sowie das ernsthafte Interesse an den Bedürfnissen anderer: Als Künstlerin sollte ich nicht allein darauf fokussiert sein, wie meine Kunst buchstäblich „ins beste Licht" gerückt wird. Eine nachhaltige und partnerschaftliche Zusammenarbeit kann nur entstehen, wenn wir auch die Bedürfnisse anderer wahrnehmen. In meinem Fall handelt es sich dabei um die mich ausstellende Galerie. Ich habe die Erfahrung gemacht, dass eine gute Kommunikation im Vorfeld der Schlüssel zum gemeinsamen Erfolg ist: Was brauchst du? – Was brauche ich? Proaktiv über Ziele und Erwartungen sprechen.

Wie trägt deine Arbeit zu deinen persönlichen Werten bei?

Als Unternehmerin solltest du ein klares Wertesystem haben, das sich natürlich auch ändern bzw. weiterentwickeln kann. Es dient als Handlungs und Entscheidungsleitfaden auf deinem beruflichen Weg sowie als Kompass für andere. Besonders in einem kreativen Beruf, wie dem einer Künstlerin, prägen die Werte nicht nur das Miteinander, sondern natürlich auch unser „Produkt". Ich behaupte sogar, es ist untrennbar von uns: Unsere Werte und Perspektiven finden Ausdruck in unserem künstlerischen Schaffen.

Welche Werte sollten deiner Meinung nach in einem erfolgreichen Team vorhanden sein?

Lösungsorientierung, Entscheidungsbereitschaft und Zuverlässigkeit. Dies in einem Kontext des Vertrauens sowie einer gelebten, gesunden Fehlerkultur. Darüber hinaus die Bereitschaft, von und miteinander lernen zu wollen sowie als „Einheit" zu denken und zu agieren – mit allen Facetten der Diversität. Jeder weiß: Ein Team ist nur so gut wie sein schwächstes Glied. Diese Werte finden glücklicherweise immer mehr Aufmerksamkeit in modernen, agilen Unternehmensstrukturen.

ÜBER DIE KUNST DES EIGENEN WERTES

Wenn ich zurückblicke, haben mein Bruder und ich schon früh „Werte" kennenlernen dürfen. Allerdings wurden diese bei uns mit der Umschreibung „heilig" kommuniziert. Das mag an den kirchlichen Wurzeln liegen: Mein Vater war evangelischer Pastor und meine Mutter Kirchenmusikerin. In einem Pfarrhaus – wie ich es kennengelernt habe – stand buchstäblich immer die Haustür auf. Es war meinem Vater wichtig, für seine Gemeinde erreichbar zu sein. Bis auf eine Ausnahme: Wenn zur Mittagszeit das Telefon klingelte, habe ich den Anrufer unsanft mit den Worten: „Jetzt ist Mittagspause! Die ist hier heilig!" abgewimmelt. Ein Szenario, das heutzutage aus der CEO-Perspektive eines aktiennotierten Unternehmens vermutlich undenkbar wäre ...

Glücklicherweise ändern sich auch Werte im Verlauf des Lebens. Das liegt in erster Linie an unserer persönlichen Weiterentwicklung, die durch unsere eigenen Erfahrungen geprägt wird. Zeitgleich nehmen wir aber auch Haltungen und Meinungen aus unserer Umwelt bzw. unserem Bekanntenkreis auf. Insofern sind es auch die Erfahrungen anderer, die unser Bild auf unser persönliches Leben und die Gesellschaft beeinflussen. Die Perspektiven, die wir wahrnehmen, formen wiederum unsere Ansichten und die daraus resultierenden Werte.

Nicht nur die Mode ändert sich – auch unsere Ansichten

Kannst du dich noch an deine Teenager- oder junge Erwachsenenzeit erinnern? Vielleicht ging es dir ähnlich wie mir: Statt Streben nach Authentizität – heute einer meiner höchsten Werte – war es damals eher der Wunsch nach Anerkennung und Erfolg, die mein Handeln bestimmten. Es war mir sehr wichtig, was Leute über mich dachten. Heute ist so ein Szenario für mich nur noch schwer vorstellbar. Vielleicht geht es dir ähnlich. Im Rückblick wird deutlich, dass wir uns selbst noch „finden" mussten und sich unser Selbstbild – oder besser: Selbstbewusstsein – noch entfalten durfte. In der Zwischenzeit orientiert man sich daher notgedrungen an anderen, die vermutlich ebenso unsicher waren wie man selbst.

Sich seiner selbst bewusst sein. Was bedeutet das eigentlich? Aus meiner Perspektive ist es mehr, als sich einzugestehen, was wir können/nicht können, erreicht haben/nicht erreicht haben oder wie wir uns äußerlich wahrnehmen. Für mich beschreibt es buchstäblich die Ganzheitlichkeit unseres Seins: wahrzunehmen, wer wir wirklich „sind". Über die Grenzen der gesellschaftlichen Stellung und dem Selbstbild der Äußerlichkeit hinaus.

Wir sind mehr, als wir sehen – wir müssen nur genau hinschauen

In einer Runde von erfolgreichen Unternehmern fiel kürzlich die Frage, ob sie sich schon auf die Zeit freuen, wenn sie in 5/10/15 Jahren ihr Unternehmen verlassen werden und mehr Zeit für ihre Familien und Hobbys hätten. „Wer bin ich denn dann?", fragte einer aus der Runde nachdenklich und ergänzte den Gedanken mit: „Schwer vorstellbar! Ich bin doch mein Job – wer bin ich denn ohne?"

Ich habe mir später selbst die Frage gestellt und nahm wahr, dass ich ganz anders darüber denke. Gleichzeitig respektiere ich natürlich auch andere Perspektiven.

Als Künstlerin fühle ich mich ebenfalls fest verbunden mit meinem Beruf („Berufung"). Er ist ein Teil von mir, daher gibt es in meinen Arbeiten auch keine Trennung zwischen einer privaten und einer beruflichen Susanne Herbold. Der Unterschied jedoch ist, dass ich die Bereiche beruflich und privat in einen eigenen Gesamtkontext zum Leben setze: Wir sind mehr als die „Künstlerin", die „Unternehmerin", die „Ehefrau", die „Mutter". Das sind lediglich die Rollen, die wir in dieser Welt spielen. Und das Wort „spielen" nutze ich hier bewusst.

Wenn die Intuition hörbar wird

Kennst du den Moment, wenn du auf dem Weg zum Flughafen, wie aus dem Nichts, plötzlich den Gedanken hast: „Personalausweis" und dir wird bewusst, dass du ihn tatsächlich extra noch auf den Küchenblock gelegt hast, damit du ihn nicht vergisst?

Du hast noch Zeit, umzudrehen. Wäre das Versäumnis am Flughafen erst aufgefallen, wäre das natürlich ein Desaster gewesen.

Aus meiner Erfahrung besitzen besonders wir Frauen eine hohe Kompetenz darin, das berühmte „Bauchgefühl" wahrzunehmen (was nicht automatisch heißt, dass wir immer darauf hören). Der Körper sendet mitunter eindeutige Signale, dass z. B. das Angebot, welches dir gerade unterbreitet wird, nicht zu dir passt (oder gar unseriös ist) oder dass dein Gegenüber nicht authentisch ist. Je mehr wir auf diese Signale hören, desto mehr werden wir merken, dass wir ihnen vertrauen können.

Aber wer spricht da zu uns? Ist es unser Ego, unsere Unternehmerinnenrolle, unser Körper selbst?

Oben auf dem Berg siehst du mehr als auf halber Höhe

Ich habe einen tiefen Glauben darin, dass dieser Anteil von uns der Teil ist, der schon immer existiert hat – und immer existieren wird. Der Teil, der immer den Blick von der Spitze des Berges hat, während wir noch unten in den Verstrickungen des Lebens erst auf den ersten Anhöhen sind. Der Teil, der verbunden ist mit der Schöpfung.

Mir hilft dieses Bild enorm, da es zum einen Platz für Wunder lässt in unseren Leben und somit eine positive Grundhaltung nährt. Aber auch, weil es hilft, ins Vertrauen zu gehen. Vertrauen darin, dass die Wege, die wir gehen, die Entscheidungen, die wir treffen, in einem sinnvollen Gesamtkontext eingebettet sind.

Vielleicht hast du Lust, einmal bei dir selbst den Rückblick zu wagen: Wie oft waren vermeintlich negative Erfahrungen im Endeffekt gute Erfahrungen für dich, die dich später positiv geprägt und deine Sinne und Werte geschärft haben? Ich hoffe und wünsche mir sehr, dass du auch zu dem Schluss kommst, dass in der Rückschau vieles im Leben einen Sinn hatte.

SelbstWert: mehr als ein schönes Wortspiel

Wenn ich heute gefragt werde, was ich beruflich als „Schlüssel zum Erfolg" definieren würde, wäre es – neben den erforderlichen Kompetenzen – ein gesunder Selbstwert und der Mut, authentisch zu sein. Wenn wir uns unseres eigenen Wertes bewusst sind, werden wir automatisch mehr bei uns selbst sein und uns nicht in Situationen bringen lassen, die nicht unseren inneren Werten entsprechen. Der Selbstwert – oder auch das Selbstbewusstsein – agiert dabei wie ein Kompass, macht Perspektiven klar und setzt Grenzen.

Wir alle kennen Menschen, die sich wie ein „Fähnchen im Wind" am Gegenüber ausrichten. Sei es, weil sie es für die richtige Strategie halten – dem anderen in allen Belangen zuzustimmen – oder es als höfliches Miteinander interpretieren. Ich finde den Umgang mit diesen Menschen schwierig, weil für mich eine wertschöpfende Kommunikation und ein bereicherndes Miteinander Authentizität voraussetzt. In meinen Augen wird ein Austausch auf dieser Ebene überhaupt erst spannend.

„Die persönliche Freiheit hört da auf, wo die des Anderen anfängt."

Diesen Satz kenne ich schon aus Kindheitstagen. Er beinhaltet auch, dass wir wahrnehmen und respektieren, dass jeder seinen eigenen Wirkungskreis hat, den er auch selbst für sich gestalten darf, solange er dabei die Freiheit Anderer nicht einschränkt.

Wenn jeder sagt, was er braucht und kommuniziert, was ihm wichtig ist, wird es weniger Missverständnisse und mehr Klarheit geben. Unsere Klarheit wird mein Gegenüber ermutigen, ähnlich zu agieren.

Als Künstlerin können meine Bilder noch so sensationell und einzigartig gearbeitet worden sein. Wenn ich kein Interesse daran hätte, andere Perspektiven zu verstehen, würden meine Bilder vermutlich ungesehen einstauben, da es keinen wirklichen Dialog über meine Arbeiten (oder Kunst im Allgemeinen) geben würde. Abgesehen von bestimmten kunstmarktrelevanten Gegebenheiten (Werdegang, Präsenz, Marktwert) entscheidet letztendlich der Betrachter allein und rein subjektiv, ob er sich auf das Kunstwerk „einlassen" möchte oder nicht. Eine introvertierte, egozentrische Künstlerin würde nicht wirklich hilfreich sein.

Gemeinsam statt allein

Ähnlich ist es mit meinen Geschäftspartnern, wie z. B. Galeristen oder Auftraggebern: Eine partnerschaftliche Zusammenarbeit kann nur dann entstehen, wenn ich nicht nur klar bin in meinem Wert und meinen Wünschen, sondern es mir zu gleichen Teilen wichtig ist, was der andere braucht. Wie können wir uns gegenseitig unterstützen? Win-win sollte hier der Mindestanspruch sein.

Apropos win-win: Seit Beginn meiner künstlerischen Karriere spende ich 10 % meiner Einnahmen an ein gemeinnütziges Projekt oder eine karitative Einrichtung. Somit kann meine Kunst nicht nur die neuen Besitzer erreichen, sondern sie schenkt Freude und Unterstützung mitunter an einem ganz anderen Teil der Erde. Das Konzept nenne ich „Kunst für mehr Lebensfreude". Es macht mich glücklich, zu sehen, dass sich eigene Wertesysteme positiv potenzieren können.

SARA KUKOVEC

*Founder & CEO der
Builders and Creatives
GmbH*

Welche Werte sind dir im Leben am wichtigsten?

Vertrauen, Respekt, Mut, Wertschätzung, Freiheit und Gleichberechtigung sind die Grundpfeiler meines Lebens. Diese Werte haben nicht nur meine Karriere geprägt, sondern auch mein persönliches Handeln und Denken tief beeinflusst. Es ist spannend zu sehen, wie sich die Bedeutung dieser Werte im Laufe der Zeit entwickelt hat.

Können sich Werte im Laufe der Zeit verändern? Wenn ja, wie?

Ja und nein. Die Antwort liegt irgendwo dazwischen.

Meiner Wahrnehmung nach bilden unsere Werte den Kern unseres Lebens und prägen unsere Entscheidungen und Handlungen. Gleichzeitig sind sie aber nicht starr und unveränderlich. Im Laufe unseres Lebens durchlaufen wir verschiedene Phasen und erleben unterschiedliche Herausforderungen. Diese Erfahrungen können unsere Werte beeinflussen und zu einer Neuinterpretation oder Neupriorisierung führen.

Durch das Erweitern unseres Wissens und Horizonts können wir unsere Werte reflektieren und neu definieren. Dies führt zu persönlichem Wachstum und hilft uns, ein authentisches und erfülltes Leben zu führen. Und gleichzeitig gibt es grundlegende Werte, die uns über die Zeit hinweg begleiten. Diese Werte bilden unser Fundament und geben uns Orientierung in schwierigen Situationen. Sie sind der Kompass, der uns durch das Leben führt.

Die Art und Weise, wie wir unsere Werte ausdrücken, kann sich im Laufe der Zeit verändern. Dies liegt wahrscheinlich daran, dass wir mit zunehmendem Alter reifer und selbstbewusster werden. Wir lernen, unsere Werte auf eine Weise zu kommunizieren, die unseren Bedürfnissen und Überzeugungen entspricht. Werte sind sowohl stabiler als auch wandelbar, somit ein integraler Bestandteil unserer Persönlichkeit und entwickeln sich mit uns weiter. Es ist ein dynamischer Prozess, der von unseren Erfahrungen, unserem Lernen und unserem persönlichen Wachstum beeinflusst wird.

Wie trägt deine Arbeit zu deinen persönlichen Werten bei?
Meine Werte leiten mich wie ein Kompass und sind die treibende Kraft hinter meinem beruflichen Handeln. Im Folgenden mehr darüber.

VON DER VISION ZUR REALITÄT: UNTERNEHMERTUM IM EINKLANG MIT PERSÖNLICHEN PRINZIPIEN

Wie die Werte mein Leben und meine Arbeit prägen

Ein respektvolles und wertschätzendes Miteinander sowie die Verantwortung gegenüber Gesellschaft und Umwelt haben mich dazu gebracht, über die Gründung eines eigenen Unternehmens nachzudenken. Den Entschluss dann tatsächlich in die Tat umzusetzen und den Mut aufzubringen, sich zu trauen – oder noch besser: sich selbst zu vertrauen –, hat mich viel Überwindung gekostet.

Ich bin in der Bau- und Immobilienwirtschaft tätig, einem Sektor, der im Vergleich zu innovativen Branchen wie IT, Automotive oder Pharma als träger Adaptierer neuer Technologien gilt. Auch bei der Disruption von Geschäftsmodellen hinkt er hinterher.

Die bebaute Welt um uns herum ist eines der größten Produkte, die wir Menschen erschaffen, und eine der komplexesten Wertschöpfungsketten mit vielfältigen Akteuren und Interessen. Zugleich ist sie einer der Wirtschaftszweige mit erheblichen negativen Auswirkungen auf Umwelt, Biodiversität und soziale Gerechtigkeit. Hoher Flächenverbrauch, Bodenversiegelung und -verdichtung zerstören natürliche Lebensräume, beeinträchtigen fruchtbare Böden, die Wasserspeicherung und Naturkreisläufe stark. Die Wertschöpfungskette belastet Ökosysteme und trägt zum Verlust der Biodiversität bei. Der Sektor verbraucht riesige Mengen an Energie (ca. 40 % weltweit), Wasser, Ressourcen und verursacht etwa 38 % der globalen CO_2-Emissionen. In Deutschland beispielsweise sind 55 % der Abfälle Bau- und Abbruchabfälle. Um dies zu verdeutlichen: Eine 60 m² große Wohneinheit entspricht ca. 176 t Bauabfall.[1] Pro Person in Deutschland fallen rechnerisch 361t Material an – so viel wie ein voller sechsteiliger ICE. Hinzu kommt soziale Ungleichheit, gepaart mit Gentrifizierung, die sich für einen Teil der Bevölkerung in besseren Wohnmöglichkeiten und Zugang zu mehr Ressourcen widerspiegelt und den sozial-ökologischen Strukturwandel beeinflusst.

Es gibt auf zahlreichen Ebenen immenses Potenzial für Nachhaltigkeit und Innovation. Das Gute dabei ist, wir verfügen über das Wissen und Lösungsansätze, um eine bessere Welt zu bauen. Entscheidend ist, diese anzuwenden.

Obwohl die Grundprinzipien des Bauens simpel sind, gestaltet das komplexe System mit verzahnten Prozessen, vielen Regularien sowie unterschiedlichen Interessen und Beteiligten die Umsetzung herausfordernd. Um diese vielfältigen Herausforderungen zu meistern, ist eine enge Zusammenarbeit über Fachgrenzen hinweg unerlässlich. Dabei bilden unsere gemeinsamen Werte das Fundament für eine Zusammenarbeit, Ko-Kreation, Kooperation und Partnerschaften, die gemeinsame Ziele verfolgen.

In meinem Unternehmen sind die gemeinsamen Werte und unser „Warum" das Herzstück unserer täglichen Arbeit. Darauf aufbauend gestalten wir unsere Projekte und suchen Menschen, die mit uns in dieselbe Richtung ziehen. Das bedeutet nicht, dass unsere Werte identisch sind, aber es gibt viele Überschneidungen, die uns zusammenhalten. Diese Zusammenarbeit lebt von Diversität, interdisziplinären Fähigkeiten und persönlichen Stärken.

Jeden Tag arbeiten wir daran, das Gemeinschaftsgefühl zu stärken und daraus Werte zu schaffen, die über das rein Geschäftliche hinausgehen. Unser Handeln sehen wir im Kontext von Gesellschaft und Umwelt, wobei unser Ziel ist, positive Veränderungen zu bewirken. Diese Haltung sowohl im Beruflichen als auch im Privaten zu leben, ist nicht immer einfach, besonders wenn sie auf andere Perspektiven trifft. In solchen Momenten ist es wichtig, auch die Haltung des Gegenübers zu respektieren, zuzuhören und Empathie zu zeigen.

Mut zur Gleichberechtigung in der Bau- und Immobilienwirtschaft

Während meiner Schul- und Studienzeit in Slowenien wurde ich oft gefragt: „Was willst du werden?", anstatt: „Für was möchtest du einstehen?" Die erste Frage ist mit Druck und Erwartungen verbunden, während die zweite Frage anregt, darüber nachzudenken, was einem wichtig ist.

Schon früh wusste ich, dass ich Geschäftsfrau werden wollte. Fasziniert von starken Frauen in den Filmen der 90er-Jahre, die sich in einer männerdominierten Welt durchsetzen, hatte ich jedoch nie darüber nachgedacht, wofür ich mich in dieser Aufgabe einsetzen wollte. Als Wirtschaftsingenieurin mit der Fachrichtung Bau landete ich in einer von Männern geprägten Welt. „In keinem anderen Wirtschaftszweig sind so wenig Frauen beschäftigt wie am Bau – es sind 11 %. Der Bau ist bis heute eine weitgehend frauenfreie Zone."[1]

In Deutschland, meinem neuen Zuhause, absolvierte ich ein weiteres Studium im Bereich Ingenierbau & Baumanagement und arbeitete nebenbei. Als junge Ingenieurin wurde mir oft ein subtiles Gefühl der Ungleichheit vermittelt. Nachdem ich die Sprachbarriere überwunden hatte, gewann ich an Selbstbewusstsein und übernahm schnell mehr Verantwortung. Oft war ich die einzige Frau in Meetings, sowohl im Büro als auch auf der Baustelle, und musste mir spürbar Respekt erarbeiten.

Ein prägendes Erlebnis war, als in einem großen Unternehmen die Unternehmensstrategie vorgestellt wurde. In der ersten Führungsebene waren nur Männer vertreten, in der zweiten Ebene ebenfalls, mit einer Ausnahme. Diese Ungleichheit spiegelt sich auch in der Bau- und Immobilienbranche wider. „In den Studiengängen der Immobilienwirtschaft haben wir 42 % Studentinnen. Aber von denen kommen nur 11 % in den Führungsetagen der Immobilienwirtschaft an. Mehr als die Hälfte der Absolventen im Fachbereich Architektur sind Frauen (58 %). Aber nur 3 % der Vorstandsmitglieder in Architekturbüros sind weiblich."[2]

Obwohl das Gefühl der Ungleichheit in meiner beruflichen Laufbahn irgendwann weniger intensiv wurde, begleitete es mich weiterhin. Heute, als Gründerin eines eigenen Unternehmens in einer männerdominierten Branche, nehme ich jedoch auch positive Entwicklungen wahr.

Sich treu bleiben und dem Prozess vertrauen

Die Entscheidung, ein eigenes Unternehmen zu gründen, war tief in meinen persönlichen Prinzipien verwurzelt. Um ehrlich zu sein, diese Wahl beruhte hauptsächlich darauf. Die Angst vor dem Gründen und der Umsetzung war immens. Der Drang, ein Leben zu führen, das im Einklang mit meinem Inneren und meinen Werten steht, überwog jedoch die Furcht vor dem Unbekannten. Obwohl mich die Angst fast überwältigte, habe ich mich entschieden, diesen Schritt zu gehen.

Als junge Unternehmerin stelle ich mich täglich vielen neuen Herausforderungen, doch ich bin jeden Tag dankbar für den Mut, den ich damals aufgebracht habe. Und auch dafür, dass ich diese Entscheidung jeden Tag aufs Neue treffe. Dieser Schritt hat mich beflügelt und ermöglicht, authentisch zu leben und für das einzustehen, was mich ausmacht.

Trust the process: Dieses Prinzip habe ich erst nach der Gründung als sehr wertvoll empfunden und gelernt.

Täglich treffen wir viele Entscheidungen, aber einige von ihnen betreffen maßgeblich die persönliche und die Unternehmensentwicklung. Entscheidungen zu treffen, die tiefgreifende Änderungen mit sich bringen, ist essenziell, egal ob sie gut oder weniger gut sind. Keine Entscheidung zu treffen, ist aus meiner Sicht häufig die deutlich schlechtere Alternative, die uns blockiert und unnötige Ressourcen kostet.

Die schwierigsten Entscheidungen sind jene, die Kompromisse, Verzicht und Verluste nach sich ziehen. In solchen Fällen ist das innere Wertesystem der beste Wegweiser für nachhaltige Veränderung. Vertrauen in sich selbst und Resilienz sind dabei entscheidend. Eine lehrreiche Erkenntnis war, dem Prozess zu vertrauen und das loszulassen, was nicht in meinem Handlungsbereich liegt.

Rückblickend war die Entscheidung, zu gründen und mich für meine Werte einzusetzen, wohl eine der mutigsten Entscheidungen meines Lebens. Noch herausfordernder war es, meine eigenen Werte und persönliche Haltung täglich vorzuleben. Aus meiner Erfahrung kann ich nun anderen mitgeben: Es ist eine kontinuierliche Lern- und Demutsreise, die sich lohnt. Denn es ist ein nachhaltiger Weg. Wir haben jeden Tag die Möglichkeit, neue Entscheidungen zu treffen und die Welt aktiv mitzugestalten.

Mutige Entscheidungen treffen, große Ziele haben und dem Prozess vertrauen, lohnt sich. Es lohnt sich, die Umgebung aktiv zu verändern und aufzubauen. Es liegt an uns, wie wir diese Welt gestalten und in welcher Welt wir leben möchten.

[1] Baukulturbericht 2022/2023, Bundesstiftung Baukultur, https://www.bundesstiftung-baukultur.de/fileadmin/files/content/publikationen/Grafiken_BKB2223_deutsch_gesamt.pdf, Zugriff am 19.07.2024.

[2] Geywitz, Klara: Bauen und Frauen: Der Kulturwandel auf dem Bau muss weitergehen, 27.03.2023, https://www.bmwsb.bund.de/SharedDocs/reden/Webs/BMWSB/DE/2023/frauen-und-bauen.html, Zugriff am 19.07.2024.

DR. SARAH MARIA NORDT

*Gründerin & Geschäfts-
führerin des FashionTech
Start-ups SANOGE*

Welche Werte sind dir im Leben am wichtigsten?
Alles, was dem Schönen, Wahren und Guten zuträglich ist. Das sind Lebens-freude, Dankbarkeit, Verantwortung, Mut, Freiheit und Wertschätzung. Viele andere Werte wie Höflichkeit, Respekt und Optimismus lassen sich von ihnen ableiten.

Wie trägt deine Arbeit zu deinen persönlichen Werten bei?
Die Gründung eines eigenen Start-ups ist per se ein sehr wertgetriebe-nes Unternehmen. Mit der Herstellung unserer Designs in Deutschland setzen wir uns ein für faire Arbeitsbedingungen und mehr Gerechtigkeit. Die Technologie unseres digitalen SANOGE-Modekonfigurators ist unter anderem darauf ausgelegt, die größten ökologischen Herausforderun-gen der Textilbranche, wie massive Überproduktion und Ressourcenver-schwendung, KI-basiert zu lösen. Die Werte von uns als Gründerinnen sind bei SANOGE Bestandteil der Unternehmens-DNA. Unternehmerin sein heißt bei uns: gelebte Verantwortungsübernahme.

Wie wichtig ist es, in einem Team oder Unternehmen gemeinsame Werte zu haben?

Strategien ändern sich. Werte bleiben der Fels in der Brandung. Weil sich auch Meinungen und Perspektiven ändern können, braucht jedes starke Team eine Grundlage an geteilten Werten. Bei uns zum Beispiel verbalisieren wir diese Werte in unserer Vision und Mission. Gemeinsame Werte helfen, auch in stürmischen Zeiten dem eigenen Leitstern treu zu bleiben, und sind damit sehr wichtig.

SEI EIN ADVOKAT FÜR WERTE –
MUT ZU IDEALISMUS

Welchen Wert haben Werte? Wir gehen davon aus, dass Werte an sich werthaltig sind. Was macht sie beständig, die Prüfung der Zeit bestehend? Falls denn Wertbeständigkeit eine Eigenschaft ist, welche wir von Werten fordern. Und wissend, dass Werte auf dem Papier wertlos sind: Wie viele „Werte" und welcher Art braucht es, damit eine Handlung als wertvoll, werthaltig oder zumindest wertgetrieben gilt?

Philosophische Gedanken. Weitaus weniger philosophisch geprägt sind Werte im betriebswirtschaftlichen Kontext. Oder zugespitzt gesagt: der „Wertbegriff des Kapitalismus". In diesem Bereich sind auch wir als Unternehmerinnen angesiedelt. Unternehmen schaffen Güter durch Wertschöpfung. Und im Gegensatz zu Philosophen, die durch ihre Geistesarbeit sicherlich auch eine Form von Gut erschaffen, haben diese Güter primär einen materiell-orientierten Charakter. Die Sicherstellung der Wertschöpfung ist unternehmerische Kernaufgabe und bildet die Grundlage für eine Wertsteigerung unserer Unternehmen. Den primären „unternehmerischen Werten" gemäß der kapitalistischen Markttheorie nach Adam Smith werden dadurch bereits alle Dienste geleistet.[1]

Ein junges Unternehmen, ein Start-up zu gründen und hochzuziehen erfordert viel Mut. Es erfordert Ausdauer, Hartnäckigkeit, vielleicht auch ein bisschen Verbissenheit, Frustrationstoleranz und Resilienz. Manchmal ist die einzige Alternative zum Aufgeben, etwas zu tun, was gemeinhin als völlig irrational und unmöglich angesehen wird: allen Vorhersagen der Welt widersprechend und zum Scheitern verurteilt. Und dann entscheidet man sich doch für das scheinbar Irrationale. Ein Start-up in der Modebranche gründen, einer der Wirtschaftsbereiche mit dem härtesten Wettbewerbskampf überhaupt. Und dann auch noch die Entscheidung für eine Produktion zu 100 % in Deutschland. Manchmal behalten skeptische Vorhersagen recht und manchmal – und das ist der Suck Out, auf den Start-ups pokern – werden aus ebendiesen Risikomanövern die größten Erfolge.

Und dann sind sie da, die glamourösen Momente des kontemporären Unternehmertums: die Panel Discussions, zu denen man als Gründerin eingeladen wird. Die Keynote Speeches, die man halten darf. Und die Podcasts, in denen man sein „Recipe for success" in Worte fassen soll. Yep. Und dort sitzend würde man, wenn man ehrlich wäre, eine Geschichte erzählen über das Irrationale, die Potenziale des vordergründig Unmöglichen. Eine ehrliche Antwort. Aber keine, die mir beim nächsten Board Meeting mit unseren Investoren ein besonders angenehmes Leben machen oder beim nächsten Familientreffen Applaus einholen würde. Über die Zeit habe ich also versucht, einen weniger naiv klingenden, aber gleichsam wahren Inhaltskern herauszukondensieren. Seitdem lautet meine Lieblingsantwort auf die Frage, was das Geheimnis für Erfolg als Start-up-Gründer ist:

Do what you love, love what you do.

Ein Spruch, der seit Beginn meines Betriebswirtschaftstudiums auf einer Postkarte, von meiner Mama an mich nach St. Gallen versendet, in meinem Kleiderschrank hängt. Und im Kleiderschrank hängend mag für eine FashionTech-Gründerin so einiges bedeuten.

Denn wir als Unternehmer stehen für sehr viel mehr ein als Wertschöpfung im kapitalistischen, monetären oder anderweitig materialistischen Sinne. Unternehmer sind Idealisten. Denn ihre Unternehmen schaffen mehr als materielle Güter. Sie kreieren Landschaften und Wirkungsfelder, die Werte verkörpern. Ideelle Werte. Und diese ideellen Werte füllen den Leerraum zwischen den betriebswirtschaftlich-finanziellen nachvollziehbaren Entscheidungen und diesem Irrationalen, das aus rein ertragsorientierter Perspektive der Rechtfertigung bedarf.

Unternehmer sind Idealisten, weil ihr Einsatz persönlicher Art ist. Als Gründerinnen haben wir bei SANOGE, repräsentativ für sehr viele andere Gründer dort draußen, viel investiert: unsere Zeit, unsere Kreativität, unser Geld, unser Herzblut. Betrachtet man nüchtern die Risiko-Ertrags-Statistiken der Start-up Szene, wäre jeder Euro besser in einem gut gemanagten Real-Estate-Fund und jede Stunde Arbeitszeit zweier promovierter High Performerinnen besser in einem Investment-Banking-Job investiert. Nicht aber das eigene Herzblut. Unternehmer sind Idealisten, weil sie „all in" sind: in einer Mission, die eigenen Werte zu verwirklichen, und um aus Visionen Realität werden zu lassen.

Wertebasierte Führung, Wertegemeinschaft, Wertepluralismus, Wertewandel, Werteverfall: In unserer Zeit wird der Diskussion über Werte in unterschiedlichen Ausprägungen mehr und mehr Platz eingeräumt. Gefühlsmäßig hat jeder Joghurt seinen eigenen Wertekodex. Werte sind wichtig, denn sie tragen das menschliche Zusammenleben, sorgen für Wohlstand und ein gutes Miteinander und sind damit wesentlich für Zwischenmenschlichkeit und Erfüllung. Gerade in Zeiten massiver globaler Instabilitäten und Herausforderungen sind Werte als unser Kompass und wegweisender Nordstern wichtiger denn je. Ausschlaggebend ist jedoch, wie viel wir nicht nur über Werte sprechen, sondern wie radikal wir ihnen folgend handeln. Angesichts so vieler Missstände im Kleinen, Mittleren und Großen braucht diese Welt Menschen, die sich in ihrem ganz konkreten Tun von Werten leiten lassen. An dieser Stelle übernehmen Idealisten das Ruder. Und wir alle können einer sein.

Idealisten sind ein bisschen wie die „Hooligans der Werte". Sie treffen Entscheidungen geleitet von ideellen Überzeugungen, von ihren Werten. Und das auch in Situationen, in denen die wertgetriebene Entscheidung sich als weniger bequem, vielleicht persönlich sogar nachteilig abzeichnet. Die Philosophie des Idealismus erkennt an, dass persönliche Überzeugungen in vielen Fällen wichtiger als rein materielle Beweggründe sind. Und diese Überzeugungen basieren auf Werten. Begrifflich unterscheidet man zwischen dem „allgemeinen Idealismus", welcher impliziert, dass eine Person ihren ganz persönlich als richtig und wertvoll definierten Werten folgt, und dem „ethischen Idealismus", bei welchem die zu verfolgenden Werte dem Wohl der Allgemeinheit dienen und gemäß einem global-humanistischen Menschenbild, das Schöne, Wahre und Gute fördern. Werte, die sich auf ein das eigene Selbst übersteigende Wohlergehen ausrichten, das Leben fördern und der Gemeinschaft dienen. Und auch unseren Planeten als Lebensgrundlage schützen. Der

„ethische Idealismus" folgt kontextabhängigen Werten, wie sie sich von der „Goldenen Regel" ableiten lassen, in unseren Breitengraden auch konkretisiert vom Gebot der umfassenden Nächstenliebe.

Idealismus aus pragmatischer Perspektive ist gelebte, ethische Werte in Extremform. Und diesen „positiven Extremismus" brauchen wir heute, um uns gemeinsam als Weltgemeinschaft den großen Herausforderungen zu stellen. Seit 2016 erleben wir die jeweils wärmsten Jahre in Folge, gemessen an der globalen Durchschnittstemperatur seit Beginn der Wetteraufzeichnung (für Deutschland seit 1880).[2] Auch heute noch leben 1,1 Milliarden Menschen unter extremsten Formen der Armut.[3] Und das ist kein Phänomen, das komplett losgelöst von uns stattfindet: Um unsere Konsumfreude, allgemein gesprochen den Konsum eines durchschnittlichen Mitteleuropäers, zu decken, arbeiten laut „Slavery Footprint" heute zwischen 40 und 70 Menschen in sklavereiähnlichen Bedingungen in einem Niedriglohnland:[4] Sie nähen Kleider, bauen Smartphones zusammen, schürfen das Mineral Mica in gefährlichen Minen, um Liedschatten glitzernd zu machen. Die Lage ist extrem und es ist unsere kollektive wie auch sehr individuelle Verantwortung, sie für eine gerechtere Gesellschaft in die Hand zu nehmen.

Wir dürfen mutig sein, um als „Agents of Change", als echte Idealisten, in dieser Welt etwas zu bewegen. Als Unternehmerinnen können wir das gut. Denn gerade die Differenz zwischen dem rein rational Erklärbaren und den irrationalen Überzeugungen sind tiefe Werte, die uns antreiben. Die uns bewegen, Dinge zu tun, die als viel zu riskant, viel zu unwahrscheinlich in ihrem Gelingen und viel zu unmöglich erscheinen. Und manchmal die später am meisten bejubelten Erfolge herbeiführen: in ideeller wie auch oft materieller Dimension. Wir als Menschen im 21. Jahrhundert dürfen uns alle als Unternehmende verstehen. Denn wir haben etwas zu unternehmen, damit uns unsere eigene Lebensgrundlage, unser Planet, nicht unter den Füßen zusammenbricht. Dafür müssen wir mutig sein. Wertegetrieben und das radikal: echte (ethische) Idealisten eben. Tatkräftige Advokaten für das Gute: für Werte, die uns allen ein Leitstern sein sollten. Und das im Kleinen, im Mittleren – in unseren Communitys, durch unsere tägliche Arbeit, mit unseren Kaufentscheidungen – und auch im ganz Großen.

Der Devise „Do what you love, love what you do" im eigenen Handeln zu folgen, ist eine sehr wertegetriebene Angelegenheit. Unterm Strich lieben wir doch alle diesen Planeten und wollen, dass es unseren Mitmenschen gut geht – ob hier vor Ort, oder in einer globalisierten Welt eben auch fernab des eigenen Horizonts. Dafür dürfen wir uns einsetzen.

Und was gäbe es Schöneres als eine Welt, in der nicht nur über Werte gesprochen wird, sondern diese gelebt werden. Dafür braucht es Extremisten im positiven Sinne: Vorbilder, die es ernstnehmen. Die idealistisch zu ihren Überzeugungen stehen, auch wenn es eng und unbequem wird. Im kritischen Diskurs und einem aufgeklärten Werteverständnis folgend. Was zählt, ist unser Einsatz. Extreme Situationen fordern extremes Commitment. Wir werden sicherlich nicht von heute auf morgen unser Leben komplett umwerfen. Aber vielleicht denken wir manchmal dran, dass es okay ist, ein Idealist zu sein. Dass das „Irrationale" manchmal ein Wink der Nadel unseres Wertekompasses ist. Und so darf ich uns alle einladen, in dieser Hinsicht Unternehmerinnen und Unternehmer zu werden. Idealistische Unternehmer, die ihren Werten folgen. Radikal für den Wandel zum Guten und das Schöne, Wahre und Gute an sich. In unseren Gedanken, Worten und Taten.

[1] Bendixen, P.: Die Unsichtbare Hand, die Freiheit und der Markt: Das weite Feld ökonomischen Denkens, LIT Verlag, Berlin 2009.

[2] Umweltsbundesamt: Weltweite Temperaturen und Extremwetterereignisse seit 2010, https://www.umweltbundesamt.de/themen/klima-energie/klima-wandel/weltweite-temperaturen-extremwetterereignisse-seit#Chronik, Zugriff am 01.08.2024.

[3] Auszug aus „Agenda 2030: Wo steht die Welt?", https://www.2030agenda.de/sites/default/files/2030/zwischenbilanz/Agenda_2030_Zwischenbilanz_Ziel_01.pdf, Zugriff am 01.08.2024.

[4] https://slaveryfootprint.org

© Frank Guder

SIMONA DECKERS

*Leadership Advisor
& Success Strategist*

Wie trägt deine Arbeit zu deinen persönlichen Werten bei?

Ich habe einen Beruf gewählt, in dem ich die Weiterbildung und die Potenzialentfaltung von Menschen unterstütze. Somit habe ich einen positiven Einfluss auf ihre persönliche und berufliche Entwicklung. Da diese Menschen ihrerseits wiederum einen großen Einfluss auf Menschen haben, zieht die Wirkung weite Kreise und stellt einen wertvollen Beitrag zur Gesellschaft dar.

Zudem sind mir Integrität und Verlässlichkeit wichtig. Ich lege in meiner Arbeit und in meinen Beziehungen zu Mitarbeitern und Kunden großen Wert auf Ehrlichkeit, Offenheit und ein friedliches Miteinander. Das sind für mich die Grundlagen für Vertrauen und für eine langfristige Zusammenarbeit. Diese Prinzipien versuche ich in jeder Interaktion zu leben.

Zu einem Verhalten, das auf Werten basiert, gehört für mich auch dazu, verantwortungsvoll mit Ressourcen umzugehen und der Natur und ihren Lebewesen nicht zu schaden. Nachhaltigkeit ist für mich nicht nur ein ökologisches, sondern auch ein soziales und wirtschaftliches Anliegen.

Wie wichtig ist es, in einem Team oder Unternehmen gemeinsame Werte zu haben?

Gemeinsame Werte festigen den Zusammenhalt im Team. Wenn alle Mitglieder ähnliche Überzeugungen und Prinzipien teilen, entsteht ein Gefühl der Verbundenheit und des gegenseitigen Respekts. Dies fördert eine positive Arbeitsatmosphäre, in der Zusammenhalt und gegenseitige Unterstützung im Vordergrund stehen.

Werte sorgen für Konsistenz im Verhalten und in den Entscheidungen der Teammitglieder. Dies trägt zur Schaffung einer kohärenten Unternehmenskultur bei, die nach innen und außen einheitlich und verlässlich auf Kunden, Partner und Stakeholder wirkt.

Ich glaube fest an die Stärke von guter Teamarbeit und Gemeinschaft. In meiner Arbeit fördere ich gegenseitigen Respekt und Vertrauen, um gemeinsam größere Ziele zu erreichen und positive Veränderungen zu bewirken.

Welche Werte sind dir im Leben am wichtigsten?

Persönliches Wachstum und einen positiven Beitrag zur Gesellschaft zu leisten sind meine wichtigsten Werte.

Aber auch Integrität, Wohlwollen und Respekt sind mir sehr wichtig. Sie fördern eine gute Zusammenarbeit und geben Orientierung und Stabilität. Eine solche starke Kultur zieht nicht nur talentierte Mitarbeiter an, sondern trägt auch dazu bei, diese langfristig zu halten. Sie schafft ein Umfeld, in dem Menschen ihr Bestes geben und sich entwickeln können.

Indem diese Werte aktiv gelebt werden, können Menschen und Organisationen sich weiterentwickeln und eine starke, belastbare und engagierte Gemeinschaft aufbauen.

ES LOHNT SICH, NACH WERTEN ZU LEBEN!

Wert liegt nicht darin, WAS wir tun, sondern WARUM wir es tun.

Meinen Werten zu folgen ist eine meiner stärksten Motivationen. Innezuhalten und mich immer wieder zu fragen, „Stimmt das, was ich tue,
noch mit dem überein, was mir wichtig ist?", ist ein regelmäßiges Ritual
für mich. Werte bestimmen wie ein Kompass meine Entscheidungen und
mein Handeln. Wenn etwas nicht meinen Werten entspricht, mache ich
es nicht.

Es begann, als ich mein Abitur in der Tasche hatte. Ich habe mir nicht die
Frage gestellt, „Wo kann man Geld verdienen oder wo werden gerade
Leute gesucht?" Ich war mir immer sicher, dass es ein Beruf sein muss,
der für mich Sinn macht und der mich begeistert. Meine Überzeugung
ist, wenn ich Energie einbringe und dahinterstehe, dann werde ich auch
damit finanziell erfolgreich sein.

Ich hatte mich entschieden, nur für Unternehmen zu arbeiten, wenn die
Produkte, die Bedingungen und der Mehrwert Sinn machen. Wenn Fir-
men erfolgreich an der Börse und am Markt sind, jedoch nicht meinen
Werten entsprechen, dann möchte ich auch nicht für sie arbeiten. Mein
Leben wäre dann für mich nicht erfolgreich.

Sinn und Mehrwert sind für mich wichtige Kriterien für finanziellen Erfolg.
In meinem Leben hat sich das bewahrheitet. Und ich weiß, dass sehr viele
Menschen heute genauso denken und diese Einstellung von Unternehmen fordern. Unternehmen müssen sich heute die Frage stellen, warum
es sie gibt und gute Antworten darauf finden, was sie bewirken.

Wir alle agieren aufgrund von Werten, ob uns das bewusst ist oder nicht.
Es gibt eine große Anzahl von Werten, mehrere Hunderte sollen es sein.
Sehr spannend finde ich das Wertekonzept von Tony Robbins, das sagt,
dass es aus der großen Anzahl von Werten sechs Grundwerte gibt, unter
die man alle anderen Werte einordnen kann.

Diese sechs Grundwerte sind:

- Liebe/Beziehungen/Verbindungen
- Sicherheit/Stabilität/Gewissheit
- Varietät/Vielfalt/Abenteuer
- Wachstum/Entwicklung
- Beitrag/Impact
- Bedeutung/Status

Jeder Mensch hat diese Werte und Grundbedürfnisse, doch sie unterscheiden sich hinsichtlich der Reihenfolge und der Priorität. Daraus ergeben sich die unterschiedlichen Motivationen, Entscheidungen und Persönlichkeitstypen.

Mein großer Wert, der an erster Stelle steht, ist Wachstum gefolgt von Beitrag. Durch meine Berufswahl und meine Lebensentscheidungen möchte ich dazu beitragen, dass sich die Gesellschaft und die Erde in eine gute Richtung weiterentwickeln. Nicht im Sinne von höher, schneller, weiter, sondern von sinnvoll und für alle Lebewesen wertvoll. Das ist Erfolg für mich, und so möchte ich mein Geld verdienen. Aber auch die anderen vier Werte finden wir in der Arbeitswelt wieder.

Für viele stehen etwas Gutes tun und finanziell erfolgreich sein im Widerspruch. Mir hat das Leben gezeigt, dass das nicht der Fall sein muss. Ich konnte in all meinen Jobs etwas Sinnvolles tun und damit Geld verdienen.

Ein besonderes Erlebnis, das mich tief geprägt hat, war ein Gespräch mit einem meiner früheren Arbeitgeber. Es war zu Zeiten des ersten Dotcom Booms. Es war wie ein Goldrausch. Viele witterten neue Geschäftsmöglichkeiten und die alten hierarchischen Strukturen wurden durch eine neue, bisher nicht gekannte Start-up-Kultur auf den Kopf gestellt. Zum ersten Mal war es möglich, mit 30-Jahren CEO zu sein und eine Firma zu leiten. Ich arbeitete damals als Director Investor Relations in einem jungen Start-up, das aus einer schon bestehenden Cybersicherheitsfirma heraus gegründet wurde. Obwohl das Internet das „big thing" war und für große Aufregung sorgte, liefen die Geschäftsmodelle stockend an. Zur Einordnung, Amazon steckte damals als reine Online-Buchhandlung noch in den Kinderschuhen und niemand konnte sich vorstellen, dass Menschen übers Internet wirklich kaufen werden. Die große Mehrheit stand den Möglichkeiten, die das Internet bot, abwartend gegenüber und nutzte es erst viel später im großen Stil.

Da die Kundengewinnung der Firma langsam verlief, stand der Unternehmenserfolg unter einem Fragezeichen. Der damalige junge Chef und Inhaber gestand mir in einem Gespräch, dass er Anfragen aus der „Unterwelt" bekommen hätte, deren Geschäfte im Internet abzusichern. Auch für ihn waren Werte und etwas Gutes für die Gemeinschaft tun ein starker Kompass und ihm war klar, dass er das Angebot ablehnen wird. Er sagte mir, dass ihn das Angebot finanziell zum Krösus machen würde, aber alle Türen für seriöse Geschäfte und Geschäftspartner für immer schließe. Seine Meinung dazu war: „Man will nicht jedes Geld verdienen, nicht jedes Geld lohnt sich." Das hat mich sehr beeindruckt in einem Moment, in dem er finanziell mit dem Rücken zur Wand stand und jeder Auftrag willkommen gewesen wäre.

Mein damaliger Chef hat dem schnellen Geld eine Absage erteilt. Jahre später hat er seine Firma zu einem hohen Preis verkauft, der ihn finanziell unabhängig machte. Kurzfristig Nein zu sagen hatte sich langfristig mit großem Erfolg für ihn bezahlt gemacht. Die Aussage meines damaligen Chefs hat sich in mein Gedächtnis eingebrannt und bestätigte wieder meine Überzeugung, dass es sich lohnt, nach Werten zu entscheiden und zu handeln. Auf dieser Überzeugung basiert auch meine heutige Arbeit, ein neues Leadership-Verständnis, das auf starken Werten basiert, zu etablieren.

Ein weiteres Wertekonzept hatte mich vor Jahrzehnten gleichermaßen sehr beeindruckt. Es ist das Konzept von „Humanity Plus/Humanity Minus", das Mindvalley Gründer Vishen Lakhiani 2018 zum ersten Mal veröffentlicht hatte.

Dieses Konzept besagt, dass es zwei Arten von Unternehmen gibt: „Menschlichkeit Minus"-Unternehmen haben Aktivitäten, die zwar Geld bringen, die aber schädlich für die Menschen und die Welt sind. Es sind Unternehmen, die nur für Profit existieren, künstlich ein Bedürfnis erzeugen und denen ein Mehrwert für Menschen egal ist.

„Menschlichkeit Plus"-Unternehmen haben Aktivitäten, die Geld bringen, die gut sind und einen Nutzen für die Menschen und die Welt haben. Sie bringen die Menschheit in einem positiven Sinn nach vorne.

Unternehmen, die nach Kriterien für „Menschlichkeit Plus" handeln, möchten mehr als nur gute Zahlen und Gewinne vorlegen. Es sind Unternehmen, die gute Antworten geben wollen, auf die Fragen:

- Was ist der Mehrwert unserer Aktivitäten für unsere Kunden, Mitarbeiter, für die Menschheit, für die Welt?
- Warum tun wir, was wir tun und wie macht unser Tun einen Unterschied?
- Was wollen wir bewegen und wo wollen wir hin?
- Wie wird die Welt eine andere sein, weil es uns gibt?
- Wie können wir eine Inspiration für andere sein?

Ein Unternehmen, das nach starken, positiven Werten handelt, wird sich immer in der Gruppe „Menschlichkeit Plus" wiederfinden. Es geht nicht um sozialen Aktivismus, sondern um ein Bekenntnis zu wertebasiertem Handeln. Das darf kein Lippenbekenntnis sein, sondern muss aus Überzeugung gelebt werden und in der Unternehmenskultur verankert sein.

Warum sind Werte heute wichtig und warum sind sie wichtig für Unternehmenserfolg?

Unternehmen haben idealerweise die Aufgabe, die Gesellschaft und die Welt langfristig und nachhaltig besser zu machen. Jeder Gründer eines Unternehmens hat aus einem guten Grund gegründet und eine Vision verfolgt. Bei länger bestehenden Firmen geht diese ursprüngliche Vision oft verloren. Doch es lohnt sich, sie wiederzubeleben und zeitgemäß zu formulieren.

Die Wertschöpfung von Unternehmen besteht darin, in einer überge-ordneten Weise etwas Sinnvolles für die Gemeinschaft zu tun: Mitar-beiter, Lieferanten, Hersteller, Kunden und Gesellschaft profitieren von einer starken Mission mit Mehrwert und einer verantwortungsbewussten Unternehmenskultur.

Es gibt einen Shift zu einer Forderung nach einer wertebasierten Arbeits-welt durch die Menschen in der Gesellschaft, die Kunden und die Mit-arbeiter.

Der Schlüssel liegt darin, zu wissen, welche Werte einem Unternehmen am wichtigsten ist, diese Werte zur Priorität zu machen und darin Res-sourcen zu investieren. Dies gehört zu den wichtigsten Entwicklungen für Unternehmen in diesen Zeiten.

Eine echte Werte-Strategie in Unternehmen entsteht durch die vielen, täglichen Entscheidungen darüber, wo Zeit, Geld und Aufmerksamkeit hingehen. Das sind gute Gründe für Unternehmen, um Werte zu leben: Die Konzentration auf Werte ermöglicht eine neue Art des Wirtschaftens.

Wenn Werte im Vordergrund stehen, spielt verantwortungsbewusstes Handeln eine große Rolle. Das kann den Qualitätsstandard in Unter-nehmen anheben und lässt Unternehmen in ihrer Arbeit besser wer-den. Häufig ergeben sich durch eine starke Wertebindung neuartige Innovationsideen. Durch Werte, die glaubhaft gelebt werden, werden gesellschaftliche Fragen stärker berücksichtigt. Werte können den Ein-fluss von Unternehmen in der Gesellschaft erhöhen und Veränderung bewirken.

Mehr Menschen und neue Gruppen interessieren sich für die Firma und die Produkte, wenn bei der Herstellung starke Werte kommuniziert und soziale und umweltrelevante Aspekte berücksichtigt werden. Menschen möchten etwas Gutes tun, durch ihre Arbeit oder ihr Kaufverhalten. Men-schen bleiben bei den Unternehmen, mit denen sie die gleichen Werte teilen. Das Image verbessert sich und bringt eine stärkere Markenbil-dung hervor. Die Mitarbeitenden sind zufriedener und stärker engagiert, weil ihre Arbeit einen Sinn hat und über finanzielle Belohnung hinaus-geht. Gelebte Werte sorgen für begeisterte Teams, hohes Engagement und eine starke Mitarbeiterbindung. Mit Werten wird die Unternehmens-kultur stark und das Unternehmen erfolgreicher und authentischer.

Unternehmen müssen heute für viele Probleme Lösungen finden und innovative Entwicklungen umsetzen. Sie finden Lösungen nicht dort, wo sie sie in der Vergangenheit gefunden haben! Werte weisen den Weg zu Lösungen für ein zukunftsfähiges Wirtschaften! Durch ihre Entscheidun-gen und Handlungen tragen sie dazu bei, die Welt besser zu machen! Deshalb werden Unternehmen mit starken Werten zu den Gewinnern gehören.

WAS und WARUM wir etwas tun, macht einen Unterschied!

Es lohnt sich in jedem Fall, nach Werten zu leben!

SANDRA BRESTRICH

Textkomplizin,
Marketingberaterin
& Podcasterin

Welche Werte sind dir im Leben am wichtigsten?

Meine Werte sind mein Kompass. Für private wie berufliche Entscheidungen. Und dazu gehören unter anderem Ehrlichkeit, Respekt, Menschlichkeit und Vertrauen. Besonders Vertrauen wird für mich mit zunehmendem Alter und in einer immer lauter werdenden Marketingwelt wichtiger. Denn ich bin überzeugt: Wir dürfen bei aller Begeisterung für technologischen Fortschritt und Digitalisierung nicht unterschätzen, wie wichtig die zwischenmenschlichen Beziehungen im Businessalltag sind. Nach meinen Erfahrungen führt der direkte und persönliche Kontakt immer wieder zum beruflichen Erfolg.

Welche Prinzipien leiten dich in schwierigen Entscheidungssituationen?

Ich ticke sehr lösungsorientiert und möchte meinen Kunden helfen. Wenn ich das Gefühl habe, dass ich Kunden nicht zum gewünschten Ziel führen kann, spreche ich das offen an. Ich suche Lösungen und finde sie ehrlicherweise nicht immer. Doch mir ist in schwierigen Situationen ein Ende mit Schrecken lieber als ein Schrecken ohne Ende und eine andauernde Verstimmung. Denn Kunden sind heutzutage starke Empfehlungsgeber. Und wenn ich Kunden mit einem schlechten Erlebnis oder Gefühl zurücklasse, dann tue ich ihnen – und auch mir – keinen Gefallen. Auch wenn es Mut und die Übernahme von Verantwortung verlangt: In schwierigen Situationen sind Werte wie Ehrlichkeit, Transparenz und Charakterfestigkeit unerlässlich.

Welche Werte sollten deiner Meinung nach in einem erfolgreichen Team vorhanden sein?

Ich bin Freiberuflerin und gleichzeitig Teamspieler. Denn „meine" Teams stelle ich – je nach Projekt – unterschiedlich auf, sodass ich mit verschiedenen Unternehmern für einen bestimmten Zeitraum zusammenarbeite. Zu diesen Teams zählen Webdesigner, Fotografen, Grafiker und virtuelle Assistenten. Für ein gutes Miteinander – im Interesse des Kunden – sind Zuverlässigkeit, Respekt und Vertrauen unerlässlich. Ich muss – und darf glücklicherweise – bei meinen Business Buddys darauf vertrauen, dass jeder seine Stärken einbringt und wir gemeinsam für Kunden ein richtig gutes Ergebnis erreichen.

MENSCH GEGEN MASCHINE: VERTRAUENSAUFBAU IN ZEITEN KÜNSTLICHER INTELLIGENZ*

Dieser Text kann Spuren von KI enthalten.

Noch vor einem Jahrzehnt war das Konzept der Künstlichen Intelligenz hauptsächlich in der Welt von Science-Fiction verankert. Heute ist KI ein integraler Bestandteil vieler Geschäftsmodelle. Ob ChatGPT, Midjourney oder andere KI-Tools: Der rasante technische Fortschritt stellt neue Anforderungen an alle Akteure im Business und besonders an das Vertrauen zwischen Unternehmen und Kunden.

„Texter werden alle arbeitslos."

Auch vor meinem Business als Texterin macht(e) diese Entwicklung nicht halt. Während mir im Herbst 2022 viele Mitmenschen meinen Untergang prophezeiten – die ChatGPT-Welle rollte mit voller Kraft über Deutschland –, schreibe ich im Frühjahr 2024 quicklebendig diese Zeilen und darf mich über einen Schreibtisch voller Aufträge, spannende Projekte und grandios liebenswerte Kunden freuen. Denn Künstliche Intelligenz hat mich nicht arbeitslos gemacht. Im Gegenteil: KI hat mir neue Geschäftszweige eröffnet und meinem wertebasierten Arbeitsstil einen wahren Auftrieb verliehen.

Warum das so ist – Der Versuch einer Erklärung

Seit jeher bin ich weder Trendsetterin noch Das-machen-wir-schon-immer-so-Verfechterin. Sowohl bei privaten als auch bei beruflichen Entscheidungen lasse ich mich von meinen drei wichtigsten Werten Ehrlichkeit, Respekt und Vertrauen leiten. Ich erlebe täglich, dass Kunden mir in einer zunehmend digitaler tickenden Geschäftswelt vertrauen wollen. Mir als Mensch. Mit meinen Fähigkeiten, Ansichten und Werten. Denn bei allem technologischen Fortschritt sind wir Menschen immer noch soziale Wesen. Egal, ob alt oder jung, männlich oder weiblich: Zwischenmenschliche Beziehungen sind für uns wie die Luft zum Atmen.

Und bekanntlich können Beziehungen ohne Vertrauen kaum entstehen. Auch im Geschäftsleben nicht. Dabei ist es nach meiner Erfahrung unerheblich, ob ich eine Geschäftsbeziehung für kurze oder lange Zeit eingehen möchte.

Doch wir haben heutzutage ein ernstes Problem mit Vertrauen. Viele Menschen haben verlernt zu vertrauen. Aber gleichzeitig fordern sie Vertrauen ein.

Ein Blick in die Vertrauensforschung

Vertrauen ist weitestgehend angeboren. Jeder Mensch – ergo jeder Kunde – trägt es in sich. Dagegen ist Misstrauen erlernt. Die gute Nachricht: Wir können Vertrauen trainieren. Wie einen Muskel. Und der Mechanismus dahinter ist derselbe. Damit Vertrauen in (Kunden-)Beziehungen entstehen kann, braucht es unter anderem Ehrlichkeit, Empathie, Transparenz, Zuverlässigkeit und auch Aufrichtigkeit.

Natürlich stelle auch ich mir in einer zunehmend digitalisierten Geschäftswelt immer öfter die Frage: Wie verändern sich die Grundlagen des geschäftlichen Vertrauens, wenn Entscheidungen häufiger von Algorithmen getroffen oder Produkte und Dienstleistungen von KI-Tools mitgestaltet werden? Zum Beispiel von ChatGPT, für dessen Verwendung ich bei der Texterstellung noch nicht mal eine Kennzeichnungspflicht habe (Stand: Mai 2024). Was denken und fühlen meine Kunden, wenn sie mich als Texterin beauftragen und „fürchten" müssen, dass ich gar nicht selbst die Dienstleistung erbringe?

Dazu ein persönliches Beispiel aus meinem Texter-Alltag

Ich frage in Erstgesprächen meine Kunden, wie sie zu KI-Tools allgemein stehen und ob sie der Verwendung zustimmen oder diese ablehnen. Wenn Kunden mir deutlich signalisieren, dass sie kein ChatGPT für die Erstellung ihres Textentwurfes wünschen, dann respektiere ich das. Ich bin seit über 20 Jahren in Kommunikation und Marketing tätig und beherrsche das Texter-Handwerk. Mich stresst diese Ablehnung nicht, weil ich weiß, dass ich texten kann. Ganz analog.

Eingangs schrieb ich, dass sich durch KI für mich neue Geschäftsfelder eröffnet haben. Seit die KI-Welle rollt, erhalte ich zunehmend Anfragen für Workshops zum Thema „Texten mit KI". Denn zwischen dem theoretischen Wissen und der praktischen Anwendung von ChatGPT & Co. liegen Welten. Viele Selbstständige oder Unternehmer sind unsicher und fragen sich: Wie kann mich KI beim Texten unterstützen? Wie funktioniert das? Sind die Ergebnisse wirklich gut bzw. brauchbar oder war nur die Schnelligkeit beeindruckend, in der KI-Tools einen Textentwurf ausspucken? In Workshops teile ich mein Wissen und lege auch hier ehrlich und transparent dar, wenn ich etwas nicht weiß oder keine Erfahrung habe. Denn eine allwissende Referentin gibt es nicht und würde eher Misstrauen als Vertrauen wecken.

Bei all meinem Tun frage ich mich immer, wie ich mich fühlen würde, wenn ich mein Kunde wäre. An welchen Stellen würde ich mir selbst bedenkenlos vertrauen und wo hätte ich ein leichtes Bauchgrummeln aka Misstrauen? Dieser Perspektivenwechsel hilft mir, mich in Kunden hineinzuversetzen.

Diese Übung empfehle ich allen Selbstständigen. Denn wir sind nicht nur Anbieter von Produkten oder Dienstleistungen, wir sind auch Konsumenten. Und spätestens, wenn wir in der Rolle des Konsumenten sind, merken wir die Bedeutung von Vertrauen in Geschäftsbeziehungen.

Warum ist Vertrauen in Geschäftsbeziehungen essenziell?

Weil Menschen von Menschen kaufen. Und nicht von seelenlosen Onlineprofilen oder Pitch-dich-reich-Ansagern, die durch automatisierte Sales Funnel und Paid Ads die Aufmerksamkeit auf sich ziehen.

Wir sollten nicht vergessen: Wenn Geschäftsbeziehungen entstehen, geben wir einen Vertrauensvorschuss. Mir hilft es, diesen wie eine

Investition zu betrachten. Erst geben, dann nehmen. Natürlich gehen wir damit ein Risiko ein. Doch so würde jeder Investor ticken. Wir gehen immer zuerst das Risiko ein. Wir halten an Tag 1 unserer Kundenbeziehungen wenig bis nichts in den Händen. Wir müssen darauf vertrauen, dass jeder seine Aufgaben und Pflichten kennt und ernst nimmt. Es gibt keine Garantie auf Erfolg. Doch ehrlicherweise war das schon vor dem Einzug von KI-Tools so und wird auch in Zukunft so bleiben. Davon bin ich überzeugt.

Jetzt wird's persönlich – Enttäuschtes Vertrauen durch katastrophalen Service

Vor einigen Jahren wurde ich Kundin einer Onlinebank, neudeutsch bei einem FinTech-Unternehmen. Ich wollte mein Privatkonto nicht länger fürs Business nutzen und brauchte ein Geschäftskonto. Leider bot meine geschätzte Bank keine Option für ein Businesskonto an, also musste ich mich neu orientieren. Natürlich habe ich im Vorfeld recherchiert und verglichen, doch eins war mir schlicht nicht aufgefallen – wie gut oder schlecht der Kundensupport ist. Vielleicht merkt man das auch erst, wenn man ihn braucht und geht automatisch davon aus, dass der Service angeboten wird. Ich schloss also einen Vertrag mit einer Neo-Onlinebank ab und fing relativ schnell an, mich zu ärgern. Und hier ist mir wichtig zu sagen: Ich bin Fan von Onlinebanken, denn privat nutze ich seit Jahrzehnten nichts anderes. Ich brauche keine Filiale. Doch einen Mitarbeiter, der erreichbar ist und den ich sprechen kann, den brauche ich. So kam es auch alsbald zu Situationen, wo ich Fragen zu meinem Geschäftskonto bzw. Transaktionen hatte. Und das war der Punkt, an dem ich schnell das Vertrauen in diese Neo-Bank verlor. Denn die einzige Option, meine Fragen zu stellen, war ein Chat. Nun ist per se gegen einen Chat nichts einzuwenden. Wenn er funktioniert. Ich habe mir gefühlt die Finger wund getippt, eine Frage nach der anderen in den Chat geschrieben und nie – ungelogen nie – eine passende Antwort erhalten. Phrasen und unbrauchbare Antworten waren das Ergebnis. Dass ich bald genervt war, kannst du dir sicher vorstellen. Auch E-Mails an eine Support-Adresse wurden mit vorgefertigten Standard-Textbausteinen beantwortet. So nach dem Motto „Wird schon passen." Tat es jedoch nicht. Mich hat dieses wiederholte Gegen-die-Wand-rennen und Nicht-Vorwärtskommen enttäuscht. Von der Zeitverschwendung ganz abgesehen. Da verdient die Neo-Bank jeden Monat an mir Geld und ist nicht in der Lage, einen minimalen Support zu gewährleisten. Mein Vertrauensvorschuss wurde massiv enttäuscht. Denn gerade, wenn es um Finanzen geht, will ich vertrauen können. Sowohl in die Technik als auch in Menschen. Enttäuschtes Vertrauen ist wie ein zerknittertes Blatt Papier. Du kannst versuchen es glatt zu streichen, es wird nie wieder dem Original ähneln. Ich denke, es ist überflüssig zu schreiben, dass ich die Geschäftsbeziehung beendet habe.

Wie gewinne ich in Zeiten von KI das Vertrauen meiner Kunden?

Kunden haben Erwartungen an mich und meine Dienstleistungen. Zu Recht. Denn wenn ich als Freiberuflerin meine Angebote anpreise, dürfen Kunden darauf vertrauen, dass ich ehrlich und transparent kommuniziere. Bei aller Begeisterung für die digitalen Möglichkeiten dank KI-Tools dürfen wir nicht unterschätzen, wie wichtig die zwischenmenschlichen Beziehungen im Businessalltag sind. Letztlich geht es immer wieder um den direkten und persönlichen Kontakt, der zum beruflichen Erfolg führt.

So höre ich im ersten Schritt meinen Kunden intensiv zu und erfasse ihre Wünsche. Kommt es zur Zusammenarbeit, dann dürfen meine Kunden darauf vertrauen, dass ich zugesagte Leistungen erfülle, getätigte Absprachen einhalte, fristgerecht arbeite oder eine Fristverzögerung kommuniziere. Und seit KI-Tools in meinen Texter-Alltag Einzug gehalten haben, dürfen Kunden darauf vertrauen, dass ich transparent kommuniziere, ob und wie ich sie verwende. Auch wenn aktuell keine Kennzeichnungspflicht besteht und ich klammheimlich ChatGPT & Co. die Arbeit machen lassen könnte. Oft ist das die Annahme, doch die Wahrheit ist: KI-Tools im Bereich Texten sind Sprachmodelle und keine Wissensmodelle. Was nützt die Schnelligkeit, mit der ein ChatGPT-Prompt einen Text erzeugt, wenn er vor inhaltlichen Fehlern nur so strotzt? Ich sehe KI-Tools als das, was sie sind – Werkzeuge. Nicht mehr und nicht weniger. Einen adäquaten Ersatz für Menschen werden sie niemals darstellen.

IRINI LANGENSIEPEN

Sozialberaterin, Coach und Inhaberin von IL – mehr als Eldercare

Carola Schmitt

Welche Werte sind dir im Leben am wichtigsten?

Es gab viele Jahrzehnte, in denen ich wie ein Blatt im Wind dahintreibend war – ohne Kompass, ohne Richtung. Werte? Sie schienen mir fern und abstrakt. Warum sollte ich mich damit beschäftigen, wenn es viele andere Dinge gab, um die ich mich kümmern musste? Als junger Mensch hatte ich genug Sorgen, Träume, Ängste, Hoffnungen. Werte? Eher nicht. Sie waren da wie ein leises Flüstern im Hintergrund, aber ich beachtete sie nicht. Ich lebte nach dem, was von mir erwartet wurde – von meinen Eltern, meinem sozialen Umfeld, der Gesellschaft. Ich kannte die Regeln, die unsichtbaren Fäden, die mich lenkten. Und so folgte ich ihnen, ohne zu hinterfragen. Im ersten Ausbildungsjahr traf mich das Schicksal mit voller Wucht. Meine damals 40-jährige Mutter verstarb in dem Krankenhaus, in dem ich meine Ausbildung begonnen hatte. Nach meinem Examen spürte ich den dringenden Wunsch, die Klinik zu verlassen. Zu groß war die Erinnerung an meine Mutter. Doch da war noch etwas. Ich fühlte mich von der täglichen Fürsorge, Empathie, Anteilnahme, der Wertschätzung seitens meiner Kolleginnen, Kollegen und Vorgesetzten erdrückt. Nicht wissend, dass mir diese Werte in meinem Leben wichtig werden und ich sie später bei meinen Kolleginnen, Kollegen und Führungskräften vermissen würde.

Welche Werte sind für dich in deiner beruflichen Laufbahn entscheidend?

Auch nach dieser schweren Zeit machte ich mir über meine Werte keine Gedanken. Ich machte Erfahrungen bei Arbeitgebern, die mir aufzeigten, wie ich als Vorgesetzte nie werden wollte. Aber mit welchen Werten wollte ich zukünftig in Führung gehen? In meiner ersten Position mit Führungsverantwortung erinnerte ich mich an meine Kolleginnen, Kollegen und Vorgesetzten, die mir damals mit Werten begegneten, die mir Sicherheit und Vertrauen gaben – eine Erfahrung, die mich bis heute in meinem Menschsein und in meinem eigenen Führungsverhalten geprägt hat. Und in der Erkenntnis, wie wichtig es ist, als Mensch, aber auch als Führungskraft eine Haltung einzunehmen und vorzuleben, die den Menschen in seiner Ganzheit stets im Blick hat. Eine Haltung, die nicht urteilt, die einlädt, die keinen Druck ausübt oder gar kommandiert und kontrolliert. Typisch franziskanisch-christliche, weibliche, männliche oder einfach nur menschliche Werte?

Welche Werte sollten deiner Meinung nach in einem erfolgreichen Team vorhanden sein?

Trotz des Wertewandels in der Gesellschaft im Zuge der Globalisierung und Digitalisierung bin ich zutiefst davon überzeugt, dass bestimmte Werte niemals ihre Gültigkeit verlieren werden und dürfen. Denn Werte wie Vertrauen, Integrität, Offenheit, Transparenz, Empathie, Toleranz, Respekt, Wertschätzung und Authentizität bilden das Fundament für erfolgreiche Teams und eine gesunde Arbeitskultur. Diese Werte sind nicht nur zeitlos, sondern auch universell und unabhängig von kulturellen oder geografischen Unterschieden. Sie fördern ein Umfeld, in dem sich Individuen sicher und geschätzt fühlen, was wiederum zu höherer Zufriedenheit und Produktivität führt. Darüber hinaus tragen diese Werte dazu bei, dass Diversität und Inklusion gefördert werden.

In einem Arbeitsumfeld, das Toleranz und Respekt priorisiert, werden Unterschiede als Bereicherung angesehen und nicht als Hindernis. Dies schafft die Grundlage für kreative Lösungen und vielfältige Perspektiven, die in einer globalisierten Welt von unschätzbarem Wert sind.

ZWISCHEN TRADITION, NEUEM DENKEN UND WEIBLICHER URKRAFT

Die Revolution der Arbeitswelt

Fakt ist, unsere gesamte Arbeitswelt steht Kopf, denn aktuell lautet die Devise: "Schneller, höher, weiter und innovativer". Auch war sie noch nie so turbulent, unkalkulierbar und komplex wie heute. VUCA eben.

Kleiner Exkurs: VUCA – ein Akronym, mit dem man versucht diese neue und verrückte Welt zu erklären. VUCA steht im Einzelnen für Volatilität (Volatility), Unsicherheit (Uncertainty), Komplexität (Complexity) und Mehrdeutigkeit (Ambiguity).[1] Das sind kurz zusammengefasst genau die heutigen Rahmenbedingungen, in denen Führungskräfte ihre Entscheidungen treffen müssen.

VUCA und Megatrends wie Globalisierung, Digitalisierung und demografischer Wandel, der hohe Wettbewerbsdruck, die Verknappung der Ressourcen Zeit und Geld, interkulturelle Zusammenarbeit, der Fach- und Führungskräftemangel, die sozialpolitischen Aspekte wie Armut und Teilhabe, die stetig ansteigenden Reglementierungen sowie die veränderten Kundenwünsche schaffen ein hohes Maß an Komplexität und Dynamisierung.[2] Darüber hinaus befinden wir uns in einem revolutionären Transformationsprozess, wie der derzeit führende Managementexperte Malik in seinem Standardwerk „Führen Leisten Leben" eindrucksvoll beschreibt: „Wir sind Zeitzeugen einer umwälzenden Transformation der alten Welt, wie wir sie kannten, in eine neue Welt des noch Unbekannten (...). In wenigen Jahren wird fast alles neu und anders sein: was wir tun, wie wir es tun und warum wir es tun – wie wir produzieren, transportieren, finanzieren, konsumieren, wie wir pflegen und heilen, erziehen, lernen, forschen und innovieren, wie wir informieren, kommunizieren und kooperieren, wie wir arbeiten und leben. Und als Folge ändert sich auch: wer wir sind..."[3, 2, 4] Und ganz gleich wie Einzelne oder Gruppen zu diesen Veränderungen stehen, werden die Konsequenzen für Mensch, Führungskraft und Management disruptiv sein.

Der Mensch – Ein wertvoller Beitrag für Unternehmen und Gesellschaft

Ob Mann oder Frau – unsere ältesten Aufzeichnungen zum Thema Menschenführung und Werte finden sich in der Bibel. Die Verfasser waren Hirten, Fischer, Könige, um nur einige zu nennen. Doch auch jene, die eher im Hintergrund agierten: Frauen. Powerfrauen wie Rehab, Lydia, Maria von Nazareth und Maria Magdalena. In der Bibel begegnen uns starke und charismatische Führungspersönlichkeiten, die unabhängig von ihrem Geschlecht die Weltgeschichte geprägt haben. Sie übernahmen für Menschen ihrer Gemeinschaft Verantwortung, delegierten Aufgaben, trafen risikobehaftete Entscheidungen zum Wohle der Gefolgschaft, missbrauchten dabei aber nicht ihre Position. Sie alle sind der Beweis dafür, dass Menschen mit unterschiedlichen Hintergründen, Charakteren, Haltungen und Einstellungen wertvoll für uns als Gesellschaft, aber auch für heutige Unternehmen sind. Ihre Geschichten inspirieren uns bis heute und erinnern daran, dass wahre Führung nicht an Geschlechterrollen gebunden sein sollte. [5, 6, 7] Hauptsache Mensch.

Weibliche versus männliche Werte. Welches Geschlecht braucht Führung?

Die Frage, ob Führung ein Geschlecht braucht, ist eine tiefgründige und komplexe Diskussion, die im Laufe der Jahre sowohl in der Wissenschaft als auch in der Praxis viel Aufmerksamkeit erhalten hat. Führungskompetenz ist meines Erachtens nicht an ein bestimmtes Geschlecht gebunden. Die Fähigkeit zu führen, hängt eher von individuellen Qualitäten, Erfahrungen, persönlichen Werten und Haltungen ab, welche unabhängig vom Geschlecht sind. Die historische Dominanz von Männern in Führungspositionen ist ein komplexes Phänomen, das durch soziale und kulturelle Dynamiken geformt wurde. Diese Präsenz ist teilweise auf traditionelle Geschlechterrollen zurückzuführen. Seit jeher werden Führungsrollen vorrangig als Domäne des männlichen Geschlechts betrachtet. Die Qualitäten, die traditionell als notwendig für eine Führungspersönlichkeit erachtet werden, wie Problemlösungskompetenz, analytisches Denken, Entschlossenheit und die Fähigkeit,

Emotionen für das Erreichen von Zielen hintanzustellen, werden üblicherweise Männern zugeordnet. Im Gegensatz dazu werden Frauen oft als einfühlsam, risikoavers, emotional, fürsorglich und als zart besaitet beschrieben. Diese überholten Stereotypen reflektieren nicht die Vielfalt und Individualität der Menschen und werden den realen Fähigkeiten und Potenzialen von Individuen nicht gerecht. Wissenschaftlich fundierte Unterschiede in Führungsstilen zwischen Männern und Frauen sind nicht klar definiert, da beide Geschlechter aufgrund ihrer individuellen Sozialisation und Erfahrungen unterschiedliche Werte und Haltungen zeigen können. [8, 9, 10]

Die Führungswelt im Umbruch

Führung muss neu gedacht werden. Klassische und hierarchische Führungsmodelle, das reine Management, wie sie aktuell durch die Generation der Baby Boomer (Geburtsjahre 1950 – 1964) mit all ihren Managementmethoden und -techniken ausgeübt werden, verlieren künftig an Bedeutung. Nun heißt es mit Werten in Führung gehen, wenn Unternehmen auf Dauer ihre Existenz auf dem hart umkämpften Markt sichern wollen. Es wird für Unternehmen nicht mehr ausreichend sein, nur einzelne Strukturen, Abteilungen und Arbeitsabläufe zu optimieren, sondern sie haben dafür Sorge zu tragen, Mitarbeitenden ein hohes Maß an Handlungs- und Entscheidungsspielräumen einzuräumen sowie bestimmte Werte und das neue Mindset im Unternehmen zu verankern. Führung impliziert mehr als nur Probleme zu lösen, Bestehendes zu optimieren, zu planen, zu kontrollieren und zu koordinieren. Es bedarf wertvolle Führungskonzepte, die es erlauben mit Kopf und Herz führen zu können. Sogenannte Leader sind in der Regel solch charismatische Menschen, die eine Richtung vorgeben, ihre Teams inspirieren, coachen und auf sie eingehen. Sie fragen nicht danach, wie sie das Personal führen müssen, damit sie das tun, was man von ihnen verlangt. Vielmehr geht es um die Frage, wie die Führungskraft ihre Mitarbeitenden unterstützen kann, damit sich diese in ihrem Tun entfalten, ihre Kompetenzen und Potenziale entwickeln und sich mit der Organisation identifizieren können, um motiviert und engagiert die unternehmerischen

Ziele gemeinsam und erfolgreich zu erreichen. Auch profilieren sich diese Führungspersönlichkeiten nicht durch ihre Position, sie verlassen ihre Komfortzone und sind in der Lage, ihre Teammitglieder in den Mittelpunkt zu stellen. Sie schätzen den Menschen in seiner Einzigartigkeit und Menschenwürde, aber auch in seiner Unvollkommenheit.

Warum nimmt der Ruf nach weiblichen Führungskräften zu, wenn Führung unabhängig vom Geschlecht ist?

In der gegenwärtigen Geschäftswelt verstärkt sich die Forderung nach einer vermehrten Einbindung von Frauen in Führungsrollen, obwohl Führung unabhängig vom Geschlecht ist. Diese Entwicklung zielt unter anderem darauf ab, die potenziellen negativen Auswirkungen, die durch eine von Männern dominierte Führung entstanden sein könnten, zu korrigieren. Der Appell für Female Leadership beschränkt sich nicht nur auf die quantitative Erhöhung der Präsenz von Frauen in leitenden Positionen, sondern plädiert auch für einen Paradigmenwechsel im Führungsstil. Dieser neue Ansatz betont die Bedeutung von Chancengleichheit, Inklusion und die Abkehr von strikt hierarchischen und machtbasierten Organisationsstrukturen. Er repräsentiert eine werteorientierte Führungskultur, die auf Kooperation und Empathie ausgerichtet ist und somit das Potenzial hat, die Unternehmensführung grundlegend zu transformieren.

Die weibliche Urkraft: Gestalterinnen der Zukunft

Nicht nur in der Arbeitswelt, sondern auch bei der Gestaltung der Gesellschaft und der Zukunft sollten Frauen vermehrt eine Rolle spielen, da ihre Perspektiven und Erfahrungen von unschätzbarem Wert sind. Die Vielfalt der Gedanken und Ideen, die Frauen einbringen, bereichert Diskussionen und Entscheidungsprozesse auf vielfältige Weise. Durch ihre aktive Beteiligung können innovative Lösungen entwickelt und bestehende Strukturen hinterfragt werden. Frauen stehen oft vor spezifischen Herausforderungen und besitzen einzigartige Stärken, die es ihnen ermöglichen, besondere Einsichten und Ansätze zu Themen wie Gleichstellung, soziale Gerechtigkeit und nachhaltige Entwicklung einzubringen. Ihre Teilnahme trägt dazu bei, eine gerechtere und inklusivere Gesellschaft zu schaffen, in der alle Menschen die gleichen Chancen und Rechte haben. Es ist daher entscheidend, Frauen zu ermutigen und zu unterstützen, Führungsrollen zu übernehmen und sich in allen Bereichen des gesellschaftlichen Lebens zu engagieren, um eine Zukunft zu gestalten, die die Bedürfnisse und Wünsche aller Mitglieder unserer globalen Gemeinschaft widerspiegelt. Die weibliche Essenz, geboren aus Intuition, Kreativität und einem holistischen Blick, ist der Schlüssel zu einer Führung, die das Herz berührt. Es ist an der Zeit, dass Frauen ihre wahren Gaben erkennen und die Welt mit ihrer einzigartigen Schöpferkraft bereichern. In ihren Händen ruht die Macht, Leben zu nähren und zu gestalten, sei es durch die Geburt von Kindern, Kunstwerken oder revolutionären Ideen.

Von Natur aus sind Frauen Hüterinnen des Mitgefühls, Schmiedinnen von Verbindungen und Trägerinnen des Wunsches nach Einheit und Harmonie. Ihre Schöpfungskraft ist der Schlüssel zur Gestaltung einer Zukunft, in der die weibliche Urkraft als Leitstern am Himmel leuchtet.

[1] Baltes, G.; Freyth, A.: Veränderungsintelligenz. Agiler, innovativer, unternehmerischer den Wandel unserer Zeit meistern, Springer, Wiesbaden 2017.

[2] Schwab, K.: Aus der Geschichte lernen. von Megatrends und VUCA-Zonen, zitiert in: Draht, K.: Die resiliente Organisation – Wie sich das Immunsystem von Unternehmen stärken lässt, Haufe Verlag, Freiburg 2018. S. 99–160.

[3] Malik, F.: Führen Leisten Leben. Wirksames Management für eine neue Welt, Campus Verlag, Frankfurt am Main 2014.

[4] Klasing, I.: Der 2-Stunden-Chef. Mehr Zeit und Erfolg mit dem Autonomie-Prinzip, Campus Verlag, Frankfurt am Main 2017.

[5] Kessler, V.: Vier Führungs-Prinzipien der Bibel. Dienst, Macht, Verantwortung und Vergebung, Brunnen Verlag, Gießen 2019.

[6] Arens, H.: Menschen führen mit Franz von Assisi, Topos Verlag, Regensburg 2017.

[7] Rosenthal, C.; Schreiber, M.: Führungskräfte der Bibel, SCM Hänssler, Holzgerlingen 2009.

[8] Lutz, B. (Hrsg.): Frauen in Führung. Modernität und Agilität – wie die Veränderung der Unternehmensprozesse und Kultur Innovation fördert, Springer Verlag, Berlin 2018.

[9] Baumann-Habersack, F. H.: Mit neuer Autorität in Führung. Die Führungsgestaltung für das 21. Jahrhundert, Springer Gabler, Wiesbaden 2017.

[10] Bruch, H.; Kunze, F.; Böhm, S.: Generationen erfolgreich führen. Konzepte und Praxiserfahrungen zum Management des demographischen Wandels, Spinger, Heidelberg 2009.

FIONA RUFF

Partnerin HUNTING/
HER & Mitgründerin 2030*

Welche Werte sind dir im Leben am wichtigsten?

Mir sind die Werte Gerechtigkeit, Respekt, Verantwortung und Selbstbestimmung besonders wichtig. Woher ich das weiß? Jedes dieser Wörter löst ein Gefühl in mir aus. Wenn ich an sie denke, fühlt es sich wie eine innere Kraft an. Es beginnt in meinem Bauch und steigt hoch über meine Brust in meinen Kopf. Es weckt Emotionen in mir – Energie, Lust, Trotz, Drang, Klarheit. Und da weiß ich, einfach so, intuitiv, dass diese Werte mir besonders wichtig sind. Dass sie mich antreiben und meine Sicht auf die Welt und mein Handeln beeinflussen.

Wie trägt deine Arbeit zu deinen persönlichen Werten bei?

Vor ca. drei Jahren habe ich bewusst entschieden, meiner Karriere einen Richtungswechsel zu verpassen. Und zwar in eine Richtung, die mir erlaubt, nicht nur diese Werte wirklich zu leben, sondern sie mit einer Arbeit zu verbinden, die mich intrinsisch motiviert. Und das ist die Arbeit mit und für Frauen. Ich darf seitdem meine Energie, Kreativität, Talente und Erfahrungswerte der Stärkung von Frauen in der Wirtschaft widmen. Und das stärkt mich wiederum in dem Ausleben meiner Werte.

Wie können wir sicherstellen, dass unsere Werte in der täglichen Arbeit gelebt werden?

Nachdenken, reflektieren, hinterfragen. Wenn wir diese drei Sachen machen, vor allem in schwierigen Situationen, dann haben wir eine Chance, dass wir diese Werte tatsächlich in unserem Handeln berücksichtigen.

Wie wichtig ist es, in einem Team oder Unternehmen gemeinsame Werte zu haben?

Selbstverständlich sehr wichtig. Eine Firma oder eine Organisation wird von seinen Mitarbeitenden gestaltet. Nur die Teamarbeit zählt und dementsprechend die Werte, die das Team tagtäglich lebt. Wenn wir Gleichberechtigung, Respekt, Verantwortung und Selbstbestimmung als Werte in unserer Organisation haben möchten, dann müssen alle Entscheidungen in der Organisation von diesen Werten abgeleitet werden. Und allen, die ihre Entscheidungen nach diesen Werten treffen, gebührt Anerkennung und Förderung.

Können sich Werte im Laufe der Zeit verändern? Wenn ja, wie?

Die Werte ändern sich nicht, sondern die Priorisierung der Werte bei dir selbst. Bestimmte Werte findest du immer gut. Aber welche Werte dir am wichtigsten sind, das ändert sich bei den meisten mit der Zeit. Junge Menschen glauben häufig an eine gerechte Welt mit selbstbestimmten Menschen. Ihnen sind diese Werte wichtig, aber sie scheinen der Mehrheit selbstverständlich. Je älter sie werden, desto mehr merken sie, dass diese Werte gar nicht selbstverständlich sind und dass sie für sie oft kämpfen oder sie verteidigen müssen. In dem Moment bekommen diese Werte eine andere Priorität. Gerade das Thema Selbstbestimmung erhält eine höhere Priorität mit dem Alter. Viele Menschen möchten irgendwann nicht mehr fremdgesteuert sein. In der Arbeitswelt beispielsweise möchten sie selbst Entscheidungen treffen und bestimmen, wie sie ihre Arbeit am effektivsten für die Firma und deren Ziele ausführen. Wenn sie dies nicht machen können, entscheiden viele, aus der Firmenlandschaft auszusteigen und sich selbstständig zu machen.

ICH KANN NICHTS DAFÜR

Neulich habe ich den Persönlichkeitstest von BEYOS gemacht. Der Test zeigt meine Lebensbedürfnisse und Motivationen auf sehr anschauliche Art und Weise. Und ich musste wieder feststellen: Ich bin ein extrem werteorientierter Mensch! Bei den Werten Leistung, Humanismus und Werteorientierung ergab sich ein Testergebnis von 100 %. Stärker ausgeprägt geht wohl nicht! Ich kann aber nichts dafür. Ich bin einfach so.

Gemäß BEYOS gibt es keine guten oder schlechten Menschen, nur Menschen mit unterschiedlichen Bedürfnissen und Lebensmotivationen. Humanismus als Lebensmotivation zum Beispiel, wurde von BEYOS wie folgt erläutert: „Grundsätzliche Aspekte: soziale Gerechtigkeit und Fairness, zum Wohl Anderer handeln ohne eigenen Nutzen, Altruismus, politisch Handeln. Glaubenssatz: Ich will Gerechtigkeit für alle. Ziel: Menschen voranbringen. Emotion bei Erfüllung: Gefühl, etwas Gutes getan zu haben, Gefühl, die Welt ist jetzt ein Stück besser. Emotion bei Frustration: Ungerechtigkeit, Hilflosigkeit.“

Dieser Humanismus ist tief in mir verankert und ist gefühlt mein Motor, mein Antrieb. Er schenkt mir unglaublich viel Energie und Leidenschaft für meine Herzensthemen und gibt mir den langen Atem, den ich dafür brauche. Aber es führt auch häufig zu Frustration. Warum ist die Welt nicht gerechter? Warum handeln nicht alle nach ihren (meinen) Werten, zumal meine wichtigsten Werte – Gerechtigkeit, Respekt, Verantwortung und Selbstbestimmung – doch selbstverständlich sind!

#2030 #sdg5

2015 verabschiedeten die 193 Mitgliedsstaaten der Vereinten Nationen die Agenda 2030 für nachhaltige Entwicklung, eine äußerst ambitionierte und transformative Vision, die es in der Geschichte der Menschheit so noch nie gab. Diese Agenda setzt 17 Ziele für nachhaltige Entwicklung (SDGs), die von der Beseitigung von Armut und Hunger über den Zugang zu Bildung und sauberem Wasser bis hin zur Geschlechtergerechtigkeit und der Förderung von Frieden reichen.

Nachdem du nun das Ergebnis meines Persönlichkeitstests kennst, kannst du dir vorstellen, dass bei mir die Emotionen hochkochen, wenn ich über diese Ziele nachdenke und die Ungerechtigkeiten, die es zu bekämpfen gilt.

Aber obwohl ich alle 17 Ziele wichtig und erstrebenswert finde, resoniert bei mir vor allem das Ziel Nr. 5 – die Geschlechtergerechtigkeit. Warum?

Seit mehr als 15 Jahren setze ich mich für Frauen und Frauenrechte ein, z. B. als aktives Mitglied bei Zonta International – eine internationale Organisation, die sich für die Verbesserung der Stellung von Frauen in der Welt engagiert. Aber auch davor habe ich schon gemerkt, dass Frauen nicht immer die gleichen Chancen wie Männer haben. Wie groß der Unterschied ist, liegt an der Herkunft, an Glaubenssätzen, an Traditionen, an Bildung. Auch wenn Frauen in Europa bessergestellt sind als an manch anderen Orten der Erde, haben sie trotzdem häufig nicht die gleichen Chancen wie Männer.

Ich vermisse insbesondere die Perspektive und Werte von Frauen in den Entscheidungsgremien unserer Gesellschaft – ob in der Politik, Bildung, Medizin oder Wirtschaft. Tagtäglich werden große und kleine Entscheidungen getroffen, die Auswirkungen auf unsere Erde, Gesundheit, Familien, Tierwelt usw. haben. Und sie werden, vor allem auf globaler Ebene, sehr häufig ausschließlich von Männern getroffen. Diese Homogenität und Einseitigkeit sind nicht nur ungerecht und oft immens nachteilig für Frauen, sondern sie sind suboptimal, weil sie die Kraft, Talente, Intellekte und Werte von der Hälfte der Bevölkerung nicht nutzen. Und angesichts der riesigen gesellschaftlichen Herausforderungen, die wir haben, können wir uns dies nicht leisten.

Außerdem finde ich es sehr problematisch, dass in der überwiegenden Mehrheit der Fälle Menschen eines Geschlechts das Leben aller Geschlechter bestimmen.

Aber was kann ICH dagegen tun?

2022 las ich im Global Gender Gap Report von der Stiftung des Welt-wirtschaftsforums (WEF), dass, wenn die Entwicklung so langsam weiter-gehe wie bisher, es noch 132 Jahre dauere, bis es Gleichberechtigung zwischen den Geschlechtern gibt.

Das hat mich ziemlich schockiert. Was ist mit SDG5 der Agenda 2030? Ist es völlig hoffnungslos, dass es bis dahin mehr Chancengerechtigkeit in unserer Wirtschaft geben wird? Wie sollen wir die anderen 16 Nachhal-tigkeitsziele ohne mehr Frauen in Entscheidungspositionen erreichen? Ohne mehr weibliche Perspektive und Werte haben wir doch keine Chance, die Agenda 2030 annähernd zu erreichen.

Nach dem ersten Moment der Schockstarre, Hoffnungslosigkeit, Frus-tration und Wut fiel mir ein, dass jede von uns doch einen kleinen Beitrag leisten könnte, Ziel Nr. 5 voranzutreiben. Wir können die Unternehmen, die heute Frauen in Führungspositionen haben und es mit der Chancen-gleichheit und Diversität ernst meinen, STÄRKEN. Wenn wir diese Firmen unterstützen, stärken wir auch die Frauen in ihren Positionen. Starke, erfolgreiche Führungsfrauen gestalten und prägen unsere Wirtschaft positiv, was uns wiederum allen zugutekommt. Und als Vorbilder zeigen sie uns alle, dass es komplett normal ist, wenn Frauen führen.

Wie können wir sie stärken? Es gibt viele Möglichkeiten, z. B. durch Emp-fehlungen, Kooperationen, Sichtbarkeit. Und auch, indem wir die Pro-dukte und Dienstleistungen ihrer Unternehmen kaufen – wenn es passt.

Es geht auch darum, sich bewusst zu machen, welche Firmen Frauen in der Führung haben, und dann zu überlegen, welche Firmen man mit seiner Kaufkraft unterstützen möchte.

Dafür müssen aber erst die Firmen und Unternehmerinnen sichtbar gemacht werden. Damit war die Idee von 2030* (2030.network) geboren.

Mein Humanismus und die Gerechtigkeit für Frauen in einem Herzens-projekt. Das fühlte sich sofort richtig an!

Doppeltes Privileg

Ich habe das doppelte Privileg, nicht nur mein Herzensprojekt 2030* nebenberuflich voranzutreiben, sondern auch mein Herzensthema beruflich auszuführen. Als „Female Headhunter" bzw. Spezialistin für Female Executive Search unterstütze ich Unternehmen, mehr weibliche Führungskräfte zu gewinnen.

Das erfüllt mich und macht mir sehr viel Freude. Meine Arbeit hat nicht nur einen wichtigen Purpose, sondern ich darf meine wichtigsten Werte leben und meine Arbeit darauf ausrichten.

Alles perfekt?

Das hört sich doch perfekt an, oder? Naja. Du solltest wissen, dass ich vor ein paar Jahren bewusst meinem Herzen und meiner Intuition gefolgt bin und mich für einen Karrierewechsel entschieden habe. Dafür habe ich (und meine Familie) auch einige Risiken und Nachteile in Kauf genom-men. Es war lange nicht klar, ob es aufgehen würde. Der Weg, den ich mir ausgesucht hatte, war oft steinig und manchmal sehr idealistisch.

Und dann gibt es die verschiedenen Frustmomente. Warum handeln so viele Menschen nicht nach ihren (meinen) Werten?!

Es gibt so viele Möglichkeiten, Frauen in der Wirtschaft zu stärken. Warum werden sie nicht genutzt? Warum sind Frauen nicht solidarischer untereinander? Warum gibt es so viele Männer, die nichts sagen oder unternehmen, um eine gerechtere Arbeitswelt für Frauen und Männer zu schaffen?

Ich glaube, es liegt nicht daran, dass wir das nicht wollen. Aber wir sind bequem. Wir sind in vieler Hinsicht überfordert oder zumindest maximal gefordert. Wir haben zu wenig Zeit und zu wenig Platz im Kopf, um „auch

noch" die extra Meile für Fremde zu gehen – und das, ohne hundertpro-
zentig zu wissen, ob es eigentlich hilft oder etwas ändert. Außerdem
haben wir starke Gewohnheiten oder „Praktiken", wie Hans Rusinek in
seinem lesenswerten Buch „Work-Survive-Balance" beschreibt. Obwohl
wir wissen, dass wir manche Praktiken ändern sollten, ist dies verdammt
schwierig und nur möglich, wenn wir bewusst unsere Komfortzone verlassen und es gemeinsam mit anderen Schritt für Schritt angehen.

Deshalb brauchen wir Communitys von Gleichgesinnten, Vorbilder,
Inspiration, Impulse. Damit wir immer wieder reflektieren und diskutieren, ob wir unser Handeln nicht doch noch ändern sollen und einander
motivieren, es dann auch zu tun.

Gleichzeitig muss ich stets an mir arbeiten – aufmerksam und empathisch zuhören, um die anderen Perspektiven zu verstehen. Und einfach
mehr „chillen"! Werte wie Gleichberechtigung und Selbstbestimmung
werden wir (leider) nicht an Tag X erreichen. Wir müssen sie täglich
leben, fördern und fordern.

Manchmal habe ich das Gefühl, dass bestimmte Werte im Gegensatz
zueinander stehen, und deshalb nicht immer einfach zu leben sind. Zum
Beispiel Gerechtigkeit und Selbstbestimmung. Bei Selbstbestimmung
geht es um mich und meine Bedürfnisse. Ich darf entscheiden, was ich
mache und, am besten, wie ich es mache. Auf der anderen Seite geht
es bei Gerechtigkeit um alle. Alle sollen die Chance auf ein selbstbe-
stimmtes Leben haben. Wenn alles für alle gerecht werden soll, müssen
wir alle unsere eigenen Interessen in manchen Punkten zurückstecken.
Oder andersrum, wenn wir alle nur nach unseren eigenen Bedürfnissen
handeln, werden, zumindest in unserer kapitalistischen Gesellschaft,
automatisch andere darunter leiden. Das können wir heute überall
beobachten. Deshalb ist es wichtig, eine Balance zwischen diesen beiden Werten zu schaffen. Und zwar auf persönlicher, lokaler und globaler
Ebene. Ich versuche, mein Handeln in diesem Kontext regelmäßig zu
reflektieren.

Lasst uns mehr über Werte reden

Warum erzähle ich so viel über mich, meine Persönlichkeit und meine Werte? Ich glaube, wir sollten viel mehr über unsere persönlichen Werte und Motivationen sprechen und auch darüber, wie schwierig es manchmal ist, immer nach diesen Werten zu handeln. Mehr solcher offenen, wohlwollenden Gespräche würden zu mehr Selbstreflexion und Hinterfragen führen, was wiederum nötig ist, um nach unseren Werten zu handeln und mehr Konsens miteinander zu finden.

Übrigens, wenn du das nächste Mal eine Person triffst, die von dem Ziel einer gerechteren Welt völlig getrieben ist, denk dran – sie kann nichts dafür. Sie ist einfach so.

TATSIANA AKHRYMENKA

Group M&A LEAD der GETEC Gruppe

Welche Werte sind dir im Leben am wichtigsten?

Für mich persönlich sind Wertschätzung, Anerkennung und Respekt sowohl im privaten als auch im beruflichen Umfeld sehr wichtig. Ich bin der Meinung, dass die überwiegende Mehrheit der Menschen, wenn sie diese drei Werteprinzipien von Kindheit an erfahren hat, ihr höchstes Potenzial entfalten kann. Aber auch wenn dies erst in späteren Lebensphasen geschieht, können Potenziale noch in hohem Maße entfaltet werden. Wertschätzung und Anerkennung sind für innovatives und kreatives Denken und Handeln von großer Bedeutung – wenn wir uns als Gesellschaft weiterentwickeln wollen, müssen wir offen sein für die Sichtweisen der anderen. Und gegenseitiger Respekt und Achtung helfen uns dabei, statt egozentrisch oder eigennützig nach dem höchsten Nutzenprinzip zu handeln.

Welche Prinzipien leiten dich in schwierigen Entscheidungssituationen?

Behandle andere so, wie du selbst behandelt werden möchtest. Die entsprechenden Werte wären Empathie, Toleranz, Gerechtigkeit, Respekt und Frieden. Diese Wertekombination lässt keine Fehlinterpretationen von

Gerechtigkeit oder übertriebene Toleranz und Empathie zu, sondern ermöglicht als „Kombination", in schwierigen Situationen faire Lösungen auf der Basis von Empathie, Toleranz und Respekt zu finden. Dies kann sowohl im privaten Umfeld, in der Familie und dem Freundeskreis, gut funktionieren als auch im beruflichen Kontext, wo Entscheidungen oft auf Basis von Fakten und/oder Annahmen getroffen werden müssen, aber immer unter Berücksichtigung des Faktors „Mensch".

Welche Werte sind für dich in deiner beruflichen Laufbahn entscheidend?
In der beruflichen Laufbahn sind Werte wie Disziplin, Durchhaltevermögen, Zuverlässigkeit, offene Kommunikation und Teamfähigkeit wichtig, aber für mich persönlich ist es immer noch von großer Bedeutung, sich selbst treu zu bleiben und sich selbst zu respektieren. Das heißt, wenn man Ungerechtigkeiten, Unehrlichkeit erlebt, sollte man sich auf seine eigenen Werte besinnen und selbstbestimmte Entscheidungen für die Zukunft treffen. Weitere wichtige Aspekte sind Lernbereitschaft und Anpassungsfähigkeit, für die man stets offen sein und das eigene „Lernen" aktiv vorantreiben sollte. Anpassungsfähigkeit ist wichtig für nachhaltigen Erfolg, da sich unser Umfeld und unsere Strukturen durch Technologien, Innovationen, Markttrends sowie geopolitische und wirtschaftliche Entwicklungen ständig verändern.

Wie wichtig ist es, in einem Team oder Unternehmen gemeinsame Werte zu haben?
Eine gemeinsame Wertebasis ist für den nachhaltigen Erfolg von großer Bedeutung. Werte sind aber nicht für Papier oder bunte Banner und Webseiten und schon gar nicht nur für Strategiepyramiden. Werte müssen in Unternehmen artikuliert, verstanden und gelebt werden. Unternehmen sollten die passenden Strukturen und das Umfeld schaffen, damit definierte Werte langfristig Bestand haben. Aktuell wird oft und viel über Vertrauen, Respekt, Nachhaltigkeit und Diversität in Unternehmen gesprochen, aber was ist, wenn zum Beispiel das Mikromanagement nur nach oben Respekt-Verhalten zeigt oder ein immer noch relativ niedriger Frauenanteil im Management kein Vorbild für „gelebte" Werte abgibt? Unternehmen müssen immer wieder überprüfen, ob die nach außen und innen getragenen Werte auch der Realität entsprechen. Endlose anonyme Befragungen geben darauf nicht unbedingt eine Antwort.

FRAUENWERTE IN DER FÜHRUNG – WICHTIGER BEITRAG ZUM UNTERNEHMENSERFOLG

Realitätscheck: weibliche Führung in Unternehmen

In der Europäischen Union waren 2022 rund 46 % aller Beschäftigten Frauen. In Führungspositionen sind sie jedoch deutlich unterrepräsentiert: 2022 waren rund 35 % aller Führungskräfte in der EU weiblich, in Deutschland waren es mit 28,9 % sogar weniger als ein Drittel. Im Zeitraum von 2012 bis 2022 hat sich der Frauenanteil in Führungspositionen nur um +0,3 Prozentpunkte verändert. Nach Angaben des Statistischen Bundesamtes nimmt der Anteil von Frauen in Führungspositionen mit zunehmendem Alter ab: Während beispielsweise in der Altersgruppe der 25- bis 34-Jährigen über 33 % Frauen in Führungspositionen tätig sind, sind es in der Altersgruppe der 55- bis 64-Jährigen nur noch 26,3 %.[1]

Viele mittelständische Unternehmen (Umsatz 100–500 Mio. EUR) haben sogar nur 12,3 % Frauen an der Spitze – d.h. nur jede zehnte Geschäftsführung ist weiblich.[2] DAX, MDAX und SDAX stehen mit 19 % weiblichen Führungskräften schon etwas besser da, die „privaten" Unternehmen, insbesondere die Familienunternehmen, haben nur 10 % weibliche Führungskräfte.[3] Es ist zu vermuten, dass sich öffentliche Unternehmen mit stärkerem Druck auf ESG (Environmental, Social & Corporate)-Ziele mehr mit dem Thema „weibliche Führung" befassen. Zu einem ähnlichen Ergebnis kommt die AllBright Stiftung in ihrer Analyse der 100 größten Familienunternehmen in Deutschland: Je privater die Unternehmen, desto männlicher die Führung, sowohl im aktiven Management als auch in den Kontrollgremien.[4]

Frauenrollen in Unternehmensstrukturen

Börsennotierte und große private Unternehmen integrieren ESG-Anforderungen zunehmend in ihre Unternehmensstrategien und entlang ihrer Wertschöpfungsketten und beschäftigen sich mit Frauenquoten in Führungspositionen als Teil von Diversitätsstrategien. Die Realität ist jedoch noch weit entfernt von dem teilweise sehr positiven Bild, das die Unternehmen nach außen vermitteln. Ohne auf Statistiken zu schauen, findet man in Unternehmen, unabhängig von der Beteiligungsstruktur, häufig Frauenführung in den typischen „Frauenbereichen" Nachhaltigkeit/ESG oder Personal. Üblicherweise sind Frauen in diesen Bereichen auch am häufigsten auf der Vorstands- oder Geschäftsführungsebene der Unternehmen zu finden. Die hierarchischen Unterschiede zwischen Männern und Frauen sind in den Bereichen, die sich mit der Kerngeschäftsausrichtung beschäftigen, nach wie vor sehr ausgeprägt.

Die Messung der Geschlechterparität als Teil von Diversity und Inclusion im ESG-Reporting von Unternehmen konzentriert sich meist auf Gesamtfrauenquoten, nicht aber auf Details der Zusammensetzung des Managements und der Verantwortungsbereiche, z.B. wird keine Gewichtung nach Einfluss auf Geschäftsausrichtung und Kerngeschäft vorgenommen.

Während die Frauenquoten in den Führungsetagen insgesamt für das ESG-Scoring angemessen erscheinen, ist die „weibliche" Beteiligung an wesentlichen Entscheidungen über die Unternehmensausrichtung sowie strategische und operative Kernthemen in der Realität nach wie vor gering.

Ein ähnliches Bild zeigt sich in den Aufsichtsräten und anderen Kontrollgremien: Häufig berichten weibliche Beteiligte in Kontrollgremien, dass „eine" weibliche Vertretung nicht viel nützt, da die Minderheitensituation die Einflussnahme auf Entscheidungen erschwert.

Verteilung der Machtpositionen von Familienmitgliedern in den Unternehmen

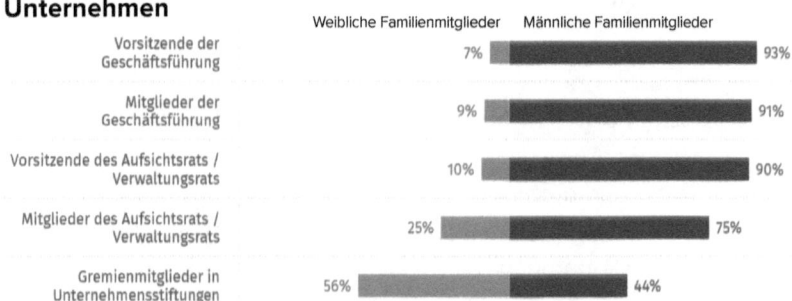

Anteile von Männern und Frauen aus den Gesellschafterfamilien in den Gremien der 100 größten Familienunternehmen, gemäß AllBright Bericht Mai 2022 [5]

Weibliche Familienmitglieder nur selten in Machtpositionen

Bei Familienunternehmen ist die Partizipation von Frauen in Unternehmensleitung (siehe Abbildung oben) auch nach wie vor insgesamt sehr gering.[5]

Die jüngsten Äußerungen des UN-Generalsekretärs, dass die Gleichstellung von Frauen und Männern noch weit entfernt ist, nämlich 300 Jahre, sind alarmierend. „Die Fortschritte der letzten Jahre verschwinden vor unseren Augen", so António Guterres. Globale Krisen, Pandemien, gewaltsame Konflikte und Kriege verschärfen die Situation der Geschlechterungleichheit. In Wissenschaft und Technologie, aber auch in vielen Industriezweigen haben laut UN-Generalsekretär Guterres „jahrhundertealte patriarchalische Strukturen, Diskriminierung und schädliche Stereotypen eine große Kluft" zwischen den Geschlechtern geschaffen.[6]

Trotz weltweiter Rückschritte in Sachen Gleichberechtigung und Chancen für Frauen sollte man meinen, dass in Deutschland und Europa die beruflichen Aufstiegschancen für Frauen und für qualifizierte weibliche Führungskräfte angesichts des Fachkräftemangels gut sind. Wären da nicht verfestigte gesellschaftliche und soziale Strukturen, die dem Fortschritt entgegenstehen, aber auch zum Teil weibliche Verhaltensweisen und Eigenschaften: historisch bedingte Zurückhaltung von Frauen; Neigung zu übertriebener Rücksichtnahme auf andere und das Bedürfnis, sympathisch und akzeptiert zu wirken, was auch weniger Risikobereitschaft im geschäftlichen Kontext bedeutet; Neigung, eigene Fähigkeiten, Kompetenzen und Erfolge weniger anzupreisen (Impostor- oder Hochstaplersyndrom) und Stärken infrage zu stellen.[7]

Erfolgreiche Unternehmen und weibliche Führung

Trotz oder gerade wegen des typisch weiblichen Führungsstils zeigen verschiedene Studien, dass von Frauen geführte Unternehmen ein Arbeits- und Innovationsumfeld schaffen, das zu nachhaltigem Unternehmenserfolg führt. Laut dem S&P Global Report of US Companies

2002–2019 stiegen beispielsweise die Aktienkurse von Unternehmen, die von Frauen geleitet wurden, in den ersten 24 Monaten ihrer Amtszeit um 20% im Vergleich zu Unternehmen, die von Männern geführt wurden.[8]

Ein McKinsey-Bericht (2023) mit dem Titel „Women in the Workplace" (Frauen am Arbeitsplatz) hebt die enormen finanziellen Vorteile der Geschlechtervielfalt hervor. Nach den Ergebnissen dieser Studie können Unternehmen mit einer beträchtlichen Beteiligung von Frauen in Führungspositionen bis zu 50% höhere Gewinne und Aktiengewinne erzielen.[9]

Eine von BCG und Mass Challenge durchgeführte Untersuchung von mehr als 350 Start-ups hat gezeigt, dass es zwar nach wie vor ein starkes Ungleichgewicht zwischen Frauen und Männern in Bezug auf das gesamte jährlich vergebene Wagniskapital gibt (nur etwa 2,2% der 150 Mrd. USD an jährlichem Wagniskapital werden in von Frauen geführte Start-ups investiert),[10] dass aber von Frauen geführte Start-ups mehr als doppelt so hohe Gewinne pro investiertem Dollar erwirtschaften als von Männern geführte Start-ups.

Unternehmensfördernde Werte der Frauen

Frauen tragen nicht nur zu positiven finanziellen Ergebnissen des Unternehmens bei, sondern sind auch besonders erfolgreich bei der Schaffung einer positiven Unternehmenskultur: Das Journal of Organizational Behavior hat in einer Untersuchung (2015) von mehr als 80 Teams in 29 Organisationen festgestellt, dass von Frauen geführte Teams kooperativer, kommunikativer und lernbereiter sind, und zwar sowohl in Büro- als auch in „Remote-Office"-Strukturen.[11] Peakon, die HR Insights Plattform, hat eine internationale Studie in 43 Ländern durchgeführt, bei der über 60.000 Mitarbeiter und 3000 Führungskräfte befragt wurden. Die Ergebnisse zeigen, dass Unternehmen mit Frauen an der Spitze in fünf Bereichen besser abschneiden als

Unternehmen mit Männern in der Führung: Strategie, Mission, Werte, Kommunikation und Autonomie. Die wichtigsten Ergebnisse waren:[12]

- Die Mitarbeiter in von Frauen geführten Unternehmen haben eine positivere Einstellung zur Strategie und zum Leitbild und können diese auch besser artikulieren bzw. wiedergeben.
- Mitarbeiter in von Frauen geführten Unternehmen scheinen sich auch mehr für die Produkte und Dienstleistungen des Unternehmens zu interessieren, was zu ihrem stärkeren Engagement führt.
- Mitarbeiter in von Frauen geführten Unternehmen scheinen auch mehr Autonomie zu genießen und sind insbesondere mit den Work-Life-Balance-Regelungen und der Flexibilität bei der Vereinbarkeit von Beruf und Familie zufriedener.

Erfolgreiche Frauen schaffen auch Chancen für andere Frauen und fördern weibliche Talente. Es ist daher von großer Bedeutung, eine starke Positionierung von Frauen in Unternehmen anzustreben, damit unterschiedliche Sichtweisen zu verschiedenen unternehmensrelevanten Themen ganzheitlich und auf Augenhöhe diskutiert werden können.

Lasst uns eine Zukunft der Vielfalt schaffen, in der die Werte der Frauen auf allen Ebenen der Unternehmen, der Wirtschaft und der Gesellschaft insgesamt akzeptiert und geschätzt werden, denn Frauen und damit ihre individuellen Werte tragen positiv zu Unternehmenserfolgen bei und leisten damit insgesamt einen wesentlichen Beitrag zu einer positiven wirtschaftlichen Entwicklung.

[1] Frauen in Führungspositionen, Statistisches Bundesamt, https://www.destatis.de/DE/Themen/Arbeit/Arbeitsmarkt/Qualitaet-Arbeit/Dimension-1/frauen-fuehrungspositionen.html, Zugriff am 16.07.2024.

[2] Weltfrauentag: Frauenquote in Führungspositionen liegt in Deutschland bei 24,1 Prozent – Frauenquote in Aufsichtsräten steigt, 07.03.2024, CRIF, https://www.crif.de/pr-events/pressemitteilungen/2024/march/07/weltfrauentag-frauenquote-in-fuehrungspositionen-liegt-in-deutschland-bei-24-1-prozent-frauenquote-in-aufsichtsraeten-steigt, Zugriff am 16.07.2024.

[3] Etwas mehr Frauen in Führungspositionen, 14.05.2024, Die News, https://die-news.net/news/2024/05/etwas-mehr-frauen-in-fuehrungspositionen, Zugriff am 16.07.2024.

[4] STILLSTAND: Familienunternehmen holen keine Frauen in die Führung, AllBright Bericht Mai 2022, AllBright Stiftung, https://www.allbright-stiftung.de/stillstand, Zugriff am 16.07.2024.

[5] Ebd.

[6] Gleichberechtigung erst im Jahr 2308? UNO-Bericht warnt Rückschritten, Utopia, Annika Reketat, 07.03.2023, https://utopia.de/news/gleichberechtigung-erst-im-jahr-2308-uno-bericht-warnt-vor-rueckschritten, Zugriff am 16.07.2024.

[7] Frauen in Führungspositionen. Worauf es ankommt, und was Sie vermeiden sollten, GABAL MAGAZIN, https://www.gabal-magazin.de/karriere/frauen-in-fuehrungspositionen, Zugriff am 16.07.2024.

[8] Firms with a female CEO have a better stock price performance, new research says, CNBC, Chloe Taylor, 18.10.2019, https://www.cnbc.com/2019/10/18/firms-with-a-female-ceo-have-a-better-stock-price-performance-sp.html, Zugriff am 16.07.2024.

[9] Women in the Workplace 2023, McKinsey Report, https://www.mckinsey.com/featured-insights/diversity-and-inclusion/women-in-the-workplace, Zugriff am 16.07.2024.

[10] Three Reasons Why Women-Led Startups Are Flourishing And How Leaders

Can Support Them, Forbes, Wendy Gonzalez, 21.04.2022, https://www.forbes.com/sites/forbesbusinesscouncil/2021/11/02/three-reasons-why-women-led-startups-are-flourishing-and-and-how-leaders-can-support-them, Zugriff am 16.07.2024.

[11] Post, C.: When is female leadership an advantage? Coordination requirements, team cohesion, and team interaction norms,Journal of Organizational Behavior, Wiley Online Library, 2015, https://onlinelibrary.wiley.com/doi/abs/10.1002/job.2031, Zugriff ma 07.08.24

[12] Why-Woman-Led Companies are better for employees, Forbes, Caroline Castrillon, 24.03.2019, https://www.forbes.com/sites/carolinecastrillon/2019/03/24/why-women-led-companies-are-better-for-employees/, Zugriff am 07.08.24

MELANIE HACKLER

*Inhaberin und Geschäfts-
führerin der Melar GmbH*

© helen deine fotografin

**Welche Werte sind dir im Leben am
wichtigsten?**

Authentizität spielt für mich im beruflichen
als auch privaten Kontext eine große Rolle.
Zu sich selbst zu stehen, seinen Stärken und Schwächen, und das gerne
mit einer Portion Humor. Authentizität hilft oft dabei, das Eis zu brechen.
Durch Authentizität wird eine Atmosphäre des Vertrauens geschaffen. Bin ich authentisch, fällt es meinem Gegenüber auch leichter, sich
authentisch zu zeigen, Mensch zu sein. Ich bin davon überzeugt, dass
es essenziell ist, Menschlichkeit zu zeigen und andere in ihrer Menschlichkeit anzuerkennen und zu respektieren. Unsere individuellen Eigenschaften und unsere Vielfalt sehe ich als Bereicherung an, die gemeinsam zu einem bunten Mosaik des Lebens beitragen. Dabei spielen für
mich Vertrauen, Verbindlichkeit, Zuverlässigkeit, Respekt, Loyalität, Ehrlichkeit und Eigenverantwortung ebenfalls zentrale Rollen.

Welche Prinzipien leiten dich in schwierigen Entscheidungs-situationen?

In Entscheidungssituationen ist es mir wichtig, meinen persönlichen Werten treu zu bleiben. Ich bewerte die Situation, Perspektiven und Bedürfnisse der Beteiligten sowie die langfristigen Auswirkungen meiner Entscheidungen sorgfältig und bin dankbar für ein Netzwerk an Vertrauenspersonen, mit welchen ich mich austauschen kann. Neben Fakten spielt meine Intuition eine tragende Rolle. Im Fall einer Fehlentscheidung evaluiere ich, wie ich diese korrigieren kann und reflektiere, welche Lehren daraus für die Zukunft gezogen werden können.

Wie trägt deine Arbeit zu deinen persönlichen Werten bei?

Mich treibt die Überzeugung an, durch Vielfalt Kreativität und Innovation zu ermöglichen und wirtschaftlich erfolgreiche Lösungen zu entwickeln, die gleichzeitig einen positiven Einfluss auf die Umwelt und das Wohlergehen der Menschen haben. In diesem Sinne arbeite ich in oftmals branchen- und kulturübergreifenden Projekten an der Transformation von linearen zu kreisläufigen Geschäftsmodellen mit dem Ziel der Ressourcen-Schonung und der Reduzierung von CO_2-Emissionen.

Können sich Werte im Laufe der Zeit verändern? Wenn ja, wie?

Ja, Werte können sich im Laufe der Zeit ändern, da sie eng mit gesellschaftlichen Normen, kulturellen und technologischen Entwicklungen und auch individuellen Erfahrungen verbunden sind. Zusätzlich können Menschen durch Vernetzung und Globalisierung Einflüsse aus verschiedenen Kulturen leichter erleben und Werte übernehmen. Diese vielfältigen Einflüsse und Erfahrungen prägen unsere Werte und beeinflussen, wie wir die Welt und unsere Rolle darin wahrnehmen. Gerade in herausfordernden Zeiten werden persönliche und gesellschaftliche Werte hinterfragt und möglicherweise an sich ändernde Rahmenbedingungen angepasst. Im Laufe der persönlichen Entwicklung mit vielen verschiedenen Erfahrungen erkennen wir idealerweise unsere Eigenverantwortung für Werte und festigen diese.

CO-KREATION – TRANSFORMATION KULTURÜBERGREIFEND GESTALTEN

„Das Unmögliche möglich machen", diese intrinsische Motivation begleitet mich seit jungen Jahren. Den Status quo reflektieren, Themen neu
denken und Grenzen überwinden, um Positives zu bewegen. Vorhandene Denkmuster und Prozesse ehrlich zu hinterfragen ist heute notwendiger denn je, um klimatischen und wirtschaftlichen Herausforderungen zu begegnen und bestehende Geschäftsmodelle in zukunftsfähige
Modelle zu transformieren. Klassische Lieferanten-Kunden-Beziehun-
gen werden überdacht, neue industrie- und kulturübergreifende, sich
komplementierende Partnerschaften entstehen.

Bereits im ersten Band dieser Reihe, „Nachhaltigkeit", werden mit der
Vorstellung der Sustainable Development Goals (SDG) die notwendigen
Aktivitäten zur Lösung gesellschaftlicher, ökologischer und ökonomi-
scher Missstände aufgezeigt.[1] SDG17 mit Fokus auf Bildung von Partnerschaften zur Erreichung der Ziele ist für mich ein Kernelement, da
es den Wert des Miteinanders zur Erreichung aller Ziele vereint und die
Bedeutsamkeit von Partnerschaften klar herausstellt.

Das Denken neuer Geschäftsmodelle sowie die Entwicklung von auf den
ersten Blick ungewöhnlichen Partnerschaften bedeutet für etablierte
Unternehmen oftmals, sich aus einem jahrelang gut funktionierenden
Ökosystem herauszubewegen und sich neuen Denkansätzen und Wertevorstellungen zu stellen. Eine der größten Herausforderungen besteht
hier in der Neigung der Menschen, ihr eigenes Verständnis von Werten
auf andere Gesellschaften und Kulturen zu übertragen.

Doch wie stark unterscheiden sich die Werte tatsächlich und wo variiert
vielmehr die Auslegung oder Tradition hinter den Werten? Gibt es einen
Zusammenhang zwischen kultureller Vielfalt im Verständnis von Werten
und langfristigem Unternehmenserfolg?

Im Sinne von SDG17 arbeite ich mit Stakeholdern entlang neu zu bil-
dender Wertschöpfungsketten daran, gemeinsam das Ökosystem der

Zukunft entsprechend den sich stark verändernden Regularien und Anforderungen der Kapitalgeber im Bereich ESG (Environmental, Social, Governance) zu gestalten. Mein persönlicher Leitstern ist es, kollaborativ innovative und wirtschaftlich erfolgreiche Lösungen zu entwickeln, die gleichzeitig einen positiven Einfluss auf die Umwelt und das Wohlergehen der Menschen haben. Dieser Wandel erfordert, sich auf unbekannte Pfade zu begeben und mutig auch der Möglichkeit des Scheiterns zu begegnen.

In beständigen Zeiten werden Werte oft als selbstverständlich wahrgenommen. Erst wenn etwas auf dem Spiel steht, werden Wertesysteme überprüft und mit dem Äußeren in Einklang gebracht, Visionen und Ziele neu definiert.[2,3] Werte fungieren also als wichtiger Kompass in Transformationsprozessen.

Kulturelle Wertesysteme basieren auf Traditionen, Geschichte, Religion, sozialen Normen und anderen Einflüssen. Diese Wertesysteme prägen die Denkweise, das Verhalten und die Erwartungen der Menschen, Mitarbeiter und Geschäftspartner und können dementsprechend den jeweiligen Unternehmenserfolg maßgeblich beeinflussen. Im Zuge stärker werdender gesellschaftlicher Verantwortung von Unternehmen entlang ihrer Lieferketten (Corporate Sustainability Due Diligence Directive) spielen kulturelle Wertesysteme eine wesentliche Rolle bei der Festlegung von ethischen Standards und Praktiken. Unternehmen müssen die kulturellen Kontexte berücksichtigen, um verantwortungsvolle Entscheidungen zu treffen und ethische Normen zu fördern. Was in einer Kultur als ethisch oder moralisch akzeptabel angesehen wird, kann in einer anderen Kultur unterschiedlich interpretiert werden.

Meine berufliche Laufbahn begann bei einem innovativen, global aufgestellten, familiengeführten Mittelstandsunternehmen. Schon damals wurde die Basis für mein heutiges auf Nachhaltigkeit geprägtes Wertesystem gelegt. Familienunternehmen denken in Generationen, sie legen Wert auf Mitarbeiter, Qualität und langfristigen Erfolg des Unternehmens, was sich in Entscheidungen und Investitionen und dem respektvollen Umgang mit materiellen als auch personellen Ressourcen zeigt. Ich hatte das Glück, stetig ermutigt zu werden, meine Ideen und Perspektiven einzubringen und schon früh Verantwortung zu übernehmen. Das mir entgegengebrachte Vertrauen lehrte mich, Herausforderungen offen und mutig zu begegnen. Ich begleitete Expansionsprojekte in unterschiedlichen Ländern und durfte erfahren und mitgestalten, wie die Unternehmenswerte der Inhaberfamilie in anderen Ländern und Kulturen implementiert, in lokale Wertesysteme integriert und gelebt wurden, Überraschungsmomente und Missverständnisse natürlich inklusive.

Die Überzeugung, durch Vielfalt Kreativität und damit Innovationen zu ermöglichen, begleitet mich bis in meine heutige Selbstständigkeit. Je nach vorhandener stärkerer oder flacherer Hierarchie erlebe ich dabei Unterschiede im Verständnis und im Umgang mit Werten. In hierarchisch und autoritär geprägten Kulturen werden Werte tendenziell vertikal betrachtet, während sie in weniger hierarchisch strukturierten und toleranteren Kulturen auf Augenhöhe gelebt werden. Besonders große Unterschiede zeigen sich in der Auslegung von Vertrauen. In westlichen Kulturen schafft Vertrauen eine Umgebung, in der Probleme offen besprochen und gemeinsam Lösungsmöglichkeiten diskutiert werden können. Im Gegensatz dazu betonen östliche Kulturen Respekt vor Autorität und legen großen Wert auf soziale Harmonie, um Konflikte zu vermeiden und einen reibungslosen Ablauf von Geschäftsbeziehungen und Interaktionen zu gewährleisten. Soziale Harmonie bedeutet hier jedoch nicht, dass alle Menschen im Sinne des sozialen Status gleich behandelt werden, sondern vielmehr die Harmonie im Umgang miteinander.[4] Dies ist zur Einordnung von verstandener Verbindlichkeit und damit verbundener Erwartungshaltung an das jeweilige Gegenüber äußerst wichtig, doch auch ich ertappe mich dabei, Situationen lediglich aus meinem persönlichen Werteverständnis heraus zu beurteilen.

Nicht zu vernachlässigen in der Betrachtung unterschiedlicher Wertesysteme ist zudem der Stellenwert von Bildung. Länder, die stark in Forschung und Entwicklung sowie in Bildung investieren, schaffen eine offene, tolerante und kulturell vielfältige Gesellschaftsstruktur, die zu neuen Ideen und Lösungsansätzen ermutigt. Skandinavische Länder setzen sich beispielsweise stark für Umweltschutz und Nachhaltigkeit ein. Der enge Bezug zur Natur und die Wichtigkeit der Erhaltung spielen eine große Rolle im Leben der Skandinavier, was sich in umweltfreundlichen Unternehmenspraktiken, erneuerbarer Energieerzeugung und einem Fokus auf grüne Technologien widerspiegelt und mich an der Arbeit mit Skandinaviern beeindruckt. China währenddessen hat sich in den letzten Jahrzehnten als äußerst innovativ und anpassungsfähig erwiesen und sich mit der Flexibilität, auf neue Technologien und Marktbedingungen zu reagieren, global langfristig positioniert, obwohl oder auch gerade weil das chinesische Wertesystem traditionell auf Bewährtem und Kontinuität basiert.

Asiatische Kulturen, wie am Beispiel China zu erkennen, orientieren sich tendenziell an einem längeren Zeithorizont und bereiten sich dementsprechend strategisch vor. In Europa, abgesehen von Skandinavien, überschauen wir eher kürzere Zeiträume und gestalten den notwendigen Wandel daher reaktiver. Ähnlich die Amerikaner, welche allerdings ihren Gestaltungseinfluss stärker bewerten, Herausforderungen proaktiv begegnen und Veränderung gestalten. Das Streben nach Veränderung findet sich sogar in der amerikanischen Verfassung.[5] Folglich zeichnen sich amerikanische Unternehmen oft durch ihre Risikobereitschaft und Experimentierfreude aus, gepaart mit einem starken Glauben an die Möglichkeit des Erfolgs auch nach Misserfolgen. Diese Resilienz und die Fähigkeit, aus Erfahrungen zu lernen, erfordert die Übernahme von Verantwortung für das eigene Handeln. Die kontinuierliche Reflexion über Erlebnisse und Ergebnisse ist dabei wesentlich und kann Prozesse anstoßen, die wiederum zu neuen Ideen, Produkten, Dienstleistungen und Geschäftsmodellen führen können.

Ein ausgeglichenes Wertesystem ermutigt dazu, kulturelle und ethnische Vielfalt zu schätzen, gemeinsame Werte und gegenseitigen Respekt zu fördern, kooperativ Risiken einzugehen und Innovationen anzustreben, während gleichzeitig hohe Standards in Bezug auf Leistung und Verantwortung aufrechterhalten werden. Der Erfolg ist messbar, Unternehmen mit hoher ethnischer Diversität weisen weltweit eine um 39 % höhere

Wahrscheinlichkeit auf, überdurchschnittlich profitabel zu sein, als Unternehmen mit der geringsten Diversität. Ebenfalls zeigt die Studie eine deutliche positive Korrelation zwischen Diversität in Führungsteams und der Bewertung von Unternehmen in Bezug auf eine Klimastrategie.[6]

Es wird also immer wichtiger, das Verständnis für die Werte anderer Kulturen zu schärfen und Strukturen zu schaffen, die es ermöglichen, in Zeiten des stärker werdenden Individualismus die Balance zwischen Individuum und dem aus diversen Wertesystemen bestehenden Kollektiv zu finden. Die Brücke bilden Selbstvertrauen und Vertrauen in andere. Denn während beides miteinander verflochten ist, ist es oft die Tiefe des Selbstvertrauens, die unsere Fähigkeit, anderen zu vertrauen, vergrößert. In einer solchen vertrauensvollen Umgebung ist Co-Kreation, also kollektives Gestalten des Wandels, auch über kulturelle Grenzen hinweg möglich.[7]

[1] Rankers, Claudia und Kammerlander, Nadine (Hrsg.): Nachhaltigkeit. Frauen schaffen Zukunft, Frankfurter Allgemeine Buch, Frankfurt am Main 2021.

[2] Indset, Anders: Wikinder Kodex. Warum Norweger so erfolgreich sind, Econ, Berlin 2024.

[3] Gaub, Florence: Zukunft. Eine Bedienungsanleitung, dtv, München 2023.

[4] China. Rückbesinnung auf die Lehre der Harmonie, Deutschlandfunk, Margarete Blümel, 03.02.2014, https://www.deutschlandfunk.de/china-rueckbesinnung-auf-die-lehre-der-harmonie-100.html, Zugriff am 18.07.2024.

[5] Florence Gaub, Politikwissenschaftlerin, Eins zu Eins. Der Talk | BR Podcast, 09.10.2023.

[6] Die Bedeutung von Vielfalt für den Geschäftserfolg wird immer stärker, McKinsey & Company, 07.03.2024, https://www.mckinsey.com/de/news/presse/2024-03-06-diversity-matters-even-more, Zugriff am 18.07.2024.

[7] Indset: Wikinger Kodex.

VALENTINA LAUER

*Angebotsleitung
von Safe im Recht*

Welche Werte sind dir im Leben am wichtigsten?

Vertrauen, Respekt und Autonomie. Diese Werte ermöglichen Begegnung auf Augenhöhe mit anderen – und mit sich selbst.

Welche Werte sind für deine berufliche Laufbahn entscheidend?

Wahrscheinlich der Wert der Gerechtigkeit. Außerdem die Notwendigkeit des Menschen, in Verbindung zu treten, sich also authentisch zu zeigen und Intimität herstellen zu können. Im Jurastudium haben mich vor allem die Grundfragen interessiert: die Unantastbarkeit der Menschenwürde, Fragen nach Schuld und Verantwortung, der Kampf gegen Einzelne, die sich über andere erheben und ihnen Werte und Rechte absprechen, und ob und wie das Recht gegen Unrecht und Ungerechtigkeit streiten kann. Ein bisschen Robin-Hood-Syndrom ist bei mir schon vorhanden … Gleichzeitig empfand ich schon immer, dass echtes Verständnis für die Lebenswirklichkeit anderer die Antwort auf alle Konflikte ist. Meine Ausbildungen in systemischem Coaching und Transaktionsanalyse haben mich in diesem humanistischen Weltbild, in dem wir alle „an sich in Ordnung" sind, bestätigt.

Wie trägt deine Arbeit zu deinen persönlichen Werten bei?
Meine Arbeit ermöglicht mir tatsächlich, Werte zu leben. Beim Kinderschutzbund kämpfen wir für die Einhaltung der Kinderrechte, in unserer Beratungsstelle Safe im Recht insbesondere für deren Schutz im digitalen Raum. Wir beraten junge Menschen mit digitaler Gewalterfahrung, die sich in hochbelasteten Situationen befinden, und versuchen, ihnen aus der gefühlten Ohnmacht herauszuhelfen, indem wir sie emotional entlasten und ihnen rechtliche Handlungsoptionen aufzeigen. Es ist schön zu spüren, dass man mit der eigenen Arbeit konkret Hilfe leisten kann. Im Austausch mit jungen Menschen erarbeiten wir aber auch konkret: In welcher (digitalen) Welt wollt ihr leben? Hier geschieht es immer wieder, dass ich über Werte in den Austausch gehe und offen und neugierig bleiben darf.

Wie wichtig ist es, in einem Team oder Unternehmen gemeinsame Werte zu haben?
Wenn man für eine NGO tätig ist, bilden gemeinsame Grundwerte die Basis der Arbeit. Herausforderungen werden unter anderem deshalb überwunden, weil man sich darauf beziehen kann, für gemeinsame Werte zu kämpfen, kurz gesagt: etwas Gutes zu tun. Ich glaube, dass eine solche Bezugnahmemöglichkeit Teams in jeder Branche zusammenhalten kann. Wenn ich weiß, wofür ich arbeite und weiß, dass meine Kolleg:innen auch Mitstreiter:innen sind und dieses Wofür teilen können, hat das eine besondere Dynamik. Gleichzeitig dürfen Werte nicht Selbstzweck sein, sie sollten wirklich bewegen und nicht für einen schicken Anstrich oder zur Selbstausbeutung missbraucht werden.

AUF DER SUCHE NACH GRUNDWERTEN FÜR DIE DIGITALGESELLSCHAFT – EIN PLÄDOYER

„Hallo, ich brauche dringend eure Hilfe. Ich habe meinem Freund vor einiger Zeit Nacktbilder geschickt. Jetzt habe ich Schluss gemacht und er hat die Bilder an seine Freunde weitergeleitet. Ich habe Angst, dass meine Eltern davon erfahren und dass die ganze Schule die Bilder sieht. Ich kann nicht mehr schlafen und traue mich nicht in die Schule. Ich weiß nicht, was ich machen soll ...“   *S., weiblich, 14 Jahre.*

I. Grundlagen

Unsere Rechtsberatungsstelle Safe im Recht vom Kinderschutzbund Frankfurt wird häufig mit Beratungsanlässen aus dem Bereich „Sexting gone wrong“ konfrontiert. Wir beraten junge Menschen vertraulich und kostenfrei zu allen rechtlichen Fragestellungen. Unser Schwerpunkt liegt im Bereich digitale Gewalt. Hierzu führen wir neben der konkreten Beratung Workshops mit Schüler:innen, aber auch Pädagog:innen, Fachpersonen und Eltern durch.

Die Frage, welche Werte und Normen die Digitalgesellschaft braucht, um ein humanes, freies und sicheres Miteinander zu gewährleisten, beschäftigt mich seit 2015, als ich erstmals von „predictive policing“ (vorhersagender Polizeiarbeit durch Datenauswertung) gehört habe, und ich begann, mich wissenschaftlich mit der Frage auseinanderzusetzen, wie Big Data, Algorithmen und KI sich auf das Strafrecht, Kriminalität und Fragen von Schuld und Verantwortung auswirken werden. Gerade die praktische Arbeit der letzten drei Jahre hat mich der Beantwortung dieser Frage deutlich nähergebracht.

II. Grenzüberschreitungen im Netz

Grenz- und Rechtsverletzungen sind im Internet an der Tagesordnung. Das gilt insbesondere für junge Menschen, die Grenzüberschreitungen und Missachtung ihrer Rechte in ihrem sozialen Umfeld und durch Erwachsene erleben und gleichzeitig auch selbst begehen. Das in den Gruppenchat gestellte Bild ohne Erlaubnis der abgebildeten Person, Urheberrechtsverletzungen, aggressive oder beleidigende Kommentare bis zu Hasskriminalität, bildbasierte sexualisierte Gewalt oder Cybergrooming bilden einen Teil der Bandbreite von unbedachter Handlung bis hin zu hoher krimineller Energie oder Schädigungsabsicht ab. Unsere Arbeit mit jungen Menschen zeigt, dass häufig wenig Bewusstsein darüber besteht, dass hier Persönlichkeitsrechte verletzt und Straftaten begangen werden.

Gründe hierfür liegen in der Funktion und Wirkung der Anwendungsstrukturen von Sozialen Medien und anderen Plattformen, in der Entwicklungsphase junger Menschen und in dem Umgang mit diesen Themen durch das erwachsene Umfeld.

a) Strukturen der Digitalgesellschaft

„Move fast and break things", dieses frühere Motto von Mark Zuckerberg stand lange Zeit sinnbildlich für die Idee der Disruption (Störung, Unterbrechung) als Grundlage der Technologieentwicklung in der Digitalgesellschaft. Der rasante technische Fortschritt, der sich zunächst nahezu ohne Regulierung vollzog und maßgeblich von einer kleinen Gruppe von Personen im Silicon Valley vorangetrieben wurde, hat zu neuen Gesellschaftsstrukturen geführt, deren Regeln nicht in einem demokratischen Diskurs ausgehandelt wurden. Frühzeitig war offensichtlich, dass diese Technologien fundamentale Grundwerte und Individualrechte infrage stellen, z. B. indem sie durch Überwachung, Profilerstellung und automatisierte Entscheidungsanwendungen die Persönlichkeitsrechte von Individuen angreifen. Die Plattformentwickler haben strukturell Rechtsverletzungen (z. B. im Urheberrecht) in Kauf genommen oder sogar vorausgesetzt, in der Annahme, durch ihr disruptives Vorgehen eigene Regelungen aufzustellen, denen die Gesellschaft schon folgen würde.[1]

Junge Menschen wachsen in einem digitalen Umfeld auf, das von Befriedigung durch Likes und Interaktion, Schnelligkeit und vor allem Daten und Aufmerksamkeit als Währung geprägt ist. Alles wird potenziell dokumentiert, geteilt, weitergeleitet, kommentiert, gelöscht, bearbeitet, verändert, neu verknüpft. Dass sie beim gefühlt mutigen oder aufregenden Teilen von Gewaltvideos oder dem Weiterleiten von vermeintlich witzigen Bildern von Personen Grenzen verletzen oder unter Umständen Straftaten begehen, ist häufig höchstens Hintergrundrauschen eben jener Wirkmechanismen.

b) Altersgerechtes Verhalten

Das Ausprobieren von Möglichkeiten und das Austesten oder auch Übertreten von Grenzen ist entwicklungstypisch für Jugendliche. Die neurobiologische Entwicklung und damit auch die Fähigkeit zu Empathie oder Verhaltenshemmung sind erst im jungen Erwachsenenalter abgeschlossen.[2] Deviantes, also von gesellschaftlichen Normen abweichendes, Verhalten ist in der Adoleszenz am höchsten.[3]

c) Das erwachsene Umfeld

Wenn wir mit Eltern, Lehrern oder Fachkräften über Kinder und die Herausforderungen der Digitalgesellschaft sprechen, wird häufig deutlich, dass sich ein Gefühl der Überforderung und Hilflosigkeit breitgemacht hat. Alles ginge zu schnell, das Internet sei ein rechtsfreier Raum – es herrschen Verunsicherung und Sorge. Die Übernahme und die Ausgestaltung der Medienerziehung sind nicht definiert und werden wechselseitig dem Elternhaus oder der Schule zugeschrieben. Dies hat zu einer Verantwortungsdiffusion gegenüber den jungen Menschen in unserer Gesellschaft geführt: Wir lassen sie mit den Herausforderungen und den Möglichkeiten des Internets immer noch weitgehend allein.

Außerdem sind erwachsene Bezugspersonen häufig keine guten Vorbilder. Bei unserem Fallbeispiel, dem Teilen von Bildern gegen den Willen der Betroffenen, sollten Eltern überlegen, wie häufig sie Fotos von ihren Kindern (und deren Freund:innen) anfertigen und in Messengern teilen, ohne die Kinder zu fragen, ob ihnen das recht ist. Das Anfertigen und ungefragte Teilen von Fotos ist ein völlig normalisierter Vorgang, der wenig hinterfragt wird – er sollte aber eine Grenze sein, die Kindern selbstverständlich vermittelt wird.

III. Eine Frage der Haltung

Adultismus beschreibt das ungleiche Machtgefälle zwischen Erwachsenen und Kindern bzw. Jugendlichen und ist in der Regel die erste erlebte Diskriminierungsform. Junge Menschen werden häufig in ihrem Erleben und vor allem in ihrer digitalen Zeitgestaltung nicht ernst genommen. Ähnlich steht es um den mitunter schwierigen Findungsprozess der Persönlichkeitsentwicklung und das Suchen nach der eigenen Sexualität. In der Skepsis, Unkenntnis und Abwehr der Erwachsenen bezüglich des Digitalverhaltens von Kindern liegen zwei Schwierigkeiten: Es wird die Chance verpasst, die Interessen der Kinder wirklich wahrzunehmen, die Zeit zu investieren, ihre Onlinewelt zu verstehen und darüber in Verbindung zu treten. Und es wird im Zweifel nicht oder zu spät bemerkt, wenn diese Kinder unangenehme oder gefährliche Erfahrungen machen oder selbst im Netz Grenzen oder Rechte anderer verletzen.

In unserem Fallbeispiel wird Adultismus, gepaart mit dem misogynen Affekt des Victim Blamings, besonders deutlich. Victim Blaming (Täter-Opfer-Umkehr) spricht den Betroffenen von Gewalt eine Mitschuld für den erlebten Übergriff zu. Dieser Affekt ist häufig in Fällen sexualisierter Gewalt, insbesondere gegen Frauen, zu beobachten, frei nach dem Motto: „Wer sich so anzieht, braucht sich nicht zu wundern!" Diese Schuldumkehr erleben Betroffene wie S. nahezu immer von Erwachsenen aus ihrem Umfeld. „Wie konntest du ein Nacktbild verschicken, du weißt doch, dass das Internet nichts vergisst", ist die Standardreaktion auf solche Vorkommnisse. Victim Blaming ist häufig von der frauenfeindlichen Grundhaltung geprägt, dass eine Frau, die sich sexuell ausprobiert, moralisch verwerflich handelt; bei jungen Frauen greift diese Haltung durch Erwachsene und Peers, was den Druck auf die Betroffenen enorm erhöht.

In unserer Beratung machen wir Ratsuchenden klar, dass sie keine Schuld an dem tragen, was passiert ist. Wir verorten die Verantwortung dort, wo sie hingehört: Im Fall von S. hat ihr Exfreund ihr Vertrauen missbraucht. Er hat außerdem ihr Recht am eigenen Bild verletzt und sich im Zweifel wegen der Verbreitung jugendpornografischer Inhalte strafbar gemacht – genau wie alle Personen, die das Bild weitergeleitet oder auf dem Handy gespeichert haben. Die Grenz- und Rechtsverletzung wurde also eindeutig von einer anderen Person begangen und diese sollte dafür die Verantwortung übernehmen. Die negativen Folgen für S., die Scham, die selbst auferlegte Isolation und die Angst, dass Eltern oder Mitschüler:innen sie verurteilen werden, ist nicht Konsequenz ihres Verhaltens, sondern Folge des Victim Blamings. Ohne diesen Affekt, und würde sich die Missbilligung des Verhaltens allein auf den Exfreund beziehen, müsste es Betroffenen wie S. nicht so schwerfallen, sich anderen Personen anzuvertrauen, und Gefühle der Scham und Ohnmacht hätten einen weniger wirkmächtigen Stellenwert.

IV. Fazit

Werte sind Leitlinien für menschliches Handeln und grundlegende Prinzipien für die Ausgestaltung gesellschaftlicher Institutionen. Sie haben die Fähigkeit und die Funktion, ein friedliches und sicheres Miteinander zu ermöglichen. [4]

Trotz des disruptiven Charakters der Gegenwart, der vorgibt, alles zu verändern und umzugestalten, bedarf es keiner angepassten Wertvorstellungen. Die Antwort auf die Frage nach Grundwerten für die Digitalgesellschaft liegt in einer Besinnung auf Werte an sich: in der absoluten (also nicht verhandelbaren) Achtung der Würde eines jeden Menschen als obersten Wert, von dem Handlungsregelungen abgeleitet werden können. [5] Im Bekenntnis zu Übernahme von Verantwortung für das eigene Handeln. In der Wahrnehmung und Förderung junger Menschen als autonome Personen, die lernen (dürfen), ihre eigenen Grenzen zu setzen und zu verteidigen. Und die Antwort liegt im Wert der Verbindung: „Im Grunde sind es doch die Verbindungen mit Menschen, die dem Leben seinen Wert geben."[6]

Wir sollten also den jungen Menschen aufmerksam zuhören, sie fragen, wie sie die Digitalgesellschaft gestalten wollen, und sie auf der Suche nach den richtigen Werten begleiten.

[1] Taplin, Jonathan: Move fast and break things, Little, Brown and Company, Boston 2017.

[2] Salisch, Maria; Vogelsang, Jens: Entwicklungspsychologische Grundlagen der Empathiefähigkeit, BPJM-Aktuell 04/2018, https://www.bzkj.de/resource/blob/131118/dbeed7bed3bab2715deffff03ac4885d/201804-entwicklungspsychologische-grundlagen-der-empathiefaehigkeit-data.pdf, Zugriff am 19.07.2024.

[3] Baier, Dirk; Pfeiffer, Christian: Devianz bei Jugendlichen, in: de Bruin, Andreas; Höfling, Siegfried (Hrsg.): Es lebe die Jugend! Vom Grenzgänger zum Gestalter, Hanns-Seidel-Stiftung, München 2011, S. 165–176.

[4] Haller, Max: Radikale Werte. Die Interessen der Menschen und ihre gesellschaftlich-politische Durchsetzung, Springer, Wiesbaden 2024.

[5] Lutz-Bachmann, Matthias: Werte und Normen, in: Forst, Rainer; Günther, Klaus (Hrsg.): Normative Ordnungen, Suhrkamp, Berlin 2021, S. 249–277.

[6] Humboldt, Wilhelm von: Briefe an eine Freundin, 21. September 1827, in: Briefe an eine Freundin, Brockhaus, Leipzig 1850.

BARBARA EICHELMANN-KLEBL

*Inhaberin der be!
Unternehmerberatung
sowie der FIDELIO-
SchokoFrüchte*

Welche Werte sind dir im Leben am wichtigsten?

Selbstbestimmung, Freiheit und Weiterentwicklung; Offenheit und Empathie; Klarheit und Ehrlichkeit; Familie, Freundschaft und Hilfsbereitschaft; Zuverlässigkeit, Leistung, Wertschätzung und Spaß.

Welche Werte sind für dich in deiner beruflichen Laufbahn entscheidend?

Selbstbestimmung und Weiterentwicklung! Für mich ist es wunderbar, dass ich in meiner Selbstständigkeit seit mehr als 20 Jahren Zeit- und Themenautonomie leben kann. Als selbstständige Unternehmerin entscheide ich mich bewusst, mit welchen Dingen ich mich beschäftigen möchte, wieviel Zeit ich investiere und wann ich das tue.

In der Selbstständigkeit ist die Gestaltungsmöglichkeit besonders groß. Das schätze ich sehr. Die Persönlichkeit der Unternehmerin prägt automatisch auch das Geschäft. Ich kann selbst bestimmen, mit welchen

Menschen und Organisationen ich zusammenarbeiten möchte. Das ist ein Traum!

Wie trägt deine Arbeit zu deinen persönlichen Werten bei?

In der Selbstständigkeit kann ich meine Werte voll leben. Als Unternehmerin kann ich dieselben Werte leben wie als Privatperson. Das empfinde ich als sehr angenehm und entspannend.

Die Kunden meiner Unternehmensberatung schätzen meine Offenheit und Empathie. Häufig besteht die Arbeit bei der Strategieberatung zunächst darin, Klarheit und Transparenz in die Situation meiner Kunden zu bringen. In der Beratung findet eine Klärung zwischen Handeln, Reden und Wollen statt. Dabei werden auch Widersprüche in Werten und Prinzipien meiner Kunden deutlich. Durch meine Kunden erlebe ich sehr viel Wertschätzung. Das freut mich und zeigt mir, wie sinnvoll meine Arbeit ist.

Können sich Werte im Laufe der Zeit verändern? Wenn ja, wie?

Ja. Unsere ersten Werte übernehmen wir in der frühen Kindheit von der uns umgebenden Gesellschaft, also häufig von unseren Eltern. Bei mir persönlich waren das Werte wie sozialer Status, Fleiß und Leistung.

Wenn wir spüren, dass uns die Erfüllung unserer Werte nicht (mehr) glücklich macht, sollten wir uns aufmachen, nach passenderen Werten zu schauen. Hilfreiche Fragestellungen können hier sein: Wie möchte ich sein? Was fühlt sich richtig an? Bringt mich dieser Wert zu dem Leben, dass ich führen möchte?

Mir persönlich sind Statussymbole nicht so wichtig. Bereits vor 25 Jahren bin ich mit dem Fahrrad zur Arbeit gefahren, statt meinen reservierten PKW-Parkplatz „Geschäftsführung" beim IT-Konzern zu nutzen. Damals war das ungewöhnlich und entsprach nicht der gesellschaftlichen Erwartung.

Nicht nur individuelle persönliche Werte können (und sollten) im Laufe unseres Lebens angepasst werden. Auch unternehmerische oder gesellschaftliche Wertvorstellungen entwickeln sich.

So hat sich unsere Gesellschaft weiterentwickelt. Wenn ich heute dasselbe mache und mit dem Bio-Bike zum Termin komme, wird mein Tun als nachhaltig und sportlich gelobt!

DIE VEREINBARKEIT VON WERTEN IN VERSCHIEDENEN LEBENSROLLEN: EINE PERSÖNLICHE REFLEXION

Wir alle haben viele unterschiedliche Werte, denen wir mehr oder weniger bewusst folgen. Zugleich nehmen wir im Leben verschiedene Rollen ein: Ich bin Unternehmerin, Freundin, Mutter, Ehefrau, Tochter, ...

Leben diese verschiedenen Rollen innerhalb einer Person dieselben Werte oder gibt es Unterschiede? Wie passen Werte des Unternehmertums und Werte im Privaten zusammen?

In diesem Artikel möchte ich einige Fragestellungen anhand von verschiedenen Beobachtungen teilen. Dazu stelle ich mehr Fragen, als ich beantworte. Denn die Idee meines Beitrages ist, dass die Leserschaft sich die Fragen selbst stellen soll, um eine persönliche Reflexion vorzunehmen.

Welche Werte machen mich glücklich?

Unter dem Titel „Welche Werte machen mich – dich glücklich?" durfte ich mich 2017 bei einer Podiumsdiskussion mit einer Künstlerin, einem Vertreter der queeren Szene und einer Lehrerin über Werte auseinandersetzen – das war für mich sehr bereichernd. Bei der Anfrage zur Teilnahme anlässlich des zehnjährigen Bestehens der Montessori-Schule Darmstadt hieß es: „Wir möchten mit verschiedenen Personen mit sehr unterschiedlichen Lebensentwürfen in die Diskussion über Werte kommen." Ich hatte mir bis dahin nie ausdrücklich Gedanken über meine Werte gemacht.

Erster Schritt der Vorbereitung: Googeln, was Werte sind und welche es gibt. Gut gefällt mir die Definition der Psychologin Dr. Doris Wolf: „Persönliche Werte sind grundlegende, als positiv betrachtete Eigenschaften und Ideale, nach denen wir handeln. Werte sind Wegweiser auf unserem Lebensweg, die aufzeigen, wofür wir unsere Energie und Zeit investieren."[1]

Das funktioniert unabhängig davon, ob wir uns dieser Werte bewusst sind oder nicht. Aber das Kennen der eigenen Werte hilft dabei, die für uns passenden Prioritäten zu setzen und die richtigen Entscheidungen zu treffen.

Beobachtung 1: Loyalität

Wem gegenüber? Im Privaten verhalten wir uns meist loyal gegenüber nahestehenden Personen. So sind die meisten Eltern gegenüber ihren Kindern uneingeschränkt loyal. Auch wenn die Kinder Fehler machen oder gegen Gesetze verstoßen, stehen Elternteile oft immer noch hinter ihren Kindern und würden vielleicht sogar für sie lügen, um sie zu schützen. Dieser Interessenkonflikt ist gesetzlich im Zeugnisverweigerungsrecht berücksichtigt.

Dagegen sehen wir in Unternehmen und Organisationen, dass die Loyalität der Mitarbeitenden nicht unbedingt einer bestimmten Person, sondern dem Arbeitgeber gehört. Manchmal ist es schwer, hier auf den ersten Blick den Unterschied zwischen Person und Arbeitgeber zu sehen. Dies gilt insbesondere, wenn es sich um die Person des geschäftsführenden Gesellschafters handelt. Beim Beobachten der handelnden Personen erkennen wir, dass die Funktion wichtiger als die Person selbst ist.

Stell Dir folgendes Dilemma zwischen den Werten Verschwiegenheit und Karriere versus Freundschaft und Offenheit vor: Du bist Rechtsanwält:in in einem Unternehmen und von der Geschäftsführung damit betraut, die arbeitgeberseitige Kündigung von Peter Müller vorzubereiten. Herr Müller ist Dir privat bekannt, Du schätzt ihn sehr. Was tust Du? Gibst Du Peter einen Hinweis zur bevorstehenden Kündigung?

Und wie sieht Deine Antwort aus, wenn Peter Dir erzählt, dass er gerade von einem Headhunter für einen sehr interessanten Job angesprochen wurde, den aber aus Loyalität gegenüber dem derzeitigen Arbeitgeber ablehnen möchte?

Beobachtung 2: Ehrlichkeit und der Umgang mit dem Finanzamt

Ich kenne niemanden, der von sich behaupten würde, er sei unehrlich. Im Unternehmertum sprechen wir gern vom ehrbaren Kaufmann bzw. von der ehrbaren Kauffrau.

Steuersparmodelle werden in der Gesellschaft gern genutzt. Das beobachte ich sowohl bei der Einkommensteuererklärung von Privatpersonen als auch bei Unternehmen mit einer – nennen wir es mal – kreativen Gestaltung. Gern werden bei der Fahrtkostenabrechnung einige Kilometer mehr angegeben oder der Handwerker schwarz beschäftigt.

Aber sind manche Menschen per se unehrlich? Warum gibt es eine Diskrepanz zwischen dem Wert Ehrlichkeit und dem Erleben? Die Antwort liegt wohl darin, dass wir uns einen Gewinn erhoffen. Sprich: Weniger Steuern zahlen, mehr Geld zur Verfügung haben. Dass wir aber auch einen Verlust erleiden, nämlich uns eingestehen müssen, dass wir nicht so ehrlich sind, wie wir es eigentlich in unserem Selbstbild gern sein möchten, wollen wir selten sehen und schauen mehr oder weniger absichtlich weg.

Beobachtung 3: Sind wir nicht alle nachhaltig?

Nachhaltigkeit ist in unserer Gesellschaft eigentlich ein hoher Wert. Aber keiner, dem wir konsequent folgen. Darüber reden und nach dem Prinzip leben sind manchmal was anderes.

Der Begriff der Nachhaltigkeit wird häufig mit dem Drei-Säulen-Modell definiert, das ökologische, ökonomische und soziale Aspekte umfasst. Bedürfnisse der Gegenwart sollen in jeder Säule so befriedigt werden, dass die Möglichkeiten zukünftiger Generationen nicht eingeschränkt werden.

Der Wert Nachhaltigkeit steht mitunter in Konkurrenz mit Wirtschaftlichkeit. So erging es uns vor kurzem, als der Kaffeeautomat im Büro nur heißes Wasser produzierte. Der Kostenvoranschlag der Reparatur (Ersatzteil, fachkundige Reparatur durch Monteur und dessen Fahrtkosten) betrugen fast 50 % der Investition in einen neuen Kaffeeautomaten. Der Händler und Dienstleister drängte auf den Kauf einer neuen Maschine. Trotzdem haben wir uns aus Gründen der Nachhaltigkeit für die Reparatur entschieden. Wahrscheinlich würde ich bei einem Defekt der privaten Kaffeemaschine ähnlich entscheiden. Das EU-Recht auf Reparatur begrüße ich sehr.

Ein Störgefühl erhalte ich, wenn sich eine Person in verschiedenen Rollen unterschiedlich verhält. Beispielsweise empfinde ich es als unschicklich, wenn ein aktivistischer Klimakleber mit dem Flugzeug in den Urlaub nach Thailand fliegt.

Mir fällt auf, dass ich an verschiedene Berufe unterschiedliche Erwartungen knüpfe. Gibt es zwischen meiner Erwartungshaltung und dem Erleben eine zu hohe Diskrepanz, kann ich die Person und ihr Handeln nicht respektieren.

Aber ist dieses Herangehen eine gute Idee? Müssen Menschen, die Missstände anprangern und für eine nachhaltigere Politik kämpfen, selbst Heilige sein? Oder dürfen sie nicht auch wie Du und ich mehrere Werte haben, die in manchen Fällen miteinander im Wettstreit liegen, wo mal der eine und mal der andere gewinnt?

Beobachtung 4: Ehrlichkeit kann brutal sein.

Auch die beiden Werte Ehrlichkeit und Empathie sind im Privaten wie im Geschäftlichen manches Mal Gegenspieler. Manches Mal können sie sich aber auch gut ergänzen. Ehrlichkeit kann sehr schonungslos sein, sogar verletzend. In Kombination mit Empathie empfinde ich jedoch Ehrlichkeit als einen wunderbaren und hilfreichen Wert.

Ein Beispiel aus der be! Unternehmerberatung: Wir hatten einen Kunden in der Gründungsberatung, der aus unserer Wahrnehmung zu wenig

Wert auf Körperhygiene legte. Für die Mitarbeitenden war das sehr unangenehm. Nach jedem Termin mit ihm musste der Besprechungsraum mehrere Stunden gelüftet werden. Niemand traute sich jedoch, den Kunden darauf anzusprechen. Das Thema ist schambehaftet: „Das sagt man nicht."

Nach einigen Terminen mit diesem Kunden fasste ich mir ein Herz und sprach ihn unter vier Augen auf das Problem an. In dem Gespräch beschrieb ich dem Kunden unsere Beobachtung und das dadurch erlebte Unwohlsein. Ich zeigte ihm auch auf, dass sein Handeln bei der Akquise von Kunden für ihn hinderlich sein könnte. Der Kunde war über unsere Beobachtung überrascht und bedankte sich, dass ich ihn so offen angesprochen hatte. Bei den Folgeterminen war es deutlich angenehmer, mit ihm zu arbeiten. Ein Gewinn für alle Beteiligten!

Beobachtung 5: Was ist Erfolg?

Im Unternehmertum wird Erfolg meist mit wirtschaftlichem Erfolg gleichgesetzt. Das Unternehmen ist besonders erfolgreich, das am meisten Geld verdient.

Im Privaten wird das differenzierter gesehen. Gut gefällt mir das Zitat von Bob Dylan: „Was bedeutet schon Geld? Ein Mensch ist erfolgreich, wenn er zwischen Aufstehen und Schlafengehen das tut, das ihm gefällt." Ich sehe hier eine gute Überleitung von privaten zu beruflichen Werten. Tatsächlich erleben wir im Unternehmertum derzeit eine Ausweitung der Definition von Erfolg – zum Wirtschaftsbegriff kommen „green" und „purpose" hinzu.

Meine persönlichen Werte zeigen sich bei der Ausführung meiner Tätigkeit. Alles, was wir im Leben erfahren und gelernt haben, kann in unserer Arbeit sichtbar werden. Das muss allerdings nicht so sein. Personen können sich auch dazu entscheiden, jeweils nur einen Teil ihrer Persönlichkeit in ihre Arbeit einzubringen. Unangenehm wird es dann, wenn die beruflichen Anforderungen den eigenen Werten widersprechen.

Toll, wenn mein Job zu mir passt

Ich sehe es als einen großen Schatz an, wenn Personen sich „voll ein-bringen". Und zwar für beide Seiten: Arbeitgeber:innen und Arbeit-nehmer:innen.

Wie steht es um unsere Entscheidungen, zu unseren Werten zu stehen, im Privaten oder auch öffentlich im Geschäft und in der Gesellschaft? Bin ich so, wie ich sein möchte?

Dafür muss klar sein: Was für eine Person bin ich? Wie ticke ich? Welche Rollen nehme ich wahr? Welche Anforderungen stehen im Beruf an? Auf welche Weise soll gearbeitet werden? Passt das zusammen?

Um hohe Chancen zu haben, authentisch zu bleiben und dieselben Werte in den verschiedenen Rollen zu leben, heißt die Lösung: Suche Rollen, die zu deiner Persönlichkeit passen.

Aus meiner Sicht sind wir stets EINE Person, egal ob wir als Unternehme-rin oder Privatperson auftreten und wirken. Für mich persönlich muss es deshalb auch so sein, dass ich in den unterschiedlichen Rollen dieselben Werte lebe. Allerdings vielleicht in unterschiedlich starken Ausprägun-gen. So sieht die Reihenfolge der Werte in verschiedenen Bereichen anders aus.

Wie ist es für Dich?

[1]Werte und Wertvorstellungen, PAL-Verlag, Doris Wolf, 22.06.2023, https://www.palverlag.de/lebenshilfe-abc/wertvorstellungen.html, Zugriff am 17.07.2024.

ELLEN ULOTH

*Initiatorin von
SINN\MACHT\GEWINN –
Unternehmer*innen
für eine enkeltaugliche
Wirtschaft*

Welche Werte sind dir im Leben am wichtigsten?

Zu meinen wichtigsten Werten zählen Selbstverantwortung, Zuversicht, persönliches Wachstum und Entwicklung, Vertrauen, Achtsamkeit und Respekt, Wahrhaftigkeit, Verlässlichkeit, Gerechtigkeit, Freiheit und Unabhängigkeit.

Welche Prinzipien leiten dich in schwierigen Entscheidungssituationen?

Mich leitet ganz oft das Prinzip Hoffnung oder zutreffender formuliert, Zuversicht und Vertrauen – Vertrauen in das Gute in uns Menschen und Vertrauen, dass sich alles so fügen wird, wie es für mich und alle Beteiligten gut ist. Diese Zuversicht und das Vertrauen sind jedoch nicht blind. Ich versuche mit meinen Entscheidungen und meinem Handeln – wenn es irgend geht – einen Beitrag zu leisten, dass sich die Dinge zum Wohle aller fügen können.

Schwierig wird es für mich, wenn ich glaube, dass eine Entscheidung, die für mich Gutes bewirkt, anderen schaden könnte, und ich keine Ideen habe, wie ich das so gestalten kann, dass es für alle möglichst gut läuft. Dann kann es passieren, dass es mir richtig schwerfällt, mich zu entscheiden.

Welche Werte sind für dich in deiner beruflichen Laufbahn entscheidend?

Im Arbeitskontext sind mir, zusätzlich zu meinen persönlichen Werten, der Sinn und der Nutzen extrem wichtig. Die tollsten Arbeitsbedingungen und das beste Gehalt sind nichts wert, wenn ich keinen Sinn in dem sehe, was ich – für mich selbst oder ein Unternehmen – tue.

Und ich lege Wert auf Professionalität und Pragmatismus und – ja, unbedingt! – auf Nachhaltigkeit im besten und weitesten Sinne des Wortes. Zur Nachhaltigkeit gehört für mich auch Wirtschaftlichkeit, denn es nutzt uns nichts, wenn wir unser nachhaltiges, ökologisches Tun nicht so gestalten können, dass alle Beteiligten davon auch gut leben können. Das bedeutet: Ja, es müssen Gewinne erwirtschaftet werden, weil wir sie brauchen, um vorzusorgen und in zukünftige Entwicklungen zu investieren.

Wie trägt deine Arbeit zu deinen persönlichen Werten bei?

Dass ich den Kongress SINN|MACHT|GEWINN veranstalten darf und er auch Interesse und Zuspruch findet, ist für mich ein großes Glück. Damit kann ich für all die Werte und Entwicklungen, die mir in der Welt wichtig sind, werben und sichtbar machen, in wie vielen Unternehmen dies auf ganz großartige Weise gelebt wird. Das erfüllt mich mit Freude und Zuversicht.

Können sich Werte im Laufe der Zeit verändern? Wenn ja, wie?

Ich glaube, dass sich Werte im Laufe der Zeit verändern, wenn wir selbst in unserer Entwicklung an einen Punkt kommen, wo es um ein neues Bewusstseinslevel geht. Dieses Neue kündigt sich dadurch an, dass uns andere Werte wichtig werden. Zugleich gibt es auch ein paar wenige Grundwerte, die ziemlich stabil sind.

Von mir kann ich sagen, dass Gerechtigkeit und meine persönliche Entwicklung Werte sind, die mich gefühlt „schon immer" begleiten. Der Wert Nachhaltigkeit hat für mich jedoch in den letzten 10 Jahren sehr an Bedeutung gewonnen. Ebenso der Wert Zuversicht.

Was für uns wichtige Werte sind, hat fast immer auch etwas damit zu tun, ob es da einen Mangel gibt. Ich glaube, Werte entstehen dadurch, dass wir eine Qualität nicht für selbstverständlich halten oder sie uns allzu oft fehlt. Und deshalb wird sie uns wichtig und zu einem Wert, den wir formulieren können.

VISION VON EINEM GUTEN LEBEN FÜR ALLE

Was ist ein gutes Leben eigentlich?

Was gehört dazu und was vielleicht auch gar nicht?

Und: Welche Haltung, welche Werte braucht es in uns, wenn es um ein gutes Leben für wirklich ALLE geht?

Denn es kann ja nicht angehen, dass wir im globalen Norden unser gutes Leben auf Kosten des schlechten Lebens anderer einrichten.

Ich bin überzeugt: Wenn wir uns mit diesen Fragen auseinandersetzen, relativieren sich viele unserer Verlust- und Verzichtsängste und wir stellen fest, dass das, was ein wirklich gutes Leben ausmacht, gar nicht überbordender materieller Reichtum ist. Wir brauchen eigentlich etwas ganz anderes viel mehr.

Wenn wir uns darauf besinnen, was im Leben wirklich wichtig ist und uns mit Werten wie Verantwortung, Wahrhaftigkeit, Respekt, Gemeinschaft und persönlicher Entwicklung verbinden, können wir in der Welt wirksam werden und gewinnen dabei Zuversicht. Und die ist so wichtig, gerade in diesen Zeiten, in denen es vielen nicht mehr gelingt, ein positives Bild von der Zukunft zu entwerfen.

Die Frage „Wie wollen wir leben und was ist ein wirklich gutes und wertvolles Leben?" fordert uns heraus, den Blick zu heben.

Anfang 2018 nahm ich mir Zeit, eine Vision von unserer Gesellschaft (oder Welt) in 100 Jahren zu schreiben – in der Annahme, dass es für mein Leben einen Sinn gibt, der über meine Lebenszeit hinausgeht und dass es mich erfüllt, diesem Sinn im Hier und Heute zu folgen.

Immer wenn ich heute die Vision wieder lese, muss ich lächeln und kann mich entspannen. Genau genommen ist es eine Vision davon, wie ein wirklich gutes Leben aussehen könnte. Und sie fokussiert einen meiner wichtigsten Werte: persönliche Entwicklung und Entfaltung, für mich ebenso wie für jeden anderen Menschen.

Das ist meine Vision für in 100 Jahren von damals:

„In 100 Jahren ist es (wieder) ganz normal, dass wir uns gegenseitig unter die Arme greifen, dass sich die Menschen gegenseitig helfen und dass jeder einen – seinen ganz speziellen – Beitrag zum Gemeinwohl und Zusammenleben leistet; dass wir darauf achten, dass jeder sich voll entfalten kann und dass jeder erlebt, dass die Gemeinschaft auf seinen Beitrag wartet.

Wir sind uns gut und fordern uns gegenseitig heraus. Wir geben uns nicht mit Mittelmaß zufrieden, sondern machen einander darauf aufmerksam, dass da noch mehr in uns schlummert, was wir entwickeln, kultivieren und entfalten können. Und dass die Gemeinschaft diesen Beitrag braucht.

Wir haben kein Interesse daran, einander einfach egoistisch zu übertrumpfen und dafür vielleicht sogar Teilbereiche unseres Potenzials zu vernachlässigen oder verkümmern zu lassen.

Wir wollen uns gegenseitig in unserer schönsten Entfaltung sehen und erleben.

Wir trainieren unseren Geist und all unsere Fähigkeiten – musisch, sportlich, wissenschaftlich, handwerklich, kreativ. Wir experimentieren mit unseren Rollen in der Gesellschaft und übernehmen im Laufe unseres Lebens bewusst Verantwortung in unterschiedlichsten Beitragsfeldern. So dienen wir anderen, indem wir für eine gewisse Zeit Verantwortung für die Ver- und Entsorgung in den Kommunen übernehmen oder in die Betreuung von Kindern, Kranken, Alten gehen, uns am Anbau und der Ernte unserer Lebensmittel beteiligen, Wälder pflegen oder im Rechtswesen dienen. Und die anderen dienen uns, indem sie uns Erfahrungen ermöglichen, Studienzeiten gewähren, uns in allen Betätigungs- und Beitragsfeldern Feedback geben, ausbilden, uns in unserem Beitrag und unserem Potenzial anerkennen und mit uns überlegen, welches Feld unserer Entwicklung als nächstes am meisten dient und auf welchem Feld wir der Gemeinschaft am meisten dienen können.

Sich nur auf ein einziges Feld zu konzentrieren kommt uns nicht in den Sinn – egal wie talentiert und brillant wir dort sind, denn wir sind uns bewusst, dass aus den anderen Feldern immer Inspirationen, Fähigkeiten und Einsichten kommen, ohne die wir gar keine brillanten Ideen, Lösungen oder Ergebnisse erzielen würden und die uns zu unserer vollen Entfaltung fehlen würden.

Wir spielen miteinander ein großes Spiel – voller Ernst, Freude, Leichtigkeit, Begeisterung und Engagement – mit dem Ziel, uns gegenseitig zu ermöglichen, unsere Essenz zu erfahren und daraus für das Wohl aller zu schöpfen.

Der Weg bis hierher war begleitet von einem intensiven Ringen. Bei der Überlegung, ob ein solches Zusammenleben der Menschheit möglich ist, rangen viele mit ihrem ängstlichen Ego, das glaubte, nur in Sicherheit zu sein, wenn es die volle Kontrolle über seinen Einflussbereich hat (die es eh nie hatte). Es war ein Ringen darum, sich ins Vertrauen zu begeben, sich aus dem Paradigma von Individualismus und Kapitalismus zu lösen und anzunehmen, dass wir alle auf tiefer Ebene miteinander verbunden sind. Alles, was wir anderen tun, tun wir uns selbst. Dieses Ringen der Menschen mit ihrer Angst – der Angst vor ihrer wahren Größe und der damit einhergehenden Verantwortung – hat vor 100 und auch vor 70 Jahren das Leben vieler Menschen geprägt und Leid verursacht. Doch auch damals waren schon einige auf dem Weg, trauten sich und vertrauten auf die Vision, dass es anders geht als bisher. Sie begannen im Kleinen bei sich im Umfeld, mit Freunden, Kollegen, in ihren Unternehmen. Sie schufen Plattformen und Ermutigungskreise, schrieben darüber, veranstalteten Seminare, Kongresse, Feste. Sie übernahmen Verantwortung für ihren Geist und ihr Denken, ihr Handeln und Sprechen, ihr Fühlen. Sie lernten sich und ihre Bedürfnisse genau kennen und sich diese gemeinsam und gegenseitig auf eine gute und würdevolle Art zu erfüllen. Sie gingen kleine und große Schritte, unterstützten sich und schufen immer mehr Räume der Entfaltung und Ermutigung – außergewöhnliche und gewöhnliche.

Vor etwa 100 Jahren begannen die Menschen an vielen Orten den Spirit, mit dem wir heute leben, aus den exklusiven Räumen – wie Retreats, Klöstern, Kommunen – heraus in den Alltag zu bringen.

So entstand unsere heutige Kultur.

Immer wenn ich mir neue Ziele stecke, prüfe ich, ob sie auf diese Vision einzahlen.

Als ich sie verfasste, hatte ich schon die Idee zu „meinem" Kongress und war dabei, mir Feedback zu holen: Fanden sie die Idee gut? Würden sie zu so einem Kongress kommen?

Das Thema „Nachhaltigkeit" war für mich damals noch eines neben vielen, wie Unternehmenskultur und Selbstorganisation von Teams, New Work, Spiritualität im Business und Digitalisierung.

Auch heute sind mir diese Themen wichtig. Doch ich glaube, dass die Bewältigung der Klima- und ökologischen Krise für uns als Menschheit das alles entscheidende Thema ist. Und ich sehe zugleich, dass es – damit wir diese Krise bewältigen – einen Wertewandel und damit einhergehend einen Bewusstseinswandel in unserer Gesellschaft braucht. Es braucht, dass wir miteinander darüber ins Gespräch gehen, was wirklich wichtig ist für ein gutes Leben, was uns nährt und was uns mit echter, tiefer Freude erfüllt.

Wenn wir uns das fragen, bemerken wir vielleicht, dass vieles von dem wir uns mehr Freude erhoffen, sich hohl und leer anfühlt, sobald wir es erlangt haben. Bei Lichte besehen sind wir ruhelos unterwegs auf der Suche nach dem nächsten Kick, dem nächsten Ding, das uns endlich Freude und Erfüllung bringen soll.

Ich erlebe immer wieder, dass für mich die erfülltesten Momente entstehen, wenn ich mit anderen zusammen etwas erschaffe, was einen echten Nutzen bringt oder echte Freude auslöst. Oder wenn ich mich mit Gärtnerei, Malerei, Kunst und guter Literatur beschäftigen darf.

Zu sehen wie das, was ich ausgesät habe, wächst. Zu sehen, dass sich die Natur ihren Weg bahnt und ihre eigenen Gesetze hat. Zu erforschen, wie ich das sanft so beeinflussen kann, dass Schönheit und auch ein Ertrag entstehen. Die Freude über die eigenen Kräuter, den selbst gezogenen Salat. Festzustellen, dass in der Gärtnerei ganz viel uraltes Wissen steckt, das so leicht zu nutzen ist. Zu erleben, dass das sprichwörtliche Gras nicht schneller wächst, wenn ich daran ziehe, sondern dass die Dinge ihre Zeit und ihren natürlichen Rhythmus haben, den es zu respektieren und möglichst nicht zu stören gilt. All das hilft mir, mich zu entspannen und in das Leben zu vertrauen.

Ganz ähnlich geht es mir, wenn ich mich mit Kunst und Kultur beschäftigen darf. Mich der Schönheit von Musik hingeben. Texte lesen, die mich so fesseln und berühren, dass ich immer weiterlesen muss und mich eine leise Trauer beschleicht, wenn das Buch ausgelesen ist. Im Theater oder Konzert zu erleben, wie Menschen im Zusammenspiel andere tief berühren und einmalige Momente der Verbundenheit entstehen.

Das alles sind Erlebnisse und Erfahrungen, für die ich vor allem Zeit und Muße brauche. Es sind Erlebnisse, die tiefen Frieden in mir entstehen lassen. Und in diesem Frieden weiß ich: Mich dem widmen zu können, ist viel wertvoller als noch mehr Bequemlichkeit, noch mehr materieller Besitz. Mich dem widmen zu dürfen, ist echter Wohlstand.

Und ich bin sicher: Wenn wir uns darauf besinnen, dass unsere eigene Entfaltung und die Entfaltung der Menschen um uns herum das ist, was wirklich zählt, dann ändert sich auch der Sinn in unserem wirtschaftlichen und unternehmerischen Handeln. Dann geht es nicht mehr per se um Wachstum. Dann bekommen wir ein Gefühl dafür, wie viel genug ist, wann wir satt sind. Und dann bekommen wir einen Hunger darauf, uns auf eine gute Art auszuprobieren. Dann geht es auch um schneller, höher, weiter und dabei auf eine andere Art um langsamer, tiefer, näher.

Dann sind Unternehmen Orte der Entwicklung – für die Menschen, die dort arbeiten, für die Lieferantinnen und Kooperationspartner und für die Kundinnen und Kunden. Dann fragen sich Unternehmen immer wieder, welchen Beitrag sie mit ihren Produkten und Leistungen zum Wohl aller leisten. Dann ist Arbeit das Feld, in dem wir uns entfalten und dem Sinn unseres Lebens folgen können.

Dann sind Unternehmen die Orte, an denen wir die Klima- und die ökologische Krise lösen und das gute Leben für uns, unsere Kinder und Enkel und darüber hinaus ermöglichen.

ARIANE TEN HAGEN

*Inhaberin einer
Philosophischen Praxis
und Denkwerkstatt
für Unternehmen*

Welche Werte sind dir im Leben am wichtigsten?

Der zentrale Wert in meinem Leben und meiner Arbeit ist die Philosophie – die Liebe zur Selbst- und Welterkenntnis. Mich bewegen folgende Aufforderung und Aussage des griechischen Philosophen Sokrates: „Erkenne Dich selbst." und „Ein unerforschtes Leben ist nicht lebenswert."

Welche Werte sind für dich in deiner beruflichen Laufbahn entscheidend?

In erster Linie arbeite ich daran, gemeinsam mit anderen Antworten auf Fragen nach einem gelingenden Leben in modernen Gesellschaften zu finden. Ich möchte den Sinn unserer Lebens- und Arbeitsformen verstehen, kritisch hinterfragen und gemeinsam mit anderen in Orientierung an Werten (neu)gestalten. Dabei geht es in erster Linie um die Verwirklichung von wechselseitiger Anerkennung, sozialer Freiheit und Sinn – aus meiner Sicht den Grundpfeilern funktionierender Demokratie.

Wie trägt deine Arbeit zu deinen persönlichen Werten bei?

Mit meiner philosophischen Arbeit möchte ich Menschen unterstützen, ihre Selbst- und Welterfahrung in individueller, gesellschaftlicher und beruflicher Hinsicht in den Blick zu nehmen und zu verstehen. Gemeinsam loten wir die Möglichkeiten freiheitlichen bzw. selbstbestimmten Handelns in den Lebensformen unserer Gesellschaft aus und suchen Richtungen für persönliches und institutionelles Wachstum. Meine Tätigkeit besteht aus der genauen Beobachtung, dem kritischen Hinterfragen und der begrifflichen Bestimmung von Phänomenen, die uns in unserem Leben in sozialen Gemeinschaften beeinflussen. Denn die Artikulation und das Verstehen eigener und kollektiver Lebenserfahrungen, so meine tiefe Überzeugung, ist grundlegende Bedingung für ein Leben in Freiheit und Selbstbestimmung. Ein gelingendes Leben vollzieht sich immer in diskursiven Räumen. Meine Philosophische Praxis ist solch ein Raum. Was man in ihm erwarten darf, versuche ich Ihnen in meinem Essay am Beispiel des Phänomens „Entstehung von Werten" zu vermitteln. Ich werde also zweierlei unternehmen: Einerseits gebe ich Ihnen einen Einblick in die Entstehung von Werten und dabei gleichzeitig in die Ausgestaltung meiner Philosophischen Praxis.

Wie wichtig ist es, in einem Team oder Unternehmen gemeinsame Werte zu haben?

Funktionierende Teamarbeit und Kooperation in Unternehmen entstehen nur vor dem Hintergrund geteilter Werte. Werte bestimmen und leiten unser Handeln. Erst ein Minimum an geteilten Werten ermöglicht zielorientierte Zusammenarbeit, kollektive Produktivität und soziale Freiheit.

Wie gehst du damit um, wenn deine Werte mit denen eines Kollegen/ einer Kollegin oder des Unternehmens in Konflikt geraten?

Wertekonflikte sind normal. Tauchen sie auf, versuche ich mir zunächst mit meiner Kollegin klarzumachen, was wir unter den Werten verstehen, die wir verteidigen und die scheinbar einander widersprechen. Ich versuche im Diskurs herauszufinden, welche Aspekte meines Wertes im Hinblick auf die Herausforderungen, die wir in unserem Arbeitskontext zu lösen haben, vernünftig und welche eventuell im Licht der Kritik meiner Kollegin unvernünftig sind. Genauso verfahren wir hinsichtlich ihrer

Werte. Diejenigen Aspekte, die an unseren Werten nach kritischer Reflexion vernünftig erscheinen, nutzen wir als Anknüpfungspunkte. Ziel ist es, die anfänglichen Widersprüche unserer Werte in Orientierung an gelingenden Problemlösungen zu verstehen und im Rahmen eines Lernprozesses miteinander zu versöhnen, um sie für das Erreichen gemeinsamer Ziele produktiv zu machen.

EINIGE ÜBERLEGUNGEN ZUR ENTSTEHUNG VON WERTEN

Demokratische Gesellschaften leben von Debatten – auch und gerade über Werte. Ob in Freundschaften, Familien, Unternehmen, sozialen Gruppierungen oder Parteien, überall findet ein steter Aushandlungsprozess darüber statt, welche Werte Geltung haben sollen. Worüber hingegen nicht gestritten wird, ist die Überzeugung, dass die Orientierung an gemeinsamen Werten konstitutiv für gelingendes Leben in sozialen Gemeinschaften ist. Aber was genau meinen wir damit, wenn wir sagen, dass etwas „einen Wert hat"? Was sind Werte und wie entstehen sie? In meinem Beitrag soll es um eine Annäherung an diese grundsätzlichen Themen gehen.

Werte sind Leitsterne unserer Handlungen in sozialen Gemeinschaften. Als solche sind sie in erster Linie Ideen von dem, was wünschenswert ist – Vorstellungen vom guten Leben. Als Ideen sind Werte nicht einfach in der Welt wie Bäume oder Kühe. Sie gelangen erst durch uns Menschen in die Welt und verwirklichen sich in unseren Handlungen. Wir erschaffen sie also selbst, die Leitsterne unseres Tuns. Wenn aber die Richtungsweiser unseres Handelns nur Ideen vom Guten sind, woher resultiert dann ihre Wirkmacht? Wie schaffen es Werte, unsere Haltungen und Handlungen zu motivieren? So sehr, dass wir vehement für sie einstehen und kämpfen?

Um hierauf eine Antwort finden zu können, sollten wir zunächst verstehen, was genau wir erleben, wenn wir etwas als einen Wert erfahren. Im Unterschied zu Handlungsanleitungen, die uns über das Funktionieren von etwas informieren, verweisen Werte zusätzlich darauf, was uns Menschen als Menschen ausmacht. Anders als andere Lebewesen können wir uns in unseren Handlungen erkennen, wir können uns denkend und fühlend auf uns selbst beziehen. Mehr noch: Wir können und müssen unsere Handlungen selbst bestimmen – es existiert keine Gebrauchsanweisung für individuelles menschliches Leben. Darin liegen unsere Verantwortung – und Freiheit: Wir sind, was wir tun. Aber warum tun wir etwas angesichts eines Wertes? Was ist sein Grund, der uns bewegt?

„Werte", so bringt es der Sozialphilosoph Hans Joas auf den Punkt, „sind stark emotional besetzte Vorstellungen darüber, was eigentlich wahrhaftig des Wünschens wert ist."[1] Wenn ein Wert für uns entsteht, bedeutet dies, dass wir nach sorgsamer Überlegung und guter Reflexion eine genaue Vorstellung davon entwickelt haben, was für uns wünschenswert ist. Eine Bedingung für die Entstehung von Werten ist unsere Vernunfttätigkeit, die uns gute Gründe liefert, etwas als Wert zu erkennen und anzuerkennen. Vernunft ist allerdings nur die eine Seite der Medaille. Die andere Seite sind unsere Emotionen. Sie bewirken vorrangig, dass wir uns an Werte binden, damit sie unser Handeln nachträglich motivieren. Versuchen Sie einmal, sich selbst oder andere allein mit logischen Argumenten zu überzeugen, diesen oder jenen Wert zu schätzen. Sie werden scheitern – zumindest langfristig. Damit etwas zu einem Wert werden kann, braucht es neben guten Gründen ein zusätzliches Bindemittel. Die Entstehung eines Wertes geht mit einem starken Affekt einher, der uns nachhaltig an wahrhaftig Wünschenswertes bindet. Emotionen können wir aber nicht einfach greifen und haben sie dann. Es verhält sich vielmehr umgekehrt: Werte ergreifen uns und binden uns an sie. Sie machen uns Gänsehaut. In unserem Selbstbestimmungs- und Optimierungs-Eifer blenden wir aus, dass die Erfahrung der Entstehung unserer Werte ein passivisches Moment des leiblichen Ergriffenseins enthält. Und noch etwas wird bei genauerer Betrachtung sichtbar – und überrascht: Obwohl wir unsere Bindung an Werte nur geringfügig mitbestimmen können, erleben wir sie bemerkenswerterweise nicht als Einschränkung, sondern als eine Erfahrung des Bei-Sich-Selbst-Seins oder Mit-Sich-Identisch-Seins. Oder ärgern Sie sich regelmäßig darüber, von einem Wert ergriffen zu sein und fühlen sich dadurch unfrei oder entfremdet? In dem Fall seien Sie gewarnt: Sie haben „Werte" verinnerlicht, die nicht wirklich die Ihrigen sind!

Unsere Werte, so können wir bis zu diesem Punkt meiner Überlegungen festhalten, manifestieren sich in der leiblichen Verkörperung unseres Selbst und inspirieren von dort aus unsere Vorstellungskraft über die aktive Gestaltung unseres Lebens. Wir erleben sie auf eine paradoxe Weise, nämlich als ein „[...] Phänomen, bei dem wir von etwas ergriffen werden, das wir nicht direkt ansteuern können, das in uns ein intensives

Gefühl von Freiheit auslöst und hinterlässt."[2] Als geistige Phänomene sind Werte Teil unseres verkörperten Selbst. Wie kann das sein?

Die Bildung unseres Selbst hat ihren Ursprung in der Kindheit, in der wir uns mit emotional hoch besetzten Personen identifiziert und ihre Sicht auf die Welt übernommen haben. Bevor wir unsere eigene Sichtweise entwickeln konnten, haben wir durch die Augen – und Werte – der Menschen auf die Welt geblickt, an die wir uns emotional gebunden fühlten. Es kann eine lebenslange Aufgabe bleiben, diese primäre Sicht abzustreifen und seine eigene auf die Welt zu entwickeln. Werte- und Selbstbildung, so können wir bis zu diesem Punkt unserer Überlegungen sagen, sind gleichen Ursprungs und vollziehen sich in der Erfahrung intensiver zwischenmenschlicher Beziehungen. Im Verlauf steigender Reflexionsfähigkeit und der Entwicklung unseres individuellen Selbst haben wir zudem sukzessive gelernt, zwischen einer Person und ihren Werten zu unterscheiden. Unser sich individuierendes Selbst beginnt sich im Zuge kritischer Reflexion und der Setzung eigener Werte herauszubilden. Werte verändern sich im Laufe des Lebens – und mit ihnen auch unser Selbst. Die Entstehung neuer Werte lässt unser gebildetes und gefestigtes Selbst über sich hinauswachsen, ein Prozess, der in der Philosophie Selbsttranszendenz genannt wird. Momente der Selbsttranszendenz sind von Erfahrung des Ergriffenseins von etwas gekennzeichnet, das als subjektiv wertvoll erlebt wird. Die Erfahrung eines radikal Gebunden-Werdens an etwas Gutes wirbelt unsere vorhandenen Wertehierarchien und damit unser Selbst auf.

Warum aber benötigen wir für die Weiterentwicklung unserer Werte – und unseres Selbst – die Erfahrung radikaler Ergriffenheit? Und wann und wo erleben wir sie? Transformationserfahrungen dieser Art machen wir in Resonanzbeziehungen, beispielsweise in Konzerten, Fußballstadien, Natur, Religion, Musik, Momenten des Mitleidens oder gelingenden Gesprächen. In Resonanzbeziehungen erleben wir etwas, das uns unmittelbar berührt, bedeutungsvoll erscheint, uns bindet – und ein Gefühl von Kontrollverlust hervorruft. Blicken wir einmal genauer darauf, wie sich zum Beispiel die transformative Kraft guter Gespräche vollzieht:

Die Erfahrung des Ergriffenseins resultiert aus einer passiv erfahrenen Lockerung der Struktur unseres Selbst, die allerdings keine reine „Gefühlsattacke" ist. Unsere emotionale Bindung an Werte beinhaltet eine persönliche Bedeutung, die wir artikulieren können und die in Beziehung zu ihrem Entstehungskontext steht. Die Herausforderung liegt in der adäquaten Artikulation, unserem erzählenden Sichtbarmachen dieser passiv erlebten Qualität des Ergriffenseins, die eine vernünftige Bedeutung für uns in sich birgt.

Der Sozialphilosoph John Dewey hat die Möglichkeit der Selbsttranszendenz – und damit der Bildung von Werten – in der gelingenden Kommunikation lokalisiert. Für Dewey ist Kommunikation „(...) die wunderbarste Sache der Welt. Dass Dinge von der Ebene äußerlichen Stoßens und Ziehens auf eine Ebene übergehen können, auf der sie sich dem Menschen und dadurch sich selbst enthüllen. Und dass die Frucht der Kommunikation Teilnahme, Teilhabe ist, ist ein Wunder, neben dem das Wunder der Transsubstantiation (Wesensverwandlung, beispielsweise des Leibes Christi in Brot, sein Blut in Wein) verblasst."[3] Indem Dewey gelingende Kommunikation metaphysisch auflädt, möchte er verdeutlichen, dass sie zu einer besonderen „geteilten Erfahrung" führt, die eine „Aufsprengung der Selbstzentrierung" zur Folge hat.[4] Dies ist genau diejenige Lockerung der Selbst- und Wertestruktur, vor der viele Menschen aus Angst vor Selbstverlust zurückschrecken.

Die Bedingung für die Möglichkeit ergreifender kommunikativer Erfahrungen sollte jetzt klarer geworden sein: sie erfordert die Selbstöffnung zum anderen, zum Perspektivwechsel, der Bereitschaft zu radikaler Intersubjektivität. Sich von dem Selbst des anderen „berühren" zu lassen, sich auf seine Sicht auf die Welt vorurteilslos einzulassen, öffnet überhaupt erst das Tor für die Möglichkeit einer wechselseitigen Selbst- bzw. Werte-Erweiterung. Diese wechselseitige Öffnung zum anderen lässt sich nicht absichtlich herstellen. Eher scheint sie ein glückliches, aber mögliches Ereignis zu sein. Ein gelingendes, das heißt sein Selbst und seine Werte transformierendes Gespräch kann sich nur in einem Raum wechselseitiger Anerkennung sowie gegenseitigen Respekts und

Wohlwollens ereignen. Erst dieser Schutzraum erlaubt es, das Wagnis des Ergriffenwerdens einzugehen. Erst die Erfahrung von Respekt, Wertschätzung oder Liebe ermöglicht, die Struktur unseres Selbst zu lockern und offen zu halten für neue Wert- und damit Selbsterfahrungen. Alles, was wir zu der Entstehung von Werten aktiv beitragen können, ist die Herstellung eines Raumes wechselseitiger Anerkennung. An einem solchen Ort können wir von dem, was wahrhaftig und vernünftigerweise des Wünschens wert ist, ergriffen werden und einen Wert herausbilden.

Sind die Leitsterne unseres Handelns nicht von diesem Rest an Unverfügbarkeit ummantelt, folgen sie allein den Richtlinien rationalen Abwägens, handelt es sich eher um Tugenden als um Werte. Tugenden zeigen ihre Wirksamkeit dadurch, dass wir sie in unseren Handlungen eingeübt, habitualisiert haben. Dem Haben von Werten hingegen wohnt ein Maß an Nicht-Erschließbarem inne, das auf das Gute verweist, wir aber mit rationalen Argumenten nicht vollends plausibilisieren können. Es schützt uns vor Manipulation. Werte haben zu können, bedeutet, frei zu sein.

[1] Joas, Hans: Die Entstehung der Werte, Suhrkamp, Frankfurt am Main 1997.

[2] Ebd.

[3] Dewey, John: Erfahrung, Erkenntnis und Wert, Suhrkamp, Frankfurt am Main 2004.

[4] Ebd.

LENA KRONENBÜRGER

Freie Journalistin und Moderatorin mit Schwerpunkt Interviews

Wie trägt deine Arbeit zu deinen persönlichen Werten bei?

„Ich werde nach Frankreich ziehen, um fließend Französisch zu lernen", erklärte ich als 14-Jährige meiner zunächst skeptischen Mutter. Zwei Jahre darauf verwirklichte ich diesen Traum und zog für ein halbes Jahr zu einer französischen Familie, die wir zuvor im Urlaub kennengelernt hatten. Zu meiner Überraschung stimmten sie zu, als ich sie voll jugendlichem Enthusiasmus fragte, ob ich bei ihnen wohnen und die lokale Schule besuchen dürfte. Diese Monate in Paris waren wegweisend: Sie zeigten mir, dass die beste Art, Wissen aufzunehmen und tief zu verinnerlichen, durch emotionale und persönliche Verbindungen erfolgt. Französisch im Herzen einer französischen Familie und inmitten ihrer Kultur zu lernen, war eine lebendige und unmittelbare Erfahrung – eine, die kein Klassenzimmer in Köln je hätte bieten können. Diese frühe Erkenntnis prägt bis heute meine Arbeit als Journalistin und Moderatorin, bei der ich meine Leidenschaft für tiefgehende Interviews voll auslebe. Indem ich authentische Gespräche führe und Inhalte schaffe, die komplexes

Wissen zugänglich machen, verwirkliche ich meine Vision: mich mit Menschen so auszutauschen, dass auch andere in den Reflexionsprozess eintauchen und sich weiterentwickeln können.

Welche Werte sind dir im Leben am wichtigsten?
Einfach „machen, machen, machen, machen!" – Diesen wundervollen Rat erhielt ich während eines Interviews von dem Kunsthändler und Fotografen Gerd Sander. In unseren Gesprächen gewährte er mir Einblicke in das Leben seines Großvaters, dem bedeutenden deutschen Fotografen des 20. Jahrhunderts August Sander. Dieser strebte mit seinen Fotografien danach, die Vielfalt der Gesellschaft zu zeigen. Ein herausragendes Beispiel ist sein Porträt eines Streichholzverkäufers aus dem Jahr 1927, aufgenommen auf Augenhöhe, das uns direkt in das wache, etwas irritierte Gesicht schauen lässt. August Sander behandelte alle Menschen mit demselben Maß an Respekt, sei es ein Straßenmusikant, ein Schuhmacher oder ein Anwalt. So zeigt sich in seinen Fotos die Menschlichkeit, die jedem Einzelnen innewohnt. Diese Haltung der Anerkennung und Wertschätzung gegenüber jedem Einzelnen ist auch für mich von grundlegender Bedeutung. Sie bildet die Basis für mein Streben nach echter Verbundenheit.

Können sich Werte im Laufe der Zeit verändern?
Menschen kaufen weniger das Was als vielmehr das Warum hinter einem Produkt. Oder warum besitzt du ein iPhone oder ein MacBook? Apple überzeugt durch ein starkes Narrativ, das verspricht: Hier denkt man anders, hier wird der Status quo herausgefordert. Narrative erklären vermeintlich auch unsere Identität. Ob wir unsere Studienwahl oder Karriereschritte begründen, stets stricken wir an einer kohärenten Lebensgeschichte. Diese Geschichten sind jedoch keine exakten Abbilder der Realität, sondern vereinfachte Darstellungen – Anpassungen und Auslassungen inklusive. Denn unser Selbst und unsere Werte sind einem ständigen, mitunter langsamen Wandel unterworfen, oft aufgrund von Erfahrungen und Situationen, die wir nicht kontrollieren können.

Als Journalistin kann ich es mir nicht verkneifen, auch eine Frage zurückzustellen:

Welche Überzeugung hast du in den letzten Jahren abgelegt? Und falls dies ein bewusster Prozess war, was hat dich dazu bewogen, sie zu hinterfragen?

I'LL HAVE WHAT SHE'S HAVING

Denkwürdige Augenblicke brauchen nicht immer einen feierlichen Rahmen. Oft finden sie an alltäglichen Orten und völlig unerwartet statt. So wie in der ikonischen Szene der Achtziger-Komödie „When Harry met Sally". Die beiden Protagonisten sitzen in einem trubeligen Deli mitten in New York und essen ein Pastrami-Sandwich, während Sally Harry erklärt, dass die meisten Frauen schon einmal einen Orgasmus vorgetäuscht haben und er sicher auch schon auf dieses Schauspiel hereingefallen sei. Als Harry felsenfest behauptet, das sei völlig unmöglich, legt Sally ihr Sandwich zur Seite und schließt die Augen. Erst gibt sie nur ein leises Stöhnen von sich, doch dann steigern sich Lautstärke und Ausdruck immer mehr. Sie klammert sich an den Tisch, während sie keucht und immer heftiger stöhnt. Im Deli wird es still. Immer mehr Gäste starren Sally an, die inzwischen schreit und mit beiden Händen auf den Tisch schlägt, bis sie schließlich den Kopf zurückwirft und nach einem letzten theatralischen Seufzer wieder zu ihrem normalen Ich zurückkehrt und Harry anlächelt, als sei nichts geschehen. Als eine ältere Dame am Nachbartisch, die alles mit großem Interesse verfolgt hatte, dann nach ihrer Bestellung gefragt wird, antwortet sie ernst: „Ich will genau das, was sie hatte" – „I'll have what she's having".

Diese Szene ist nicht nur ein Beispiel für die Kraft performativer Darstellung, sie verdeutlicht auch, wie tiefgreifend unser Verhalten andere beeinflussen kann. Sally legt mit ihrer Darbietung einen derartigen Mut und eine solche Unerschrockenheit an den Tag – allein um ihre Überzeugung mit aller Konsequenz zu untermauern – und wird so zu einer äußerst beeindruckenden Person, ja geradezu zum Vorbild.

Wie ist das bei dir? Ist dir bewusst, wann und wo du andere beeindruckst und beeinflusst? Stell dir einmal vor, ein Kind würde dir auf Schritt und Tritt folgen und all deine Worte und Taten beobachten – würde es denken: „So möchte ich auch sein, wenn ich groß bin"? Und würde dich das freuen? Bei der Beantwortung dieser Fragen kommst du wahrscheinlich nicht umhin, zu prüfen, wie authentisch und zufriedenstellend dein Leben tatsächlich ist. Erfüllt dich, was du tagtäglich beruflich und privat tust? Welche Werte sind es, die dich dabei leiten? Vielleicht hast du auf die letzte Frage nicht sofort eine Antwort. Das wäre nachvollziehbar. Es ist eine komplexe Angelegenheit, ein tieferes Verständnis für die eigenen Werte und Überzeugungen zu erlangen. Zwar formen sie jeden Tag unsere Entscheidungen und Handlungen und determinieren, wie wir von anderen gesehen werden, doch oft geschieht dies unbewusst. Werte werden tradiert, sprich indirekt vermittelt, beispielsweise durch die Erziehung oder die Kultur am Arbeitsplatz. Und vielfach bleiben sie uns selbst verborgen und wir tragen sie unbewusst weiter.

Dabei lohnt es sich sehr, ein aktives Bewusstsein für diese Werte zu entwickeln und solche, die uns nicht oder nicht mehr entsprechen, ad acta zu legen. Dies ermöglicht uns, authentischer zu handeln und unsere Lebensziele klarer zu verfolgen. Indem wir unseren Überzeugungen proaktiv auf die Schliche kommen, können wir jene, die uns dienlich sind, wie einen Polarstern nutzen, der uns nicht nur privat, sondern auch in unserem beruflichen Wirken leitet. Denn Werte beeinflussen nicht nur unsere Gedanken zu bestimmten Themen, sondern zeigen auch, wofür wir uns einsetzen und welche Art von Person wir sein möchten: eine vertrauensvolle Kollegin, eine faire Chefin, eine liebevolle Freundin. Statt nur darauf zu schauen, was wir tun, können wir, indem wir unsere Werte definieren – sei es Vertrauenswürdigkeit, Fairness oder Gemeinschaft –, erkennen, warum wir auf bestimmte Weise denken und handeln. Idealerweise bilden dann unsere ureigenen, von uns gewünschten Werte die Grundlage für unsere Entscheidungen und Prioritäten, sodass es uns leichtfällt, die Dinge schnell für uns nach dem eigenen inneren Kompass einzuordnen und uns dann auf das Wesentliche zu konzentrieren. Denn ganz viele Dinge ganz schnell zu erledigen, ist kein Ersatz dafür, die richtigen Dinge zu tun. Ohne ein klares Verständnis unserer Werte vergeuden wir leicht Zeit mit Belanglosem oder gehen Kompromisse ein, die uns von unseren Zielen abbringen. Unsere verinnerlichten und gelebten Werte verleihen unserem Tun Bedeutung und halten uns auf dem richtigen Kurs.

Sie helfen uns, nicht nur erfolgreich zu sein, sondern auch ein Gefühl der Erfüllung und Zufriedenheit im oft hektischen Alltag zu finden.

Aber wie erkennen wir, was uns wirklich antreibt und wann wir uns – fernab von äußeren Bestätigungen wie einer saftigen Gehaltserhöhung oder einer Vintage-Chanel-Handtasche – erfolgreich fühlen?

Um mir dies für mich selbst zu vergegenwärtigen, habe ich im letzten Jahr zwei Übungen durchgeführt, die mir neue Einblicke in das gegeben haben, was mein Leben wirklich bereichert.

Die erste Übung[1] besteht darin, sich zu fragen: Wie viel Zeit verbringe ich qualitativ hochwertig und wo verschwende ich Zeit? Male dir dafür vier Kästen auf. In den ersten Kasten schreibst du die Dinge, die brennen: Diese sind dringend UND wichtig, sie brauchen sofortige Aufmerksamkeit. Das können Notfälle oder eng gesetzte Deadlines sein. Im zweiten Kasten geht es um langfristige Planung, um Lernen und um die Pflege wichtiger Beziehungen. Hier legst du den Grundstein für das, was für dich für ein erfülltes Leben wirklich von Bedeutung ist. Der dritte Kasten ist für all die Aufgaben, die dringend erscheinen, aber nicht wirklich wichtig sind. Das können E-Mails oder Telefonanrufe sein, die dich unterbrechen, okkupieren und viel Zeit fressen. Der vierte Kasten ist das Reich der Ablenkungen: Tätigkeiten, die weder dringend noch wichtig sind, wie zielloses Reel-Schauen auf Instagram oder Netflixen.

Wenn du in Zukunft mehr und mehr Zeit mit Dingen aus dem ersten und zweiten Kasten verbringst und die anderen Dinge bewusst nachrangig behandelst bzw. zeitlich reduzierst, kannst du deine Tage nicht nur deutlich produktiver gestalten, sondern dich vor allem auf das Wesentliche – basierend auf deinen Werten – konzentrieren.

Die zweite Übung[2] dient dazu, dem eigenen „Core Value" näher zu kommen, also dem Wert, der uns vorrangig antreibt – und zwar gesamtheitlich, beruflich und privat. Hier geht es um deine ganz persönliche Definition von Erfolg und Erfüllung. Vergiss dafür für einen Moment bewusst alles, was du bisher als „Erfolg" konnotiert hast: deine Followeranzahl, deinen Jobtitel und auch das letzte Lob deiner Vorgesetzten. Denn auch wenn es wehtut: Eine beeindruckende Karriere auf dem Papier bedeutet nicht automatisch, dass wir uns auch erfolgreich fühlen. Schließlich ist Karriere ein externer Maßstab. Nach Höhepunkten, wie beispielsweise einer Beförderung, kehren Menschen zu ihrem inneren Gefühl zurück. Entweder sie spüren den Erfolg in sich oder nicht.

Stell dir für diese Übung vor, du blickst zwei Jahre in die Zukunft: In diesem Moment hast du deine Ziele erreicht und du bist absolut erfolgreich. Wie fühlt sich das an? Was bemerkst du in deinem Körper? Welche Emotionen zeigen sich? Ist es vielleicht eine Art Entspannung, ein Aufrichten, weitet sich etwas, verschwindet deine Angst, kreiert dieses Gefühl Freude? Wie sieht es dabei um dich herum aus? Tauchen Bilder vor deinem geistigen Auge auf? Ergeben sich für dich dadurch neue Entscheidungen im Hier und Jetzt?

Als ich diese Übung durchführte, wurde mir klar, dass mein persönlicher Erfolg aus der tiefen Verbindung resultiert, die ich zu mir selbst und zu anderen aufbaue. Dieser Wert der Verbundenheit treibt mich in allen Lebensbereichen an und lässt keine Trennung zwischen meinem beruflichen und meinem privaten Ich zu. Als Journalistin und Moderatorin ist es mein Ziel, eine echte Verbindung zu meinen Interviewpartner:innen und den Zuhörer:innen meines Podcasts zu schaffen. Und dieser Wert bereichert auch mein privates Leben. Zum Beispiel, wenn ich Freund:innen beim Abendessen zusammenbringe: Hier wie dort geht es um das Schaffen von Nähe und das Bilden eines Gemeinschaftsgefühls. Dieser umfassende Ansatz ermöglicht es mir, in jedem Kontext erfolgreich und erfüllt zu sein.

Nimm dir einen Moment Zeit, um innezuhalten und dich zu fragen: Wann fühlst du dich erfolgreich? Indem du verstehst, was dich auszeichnet und wofür du stehst, kannst du deine Energie, sprich deine Tatkraft und deine Kreativität, gezielt überall dort einsetzen, wo du Einfluss hast. Dieses Bewusstsein macht unabhängiger von gesellschaftlichen Konventionen und der Meinung anderer. Den eigenen Werten zu folgen, ist dann viel wichtiger, als anderen zu gefallen. Und genau dann wirken wir auf andere authentisch und werden zu einem positiven Vorbild. So wie Sally für die ältere Dame im Deli, die nach deren beeindruckender Demonstration genau das erleben wollte, als könnte etwas von Sallys Lebendigkeit, ihrem Mut, ihrer Unerschrockenheit im Pastrami-Sandwich versteckt sein. Indem wir unsere Werte aktiv leben und klar kommunizieren, haben auch wir die Kraft, andere zu inspirieren. Wir motivieren dann nicht nur uns selbst, sondern auch andere, mit aller Konsequenz für das einzustehen, was im Leben wirklich zählt.

[1]Covey, Stephen R.; Merrill, Roger A.; Merrill, Rebecca R.: First Things First. To Live, to Love, to Learn, to Leave a Legacy, Simon and Schuster, New York 1994.

[2]Egolf, Tina; Kronenbürger, Lena; Schröder, Ingo: How I Met My Money, Podcastfolge #155.

KONTAKT FÜR FRAGEN UND ANREGUNGEN

Claudia Lässig
Lässig GmbH
Im Riemen 32, 64832 Babenhausen
claudia.laessig@laessig-gmbh.de
+49 6073 74489 0
www.laessig-fashion.de

Claudia Rankers
Rankers Family Office, Landesfrauenrat Rheinland-Pfalz
Höllweg 29, 65439 Flörsheim
c.rankers@rankers-cie.de
+49 151 11646935
www.claudiarankers.de
www.landesfrauenrat-rlp.de

BEREITS ERSCHIENEN

Claudia Rankers, Nadine Kammerlander (Hg.)

NACHHALTIGKEIT

Frauen schaffen Zukunft

Juni 2021 I 23,00 Euro I 304 Seiten

ISBN 978-3-96251-112-8 I Hardcover

Claudia Lässig, Claudia Rankers,
Nadine Kammerlander (Hg.)

GRÜNDEN

Frauen schaffen Zukunft

September 2022 I 23,00 Euro I 335 Seiten
ISBN 978-3-96251-146-3 I Hardcover

Claudia Rankers, Nadine Kammerlander (Hg.)

UNTERNEHMENSNACHFOLGE

Frauen schaffen Zukunft

September 2023 I 26,00 Euro I 320 Seiten

ISBN 978-3-96251-172-2 I Hardcover